Mark Helm und Stefan Wölfl
Instrumentelle Bioanalytik

200 Jahre Wiley – Wissen für Generationen

John Wiley & Sons feiert 2007 ein außergewöhnliches Jubiläum: Der Verlag wird 200 Jahre alt. Zugleich blicken wir auf das erste Jahrzehnt des erfolgreichen Zusammenschlusses von John Wiley & Sons mit der VCH Verlagsgesellschaft in Deutschland zurück. Seit Generationen vermitteln beide Verlage die Ergebnisse wissenschaftlicher Forschung und technischer Errungenschaften in der jeweils zeitgemäßen medialen Form.

Jede Generation hat besondere Bedürfnisse und Ziele. Als Charles Wiley 1807 eine kleine Druckerei in Manhattan gründete, hatte seine Generation Aufbruchsmöglichkeiten wie keine zuvor. Wiley half, die neue amerikanische Literatur zu etablieren. Etwa ein halbes Jahrhundert später, während der „zweiten industriellen Revolution" in den Vereinigten Staaten, konzentrierte sich die nächste Generation auf den Aufbau dieser industriellen Zukunft. Wiley bot die notwendigen Fachinformationen für Techniker, Ingenieure und Wissenschaftler. Das ganze 20. Jahrhundert wurde durch die Internationalisierung vieler Beziehungen geprägt – auch Wiley verstärkte seine verlegerischen Aktivitäten und schuf ein internationales Netzwerk, um den Austausch von Ideen, Informationen und Wissen rund um den Globus zu unterstützen.

Wiley begleitete während der vergangenen 200 Jahre jede Generation auf ihrer Reise und fördert heute den weltweit vernetzten Informationsfluss, damit auch die Ansprüche unserer global wirkenden Generation erfüllt werden und sie ihr Ziel erreicht. Immer rascher verändert sich unsere Welt, und es entstehen neue Technologien, die unser Leben und Lernen zum Teil tiefgreifend verändern. Beständig nimmt Wiley diese Herausforderungen an und stellt für Sie das notwendige Wissen bereit, das Sie neue Welten, neue Möglichkeiten und neue Gelegenheiten erschließen lässt.

Generationen kommen und gehen: Aber Sie können sich darauf verlassen, dass Wiley Sie als beständiger und zuverlässiger Partner mit dem notwendigen Wissen versorgt.

William J. Pesce
President and Chief Executive Officer

Peter Booth Wiley
Chairman of the Board

Mark Helm und Stefan Wölfl

Instrumentelle Bioanalytik

Einführung für Biologen, Biochemiker, Biotechnologen
und Pharmazeuten

WILEY-VCH Verlag GmbH & Co. KGaA

Autoren

Dr. Mark Helm
IPMB, Abt. Chemie
Universität Heidelberg
Im Neuenheimer Feld 364
69120 Heidelberg

Prof. Dr. Stefan Wölfl
IPMB, Abt. Biologie
Universität Heidelberg
Im Neuenheimer Feld 364
69120 Heidelberg

■ Alle Bücher von Wiley-VCH werden sorgfältig erarbeitet. Dennoch übernehmen Autoren, Herausgeber und Verlag in keinem Fall, einschließlich des vorliegenden Werkes, für die Richtigkeit von Angaben, Hinweisen und Ratschlägen sowie für eventuelle Druckfehler irgendeine Haftung

Bibliografische Information Der Deutschen Nationalbibliothek
Die Deutsche Nationalbibliothek verzeichnet diese Publikation in der Deutschen Nationalbibliografie; detaillierte bibliografische Daten sind im Internet über http://dnb.d-nb.de abrufbar.

© 2007 WILEY-VCH Verlag GmbH & Co. KGaA, Weinheim

Alle Rechte, insbesondere die der Übersetzung in andere Sprachen, vorbehalten. Kein Teil dieses Buches darf ohne schriftliche Genehmigung des Verlages in irgendeiner Form – durch Photokopie, Mikroverfilmung oder irgendein anderes Verfahren – reproduziert oder in eine von Maschinen, insbesondere von Datenverarbeitungsmaschinen, verwendbare Sprache übertragen oder übersetzt werden. Die Wiedergabe von Warenbezeichnungen, Handelsnamen oder sonstigen Kennzeichen in diesem Buch berechtigt nicht zu der Annahme, dass diese von jedermann frei benutzt werden dürfen. Vielmehr kann es sich auch dann um eingetragene Warenzeichen oder sonstige gesetzlich geschützte Kennzeichen handeln, wenn sie nicht eigens als solche markiert sind.

Printed in the Federal Republic of Germany

Gedruckt auf säurefreiem Papier

Satz primustype Robert Hurler GmbH, Notzingen
Druck betz-druck GmbH, Darmstadt
Bindung Litges & Dopf GmbH, Heppenheim
Umschlaggestaltung Gunther Schulz, Fußgönheim

ISBN 978-3-527-31413-3

Inhaltsverzeichnis

1	**Philosophie statt Vorwort** *1*	
1.1	Das Kürzel Ph.D. *1*	
1.2	Modell, Hypothese, Theorie – Die Abbildung der Wahrheit *3*	
1.3	Kann das wahr sein? *5*	

2	**Strahlung** *9*	
2.1	Radioaktivität *9*	
2.1.1	Allgemeines zur Radioaktivität *9*	
2.1.2	Detektion von Radioaktivität *13*	
2.1.3	Anwendungsbeispiel von Radioaktivität *14*	
2.2	Eigenschaften von elektromagnetischer Strahlung *15*	
2.2.1	Allgemeines *15*	
2.2.2	Felder und Energieinhalt einer elektromagnetischen Welle *16*	
2.2.3	Wechselwirkung mit Materie: Dipolmomente und Interferenz oszillierender Felder *18*	
2.2.4	Brechung elektromagnetischer Wellen und Refraktometrie *21*	
2.2.5	Polarimetrie *24*	
2.2.6	Weitere analytische Anwendungen von polarisiertem Licht: Optische Rotationsdispersion und Zirkularer Dichroismus *31*	
2.2.7	Beugung elektromagnetischer Wellen, Welle-Teilchen-Dualismus und Quantenchemie *33*	
2.2.8	Spektroskopie: Emission, Absorption und Streuung von elektromagnetischer Strahlung *35*	
2.2.9	Das Lambert-Beersche Gesetz *38*	
2.3	UV-VIS-Absorptionsspektroskopie elektronischer Übergänge *41*	
2.3.1	Allgemeines zur UV-VIS-Absorptionsspektroskopie *41*	
2.3.2	Theorien der chemischen Bindung *43*	
2.3.3	Chromophore in der molekularen UV-VIS-Spektroskopie *47*	
2.3.4	Konzentrationsbestimmung durch UV-VIS-Spektroskopie *54*	
2.3.5	Anwendungsbeispiele der UV-VIS-Spektroskopie in den Biowissenschaften *57*	
2.4	UV-VIS-Emissionsspektroskopie von molekularen Analyten *59*	
2.4.1	Allgemeines zur UV-VIS-Emissionspektroskopie *59*	

2.4.2 Multiplizitäten von Elektronenzuständen *60*
2.4.3 Chemolumineszenz, Fluoreszenz und Phosphoreszenz *62*
2.4.4 Absorptionsspektrum, Anregungsspektrum *63*
2.4.5 Lebensdauer, Fluoreszenzanisotropie und Fluoreszenz-Resonanz-Energie-Transfer *68*
2.4.6 Anwendungsbeispiel der Emissionsspektroskopie *69*
2.5 Schwingungsspektroskopie *70*
2.5.1 Allgemeines zur Schwingungsspektroskopie *71*
2.5.2 Freiheitsgrade *72*
2.5.3 Geometrie der Schwingungen und symmetriebedingte Auswahlregeln *75*
2.5.4 Harmonischer und anharmonischer Oszillator *77*
2.5.5 Geräteaufbau und Absorptionsspektren im IR-Bereich *82*
2.5.6 Teilbereich des IR-Spektrums, Konzept der lokalisierten Schwingung und Einfluss der Masse *83*
2.5.7 Anwendungsbeispiel *84*
2.5.8 Die Boltzmann-Verteilung *86*
2.5.9 Raman-Spektroskopie *87*
2.6 Kernresonanzspektroskopie – NMR *89*
2.6.1 Allgemeines und Anwendungsgebiete *89*
2.6.2 Physikalische Grundlagen *90*
2.6.3 Bedeutung von Absorption und induzierter Emission für die Empfindlichkeit *95*
2.6.4 Aufnahmetechniken von NMR-Spektren *96*
2.6.5 Makroskopische Magnetisierung, Quermagnetisierung und die Relaxationszeiten *98*
2.6.6 Die chemische Verschiebung *100*
2.6.7 Kopplungen *103*
2.6.8 Anwendungsbeispiel: Strukturaufklärung einer unbekannten Verbindung *108*
2.6.9 Weiterführende Techniken: Entkopplung, NOE und zweidimensionales NMR *113*

3 Trennung *117*
3.1 Grundlagen der Chromatographie *117*
3.1.1 Allgemeines zur Chromatographie *117*
3.1.2 Verteilungs- und Adsorptionschromatographie *118*
3.1.3 Wichtige Größen: Retentionszeit, Kapazitätsfaktor, Selektivität *120*
3.1.4 Peakform *124*
3.1.5 Trennstufenhöhe und Van-Deemter-Gleichung *126*
3.1.6 Auflösung und Optimierung *129*
3.2 Gaschromatographie *131*
3.2.1 Allgemeines zur GC *131*
3.2.2 Geräteaufbau: Gasversorgung, Injektor, Ofen und Säulen *133*
3.2.3 Detektoren in der GC *134*

3.2.4	Messgrößen in der GC	*136*
3.2.5	Anwendungsbeispiel	*138*
3.3	Flüssigchromatographie	*139*
3.3.1	Allgemeines zur Flüssigchromatographie	*140*
3.3.2	Geräteaufbau: Fließmittelbewegung, Probenaufgabe, Säulen	*140*
3.3.3	Detektoren in der Flüssigchromatographie	*143*
3.3.4	Normal- und Umkehrphase	*144*
3.3.5	Ionenaustauschchromatographie	*147*
3.3.6	Größenausschlusschromatographie	*149*
3.3.7	Anwendungsbeispiel: Aufreinigung eines Proteins durch Affinitätschromatographie	*151*
3.4	Dünnschichtchromatographie	*153*
3.4.1	Allgemeines	*153*
3.4.2	Messgrößen in der Dünnschichtchromatographie	*155*
3.4.3	Anwendungsbeispiel: Trennung von Nukleotiden durch zweidimensionale Dünnschichtchromatographie	*156*
3.5	Elektrophorese	*157*
3.5.1	Physikalische Grundlagen der Elektrophorese	*158*
3.5.2	Zonenelektrophorese	*159*
3.5.3	Isotachophorese	*162*
3.5.4	Isoelektrische Fokussierung	*163*
3.5.5	Trennung und Detektion von Analyten in der Praxis	*165*
3.5.6	Anwendungsbeispiel	*166*

4	**Massenspektrometrie**	*169*
4.1	Allgemeines	*169*
4.2	Ionisationsmethoden	*171*
4.3	Massenanalysatoren und Detektoren	*173*
4.4	Interpretation von Massenspektren: Molekülion, Isotopenmuster und Fragmentierungsmuster	*176*
4.5	Anwendungsbeispiel	*181*

5	**Biosensoren, Biochips und biologische Systeme**	*185*
5.1	Einführung	*185*
5.2	Biosensoren	*187*
5.2.1	Messungen molekularer Wechselwirkungen	*188*
5.2.2	Biosensoren für die Untersuchung biomolekularer Wechselwirkungen	*192*
5.2.3	Oberflächen-Plasmon-Resonanz	*192*
5.2.4	Biosensoren zum Nachweis von markierten Proben	*197*
5.2.5	Weitere Methoden für die Messung biomolekularer Interaktionen: Fluoreszenzkorrelationsspektroskopie und Fluoreszenz-Resonanz-Energie-Transfer	*199*

5.3	Biochips und Mikroarrays: Viele Parameter gleichzeitig bestimmen *201*	
5.3.1	DNA-Mikroarrays *202*	
5.3.2	Herstellung von DNA-Chips *204*	
5.3.3	Immobilisierung von Sonden im Arrayformat: Spotten *205*	
5.3.4	In-situ-Synthese von DNA-Mikroarrays *206*	
5.3.5	Vergleich der Herstellungsverfahren Spotten und in-situ-Synthese *207*	
5.3.6	Nachweis komplementärer Nukleinsäuremoleküle durch Hybridisierung *208*	
5.3.7	Anwendungen von Biochips und Mikroarrays *210*	
5.4	Protein- und Peptid-Mikroarrays *213*	
5.4.1	Vom Protein zur Antikörpersonde *214*	
5.4.2	Anwendungen von Protein- und Peptidarrays *215*	
5.5	Nachweis von Veränderungen in Zellen *216*	
5.5.1	Fluoreszenzaktivierte Cytometrie *216*	
5.5.2	Bedeutung der fluoreszenzaktivierten Cytometrie *220*	
5.5.3	Fluoreszenzaktivierte Zellsortierung *221*	

Literatur *223*

Index *225*

1
Philosophie statt Vorwort

■ *In diesem Abschnitt werden einige grundsätzliche Zusammenhänge verdeutlicht, die aus der Sicht der Autoren den Zugang zu wissenschaftlichem Arbeiten im Umfeld der Instrumentellen Bioanalytik erleichtern. Besonders wird dabei auf die Beschreibung von Zusammenhängen in Form von Modellen, Hypothesen und Theorien eingegangen, um eine gemeinsame Basis zur Einschätzung der vielfältigen wissenschaftlichen Literatur zur ermöglichen. Dabei wird angestrebt, eine Verbindung zwischen den Biowissenschaften und den aus der Physik stammenden Beschreibungen derjenigen Zusammenhänge zu schaffen, die die theoretischen Grundlagen der Instrumentellen Analytik liefern.*

1.1
Das Kürzel Ph.D.

Wer kreativ eigene Forschung in den Biowissenschaften verwirklicht, braucht einen Doktortitel. Historisch und auch international unterscheidet man zwischen medizinischen und wissenschaftlichen Doktortiteln, wobei durch die zunehmende Verwischung der Grenzen auch Mittelwege und Hybride der Promotionsstudiengänge entstanden sind, die z. B. zum Dr. sc. hum. führen. Im internationalen Publikationswesen wird im Wesentlichen zwischen „M.D." für „medical doctor" und „Ph.D." für „philosophical doctor" unterschieden, allerdings ohne dass es festgeschriebene Normen gibt. In der Abkürzung „Ph.D." findet sich eine historische Ableitung, die in Deutschland ebenfalls vor noch nicht allzu langer Zeit der akademischen Realität entsprach. Es handelt sich um den Dr. phil., den Doktor der Philosophie, einen Grad, den die Naturwissenschaftler in einer Perspektive errangen, die Wissenschaft in die Nähe der Philosophie rückt. Diese Einschätzung birgt, ebenso wie ihr längerlebiges anglophones Analogon Ph.D., gewisse Grundsätze, welche durchaus aktuelle Berechtigung haben, und nicht etwa ein Anachronismus sind. Im Gegensatz zum Dr. phil. muss zur Erlangung des heute schon als „traditionell" geltenden Dr. rer. nat. keine der Prüfungen mehr in Philosophie abgelegt werden. Hier soll nicht blind an Traditionen festgehalten werden. Allerdings erscheinen viele Probleme und Situationen der modernen Forschung in einem klareren Licht,

Instrumentelle Bioanalytik. Mark Helm und Stefan Wölfl
Copyright © 2007 WILEY-VCH Verlag GmbH & Co. KGaA, Weinheim
ISBN: 978-3-527-31413-3

wenn sie unter der Berücksichtigung von Grundsätzen beleuchtet werden, die einmal durchaus in der Fakultät für Philosophie gelehrt wurden.

An deutschen Universitäten waren früher häufig Mathematik, Philosophie und die Naturwissenschaften in gemeinsamen Fakultäten zusammengefasst. In der Schweiz ist dies zum Teil auch heute noch so. Das ist vor allem durch die „Natur" der Mathematik bedingt, welche im Laufe der Zeit mal als Philosophie, mal als Wissenschaft und unpassender Weise gelegentlich als Hilfswissenschaft der modernen Naturwissenschaften dargestellt wurde. Definitiv in den Bereich der Philosophie gehört der Begriff der Wahrheit – welcher Wissenschaftler wagt zu sagen, dass er nicht danach sucht? Die folgenden Reflektionen halten sicherlich nicht der Betrachtung durch einen „echten" Philosophen stand, da sie nicht durch eine akademische Ausbildung in Philosophie unterlegt sind, sondern lediglich die Perspektive eines Forschers über die Forschung wiedergeben, inklusive dessen, was dieser Forscher glaubt, „Philosophie" nennen zu dürfen. Der Stellenwert dieser „Philosophie" im täglichen Leben des Wissenschaftlers ergibt sich gerade und besonders häufig im Umgang mit Zahlen. Da jeder Wissenschaftler praktisch täglich mit Zahlen in Form von Messwerten umzugehen hat, soll hier einmal provokant die Frage gestellt werden:

„Kann ein Messwert wahr sein?"

Die intuitive Antwort sollte natürlich „ja" lauten, denn sonst, so scheint es, würde es sinnlos sein, überhaupt Messwerte aufzunehmen. Wie immer steckt der Teufel im Detail. Wie viele Stellen nach dem Komma müssen denn stimmen, damit ein Wert „wahr" ist? Egal wie gut eine Methode oder ein Gerät ist und wie viele Stellen nach dem Komma damit bestimmt werden können, man kann sich immer noch einen Messwert vorstellen, der auch von der empfindlichsten Methode nicht ganz genau erfasst wird. Damit entspricht das Problem dem Übergang von ganzen zu gebrochenen Zahlen, und man bekommt einen Eindruck der Gemeinsamkeiten von Mathematik und Philosophie. Um die Diskussion abzukürzen: Uns sagt der gesunde Menschenverstand, dass der Messwert, wenn schon nicht absolut perfekt, dann doch so genau und wahr sein kann, wie es benötigt wird. Über kurz oder lang kommt man zu dem Schluss, dass ein Messwert nicht wahr oder falsch, sondern nur mehr oder weniger wahr ist. Dabei ersetzt man das Wort „wahr" durch „richtig", ein kleiner Trick, durch den die Wahrheit im Bereich der Philosophie verbleibt und die Richtigkeit als ein wissenschaftlich definierbares Analogon im täglichen Umgang mit Messwerten fungiert. Interessanterweise macht Heisenbergs so genannte Unschärferelation aus dem Bereich der Quantenmechanik eine ähnliche Aussage, nämlich dass man von kleinen Teilchen das Produkt aus Ort und Geschwindigkeit nur bis zu einer gewissen Genauigkeit bestimmen kann. In der Quantenmechanik, so ist der allgemeine Eindruck, treffen sich naturwissenschaftliche Theorie und Philosophie sehr häufig.

Ein Messwert, egal wie richtig, beschreibt einen Teil unserer Welt in quantitativer Form. Es handelt sich gewissermaßen um einen kleinen Teil der Antwort auf die vermeintlich kindliche Frage: „Kann man ALLES wissen?" Dies ist eine Frage, deren Antwort wiederum eindeutig aus der Philosophie kommen muss. Wissenschaftler bezeichnen Wissen gerne als Licht, was sich im Sprachgebrauch vieler

Kulturkreise häufig widerspiegelt – Erleuchtung, Einsicht oder erhellen. Man könnte einen Messwert als einen Funken Licht im ansonsten dunklen multidimensionalen Raum des Wissens bezeichnen. Ziel der Wissenschaft ist es nicht etwa, möglichst viele einzelne Lichtpunkte ohne Dimension und Zusammenhang zu erzeugen, sondern möglichst zusammenhängende Linien, Flächen oder sogar mehrdimensionale Gebilde aus Licht, Fackeln sozusagen. Wir wenden uns wieder unserer „Hilfswissenschaft Mathematik" zu und betrachten ein Gebilde, welches im Gegensatz zu einem dimensionslosen Punkt zumindest eine Ausdehnung in einer Dimension hat: eine Linie im mehrdimensionalen Raum. Dabei reichen hier zwei Dimensionen, also ein X-Y-Koordinatensystem. Um eine Linie aus einzelnen Punkten (den Messwerten oder Wissenspunkten) zu konstruieren, braucht man sehr lange, denn man benötigt unendlich viele Punkte. Einfacher ist es, mit den Werkzeugen des Mathematikers eine Gerade durch mehrere – minimal zwei – Punkte zu konstruieren. Noch besser, man kann eine Formel angeben, welche alle Punkte auf der Linie erfasst, und dadurch kommen wir zum Wichtigsten: Man kann nun Vorhersagen darüber machen, wo sich weitere Punkte befinden sollten, weit entfernt von den ursprünglichen zwei Punkten, die man zur Konstruktion der Geraden gebraucht hat.

1.2
Modell, Hypothese, Theorie – Die Abbildung der Wahrheit

Eine konstruierte Gerade, wie sie eben beschrieben wurde, kann einer Gesetzmäßigkeit in den Naturwissenschaften entsprechen. Im wissenschaftlichen Sprachjargon nennt man die Geradengleichung ein „Modell", welches einen Zusammenhang „beschreibt".

Bei einem sehr einfachen Modell wären die beiden Punkte Messwerte und die daraus resultierende Gerade würde einen Zusammenhang beschreiben, wie etwa zwischen Gewicht, vom Physiker schwere Masse genannt, und der Anzeige eines Gerätes zum Messen der schweren Masse, also einer Waage. Waagen enthalten Federn, welche durch die Masse von Gewichten gedehnt oder gestaucht werden. Die Strecke, um die eine Feder gedehnt wird, wenn man sie an einem Ende aufhängt und an das andere ein Gewicht hängt, ist über einen gewissen Bereich proportional zur Masse des Gewichts und wird durch die so genannte Federkonstante beschrieben. Wie wir soeben diskutiert haben, ist der Wert, den die Waage als Gewicht anzeigt, mehr oder weniger richtig.

Unser Modell beschreibt die Reaktion einer Feder in der Waage, die den Zeiger ausschlagen lässt. Jeder weiß, dass Waagen mehr oder weniger genau sein können. Unser Gerät ist daher, abhängig von der Qualität der Waage und der Kompetenz der Person, die die Messwerte aufnimmt, mehr oder weniger gut. Außerdem ist unser Modell nur so gut, wie die Federkonstante auch eine Konstante ist und sich die Auslenkung der Feder korrekt in eine Masse umrechnen lässt. Um dies zu kennzeichnen, zu charakterisieren, macht man in der Regel mehrere Messungen und gibt einen Fehler an, z. B. als Standardabweichung. Für unsere Geradengleichung bedeutet das, dass wir nicht zwei exakte Punkte haben, durch die wir die Gerade legen können, sondern zwei, hoffentlich kleine, Wertebereiche. Alleine mit diesen beiden Wertebereichen können schon unendlich viele Geraden konstruiert werden.

Wenn das Modell benutzt wird, um Vorhersagen zu machen, wirkt sich die Qualität der Messwerte, welche zur Konstruktion des Modells benutzt wurden, direkt auf die Qualität der Vorhersagen aus. Wenn der anfängliche Wertebereich klein war, ist die Anzahl der möglichen zu konstruierenden Geraden klein, und ihre Vorhersagen unterscheiden sich wenig voneinander. Zweckmäßigerweise wird das Modell nicht aus einer unendlichen Anzahl von Geradengleichungen bestehen, sondern aus einer statistisch gemittelten Geradengleichung und einem dazugehörigen Wert der Ungenauigkeit. Dieser Wert der Ungenauigkeit wird zweckmäßigerweise geprüft, und notfalls wird das Modell durch das Einfügen von Messwerten aus dem Prüfverfahren verbessert. Die Ungenauigkeit des Modells bei Vorhersagen ist ein Maß für die Qualität des Modells. Das zweite genauso wichtige Kriterium ist der Gültigkeitsbereich des Modells. Während es Waagen zum Messen im Milligramm-Bereich und Waagen zum Messen im Tonnen-Maßstab gibt, kann keine Waage den gesamten Bereich abdecken. Unter Umständen hilft es hier, die Feder der Waage auszutauschen und die Federkonstante der neuen Feder den Umständen anzupassen. Selbst die größte federbasierte Waage versagt, wenn es gilt, so große Massen wie etwa die von Planeten zu vergleichen. In solchen Fällen versagt unser Modell, und wir müssen es entweder erweitern und verfeinern oder wir müssen es aufgeben und durch ein neues Modell ersetzen. Ein gutes neues Modell wird aus Notwendigkeit eine generellere Beschreibung der Wirklichkeit enthalten, und das alte Model wird häufig als Spezialfall wieder auftauchen. Sollte sich ein Modell als gültig für einen sehr großen Bereich herausstellen, wird es gelegentlich als Hypothese, Gesetzeshypothese oder Gesetz bezeichnet.

Ein Gebilde aus mehreren guten Modellen und Hypothesen steigt im wissenschaftlichen Sprachgebrauch irgendwann zur Theorie auf. Ebenso wie die Modelle nur so gut sind wie die Messwerte, auf denen sie beruhen und die Vorraussagen, die sie machen, ist eine Theorie nur so gut wie die Modelle, auf denen sie beruht. Darum hat eine Theorie, genau wie ihre Modelle, *immer einen begrenzten Gültigkeitsbereich*, außerhalb dessen ihre Vorhersagen versagen. Grundsätzlich werden empirische Theorien und deduktive Theorien unterschieden. Die hier diskutierten und in den Biowissenschaften am häufigsten verwendeten sind die empirischen Theorien, welche aus der Verallgemeinerung einer größeren Zahl einzelner Beobachtungsergebnisse entstehen. Im Gegensatz dazu werden deduktive Theorien auf Axiome gebaut. Axiom (Axiom *griechisch*: als wahr angenommener Grundsatz) nennt man eine Aussage, die durch Konsens der Wissenschaft als nicht beweispflichtig angesehen wird. Weil die Axiome quasi atomare (Atom *griechisch*: das Unteilbare) Bestandteile deduktiver Theorien sind, kommen letztere zunächst ohne Beobachtungen, d. h. ohne empirische Daten aus. Zwischen empirischen und deduktiven Theorien zieht sich eine Trennlinie durch die Naturwissenschaften, auf die wir später noch einmal zurückkommen werden.

1.3
Kann das wahr sein?

Die Frage nach der Qualität eines Modells (oder einer Hypothese oder einer Theorie) kann eigentlich nicht heißen: „Ist es wahr oder richtig?" Auch wenn wir nicht genau sagen können, was „wahr" denn eigentlich heißt, können wir trotzdem sagen, dass die Vorhersagen, die ein Modell außerhalb seines Gültigkeitsbereiches macht, nicht wahr sind. Selbst innerhalb eines Gültigkeitsbereiches stimmen die Vorraussagen mit den Messwerten nur mehr oder weniger gut, aber nie perfekt überein. Deswegen kann die Antwort auf die Frage nach der Qualität eines Modells auch nie lauten: „Ja, es ist richtig." „Richtigkeit", wie wir sie bei den Messwerten kennengelernt haben, ist eine messbare Größe, deren Zustand als Zahl und nicht mit Ja oder Nein charakterisiert wird. Eine der sinnvollsten Antworten wäre z. B.: „Für unsere Zwecke ist es ein gutes Modell".

Vom Zweck der Messung hängt es ab, wie genau und richtig in Zahlen ausgedrückt die Vorhersagen sind. Da Zweck etwas sehr Subjektives ist, könnte man vermuten, dass es „absolut" gute Modelle gar nicht gibt. Ein Modell, das Vorhersagen durch Kopfrechnen erlaubt, ist für viele Situationen deutlich besser als eines, dessen Mathematik so komplex ist, dass eine Vorhersage einen Tag Rechenzeit auf einen Supercomputer beansprucht. Wenn man die Entwicklung von „richtigeren" Modellen beobachtet, also solchen, deren Vorhersagen für einen bestimmten Bereich dichter an den Messwerten liegen als die der Vorgängermodelle, dann fällt auf, dass in aller Regel die Formeln schnell beliebig kompliziert werden. Dies verhindert nicht nur die Anwendung durch Kopfrechnen, sondern fügt auch der Anschaulichkeit des Modells schweren Schaden zu. Der Vorgang hat Ähnlichkeit mit einem Prozess der Messwertanalyse, den man als „Fitten" bezeichnet. Dabei wird versucht, eine Kurve von Messwerten durch eine mathematische Gleichung zu beschreiben. Für einen kleinen Wertebereich (das wäre dann der Gültigkeitsbereich des Modells) kann man fast immer eine Gerade z. B. als Tangente an die Kurve anlegen, so dass die entsprechende Geradengleichung die Werte rechts und links des Berührungspunktes mit akzeptabler Richtigkeit vorhersagt. Will man Vorhersagen für weiter entfernte Punkte machen, stellt man häufig fest, dass eine Geradengleichung als einfaches Modell nicht ausreicht. Man muss es komplizierter machen, um bessere Vorhersagen zu erreichen. Dazu bietet sich das Anfügen weiterer Terme an die Geradengleichung an, die z. B. zu einem Polynom führen (Abb. 1.1). Mit einem Polynom kann man jede stetige Kurve nachvollziehen („Anfitten"), solange man genügend Terme und Koeffizienten hinzufügt. Wenn die Kurve der Messwerte eine komplizierte Form hat, oder wenn man besonders richtige Aussagen braucht, dann kann die Anzahl der notwendigen Koeffizienten sehr hoch werden. Irgendwann ist es nicht mehr sinnvoll, ein komplexes Polynom zu verwenden, und dann ist das Modell zu kompliziert geworden. Man könnte mit einer Taylor-Reihenentwicklung oder einer Fouriertransformation ähnlich vorgehen, mit vergleichbaren Ergebnissen.

Ein gutes Modell sollte mit wenigen Termen auskommen und die verwendeten Terme und Koeffizienten der angefittete Form sollten auf physikalisch nachvollziehbaren Untersuchungen oder Interpretationen beruhen, wie sie später unter anderem am Beispiel der Van Deemter Gleichung diskutiert werden (Abschnitt 3.1.5).

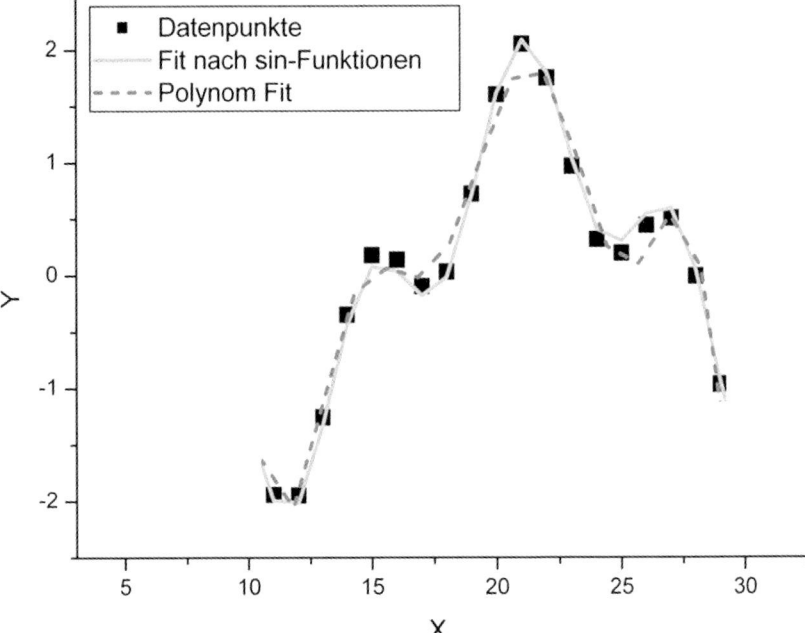

Abb. 1.1 Anfitten einer Messkurve. Die durch schwarze Vierecke symbolisierten, experimentell erhaltenen Messwerten können u. a. durch zwei verschiedene Gleichungen gut beschrieben werden. Eine davon, hier als durchgehend graue Linie dargestellt, ist aus diversen Sinus-Termen zusammengesetzt, während die durchbrochene graue Linie ein Polynom darstellt. Obwohl beide Gleichungen die erhaltenen Messwerte gut nachvollziehen, zeigt sich der Wert einer solchen Gleichung nur, wenn die verschiedenen Terme einer Gleichung mit einer physikalischen Interpretation verknüpft werden können, und zutreffende Voraussagen außerhalb des dargestellten Wertebereiches machen.

Forscher sind ständig mit dem Problem konfrontiert, Modelle, Hypothesen und Theorien aufzustellen. Dies trifft insbesondere auch auf Sachverhalte an der Forschungsfront zu, also auf solche, die noch nicht besonders gut verstanden sind. Trotz oder gerade wegen dieser Unsicherheit wird vom Forscher erwartet, ein Modell zu vertreten, welches die ihm bekannten Sachverhalte und Daten am besten erklärt. Es ist wichtig zu begreifen, dass ein solches Modell notwendigerweise provisorischen Charakter hat und jederzeit durch neue Forschungsergebnisse bestätigt oder entkräftet werden kann. Ein Modell, welches durch eine große Datenmenge bestätigt ist, oder besonders gute Vorhersagen macht, wird als solider betrachtet als ein ganz frisch erstelltes. Auch wenn Modelle mit zunehmender Zeit und Umfang zu Hypothesen und Theorien aufsteigen, ist es sehr riskant, zu behaupten, etwas sei „unzweifelhaft bewiesen". Weil es so schwer ist, etwas wirklich zu beweisen, gibt es in der wissenschaftlichen Literatur eine Vielzahl von Formulierungen, deren Nuancierungen in etwa wiedergeben, wie sicher sich ein Autor einer Behauptung ist, d. h., wie nahe er glaubt, am „Beweis" seiner Hypothese zu sein. Solche Formulierungen sind z. B.: es ist möglich, es erscheint plausibel, es ist wahrscheinlich, diese Daten untermauern/sind im Einklang mit/unterstützen unsere Hypothese, es wurde gezeigt. Diese Abstufungen dienen zum einen dazu, den Leser über die Reife eines Modells zu informieren, zum anderen bewahren sie den Autor vor der möglichen Peinlichkeit, etwas definitiv zu behaupten, was sich in späteren Untersuchungen als falsch herausstellen könnte.

Es ist außerordentlich wichtig, dass man nicht der Versuchung erliegt, das Modell bzw. die Theorie mit der Wirklichkeit zu verwechseln! Das Modell hat nur abbildenden Charakter, es ist keine Ersatzwirklichkeit und – schon gesagt, aber extrem wichtig – ein Modell ist niemals richtig oder gar perfekt. Viele Naturwissenschaftler verwechseln ein Modell mit der Wirklichkeit. Ein perfektes Modell des Universums müsste alle seine Details abbilden und daher von gleicher Größe sein – also kann nur das Universum selbst sein perfektes Modell sein. Um „wahr" oder „perfekt" zu sein, muss eine Behauptung bewiesen werden. Aus philosophischer Sicht definitiv beweisen lassen sich Sachverhalte aber eigentlich nur, indem man als Hilfsmittel einige Sachverhalte von Anfang an als zutreffend hinnimmt, um auf ihnen ein logisches Gebäude mit zwingenden zutreffenden Schlussfolgerungen bauen zu können. Diese Hilfsmittel werden u. a. in der Mathematik als Axiome bezeichnet. Ein wesentlicher Charakterzug der Axiome ist dabei, dass sie per allgemeinen Konsensus, also *per definitionem* als „wahr" verkündet werden. Dies geschieht nicht etwa aus göttlicher Einsicht, sondern aus einer Notwendigkeit heraus, denn ohne Definitionen ist kein wissenschaftliches Arbeiten möglich. Von Menschen gemachte Definitionen bewegen sich aber „neben" der Wirklichkeit, insofern als dass das Universum nicht darauf achtet, sich einer Definition gemäß zu verhalten. Der Natur ist es egal, ob ein neu entdecktes Insekt nur eine neue Art ist, einer neuen Gattung oder sogar einem neuem Stamm angehört.

Mit wenigen Axiomen können Mathematiker über eindeutige Beweise sehr stabile Theorien konstruieren. Ironischer Weise kommen diese ohne empirische Beobachtungen aus.

Physiker, die sich von allen Naturwissenschaftlern wohl am intensivsten mit Mathematik beschäftigen, benutzen ebenfalls Axiome. Sie benutzen die Methoden der Mathematik, um aus empirischen Beobachtungen Modelle als in mathematische Formeln gegossene Gesetzmäßigkeiten zu erstellen. Streng genommen ist jedoch keines dieser Gesetze wirklich bewiesen. Ähnliches gilt auch für die der Physik nahestehenden Zweige der Physikalischen Chemie wie Quantenchemie oder Thermodynamik. In anderen Zweigen der Chemie sind Modelle deutlich stärker auf empirische Beobachtungen gestützt und auch entsprechend nichtmathematisch formuliert. Dieser Trend setzt sich in den Biowissenschaften von der Biochemie über Molekularbiologie und Pharmazie bis zur Medizin hin fort. In dem Maße, wie die Regeln der Natur vom sehr Allgemeinen (etwa Kräfte, die Atome in Molekülen zusammenhalten) zum sehr Speziellen, den Menschen betreffenden, erforscht werden sollen (etwa die Wirkungsweise eines bestimmten Medikamentes im Organismus), werden immer und immer mehr empirische Daten hinzugefügt, und detailliert Spezialfälle untersucht und beschrieben. Die Grenze zwischen dem Arbeiten mit deduktiven und empirischen Theorien scheint demnach irgendwo zwischen Physik und Chemie angesiedelt zu sein, wobei es von dieser Verallgemeinerung zahlreiche Ausnahmen gibt. Auffällig ist auch, dass in gleicher Richtung die

Praxisnähe, d. h. die direkte Auswirkung auf einen Menschen zunimmt. Während sich die „Grundlagenforschung" in der Mathematik und Physik nur ausnahmsweise mit Menschen als Forschungsobjekten befasst, ist dies in der Medizin fast ausschließlich der Fall.

2
Strahlung

2.1
Radioaktivität

■ *In diesem kurzen Kapitel werden die Grundbegriffe der Radioaktivität erläutert, die für die häufigsten Anwendungen in den Biowissenschaften von Bedeutung sind. Die gegebene Erklärung des Begriffs Nuklid ist auch für die NMR-Spektroskopie und Massenspektroskopie von Bedeutung. Da ionisierende Strahlung, wie sie von radioaktiven Nukliden beim Zerfall ausgestrahlt wird, sowohl aus Teilchen als auch aus elektromagnetischen Wellen bestehen kann, ist dieses Kapitel gleichzeitig der Einstieg in die nachfolgende Diskussion der Eigenschaften elektromagnetischer Strahlung.*

2.1.1
Allgemeines zur Radioaktivität

Radioaktivität wird in den Biowissenschaften und angrenzenden Disziplinen vielfältig zur Analytik eingesetzt. Ein Schlüsselbegriff sowohl für Arbeiten mit Radioaktivität als auch in der Massenspektrometrie (Kapitel 4) ist der des Nuklids. Nuklide sind Atomkerne mit kompletter Elektronenhülle und charakterisiert durch die Zusammensetzung aus Neutronen und Protonen. Der in der Natur vorkommende Bestand eines Elementes kann sich aus mehreren Nukliden zusammensetzen, wobei die Art des Elements durch die Anzahl der Protonen im Kern entsprechend dem Periodensystem definiert ist und die einzelnen Nuklide eines Elements sich durch ihre Neutronenzahl unterscheiden. Die Protonen und Neutronen werden als Nukleonen bezeichnet und ihre Summe wird dem Nuklid als numerischer Index vorangestellt. Die verschiedenen Nuklide eines Elementes werden als Isotope bezeichnet. Zum Beispiel bestehen 1,1 % des in der Natur vorkommenden Kohlenstoffs aus dem nicht radioaktiven Isotop ^{13}C, und nur 10^{-10} % des radioaktiven Isotops ^{14}C.

Allgemein kann jedes radioaktive Isotop zur Quantifizierung des respektiven Elementes, z. B. durch Beimischung, eingesetzt werden, da es sich chemisch praktisch identisch verhält. Radioaktive Isotope können sowohl in kleine organische Moleküle als auch in Biomakromoleküle eingebaut werden, um deren Schicksal im Reagenzglas oder im lebenden Organismus zu verfolgen. Als wesentlicher Vorteil gegenüber allen anderen Markierungen, wie z. B. Fluoreszenz, ist wiederum ein mit natürlichen Molekülen identisches chemisches Verhalten zu nennen. In modernen abbildenden Methoden der medizinischen Technik wird radioaktiver Zerfall verwendet, um dynamische Prozesse im Körper in Echtzeit zu verfolgen. Während radioaktive Strahlung sowohl aus Teilchen als auch aus hochenergetischen elektromagnetischen Wellen bestehen kann, handelt es sich bei Röntgenstrahlung ausschließlich um letztere. Allen gemeinsam ist die ionisierende Wirkung der Strahlen, die sowohl ihren analytischen Nutzen als auch eine beachtliche Gefährdung für den Experimentator darstellen. Die Nutzung von Röntgenstrahlung, die in der medizinischen Diagnostik allgemein bekannt ist, besteht in den modernen Biowissenschaften, vor allem in der Kristallographie, der Strukturaufklärung von Molekülen durch Röntgendiffraktion an Kristallen.

Um eine Abschätzung von Nützlichkeit, experimentellem Aufwand und Gefahrenpotential beim Arbeiten mit Radioaktivität zu erleichtern, sollen im Folgenden nach der allgemeinen Einführung des Phänomens der Radioaktivität zunächst einige grundsätzliche Eigenschaften besprochen werden. Im Anschluss daran wird eine Reihe von hochempfindlichen Möglichkeiten zur Messung von ionisierender Strahlung vorgestellt. Wegen der Themenfülle können nur die wichtigsten Anwendungen aus der modernen Biochemie und Molekularbiologie näher diskutiert werden. Am Beispiel einer alltäglichen Anwendung in der Molekularbiologie werden die Vorteile des Arbeitens mit Radioaktivität illustriert.

Als Radioaktivität wird die Aussendung von ionisierender Strahlung bei spontaner Umwandlung von instabilen in stabile Atomkerne bezeichnet. Bei der ionisierenden Strahlung unterscheidet man prinzipiell α-, β- und γ-Strahlung, wobei die beiden ersteren Strahlungsarten aus Teilchen bestehen.

Instabile Kerne zerfallen mit einer gewissen Wahrscheinlichkeit innerhalb eines gegebenen Zeitraumes. Dies bedeutet, dass man für einen einzelnen Kern nie genau sagen kann, wann er zerfällt, dass aber von einer großen Anzahl instabiler Kerne pro Zeiteinheit ein gleich bleibender prozentualer Anteil und damit eine gut vorhersagbare Anzahl Strahlung emittieren. Diese Anzahl unterliegt statistischen Schwankungen, welche jedoch mit zunehmender Anzahl der Kerne immer kleiner werden. Diese Situation repräsentiert das klassische Beispiel einer Kinetik erster Ordnung. Der konstante Bruchteil der pro Zeiteinheit zerfallenden Kerne wird beschrieben durch Gl. (2.1):

$$dN/dT = const \qquad (2.1)$$

Eine Lösung dieser Differentialgleichung ist eine Exponentialfunktion, welche typischerweise zur natürlichen Basis ausgedrückt wird und im Nenner des Exponenten eine für das Isotop charakteristische Zeitkonstante τ enthält (Gl. 2.2):

$$N_{(t)} = N_{(0)} \cdot e^{-(t/\tau)} \qquad (2.2)$$

Tab. 2.1 Eigenschaften von häufig verwendeten radioaktiven Isotopen.

Isotop	Analytisch wichtige Strahlung	Halbwertszeit	Maximal-Energie in keV
^{3}H	β	12,3 Jahre	18,6
^{14}C	β	5730 Jahre	156
^{32}P	β	14,3 Tage	1709
^{33}P	β	25,4 Tage	249
^{35}S	β	87,1 Tage	167
^{125}I	Γ	60,2 Tage	35

Der Verlauf einer solchen Kinetik ist in Abb. 2.1 A dargestellt.

Nach Ablauf der so genannten Abklingzeit oder Lebensdauer τ ist von der ursprünglichen Anzahl instabiler Kerne noch der e-te Bruchteil (1/2,71828 = 0,3678 entsprechend 36,78 %) übrig. Häufiger als τ wird die so genannte Halbwertszeit zur Charakterisierung eines Isotops verwendet, nach deren Ablauf die Hälfte der Kerne zerfallen ist. Die Halbwertszeit $t_{1/2}$ lässt sich einfach aus τ berechnen.

$$t_{1/2} = \tau \cdot (-\ln(0,5)) = \tau \cdot 0{,}693 \qquad (2.3)$$

Wie in Abb. 2.1 zu erkennen ist, erreicht der Anteil der nicht zerfallenen Kerne niemals den Nullwert. Das bedeutet, dass eine radioaktive Probe im Prinzip nie wieder nichtradioaktiv werden kann. Allerdings sinkt der Wert irgendwann unter den Hintergrund der natürlichen Radioaktivität. Tatsächlich gilt in der Laborpraxis eine

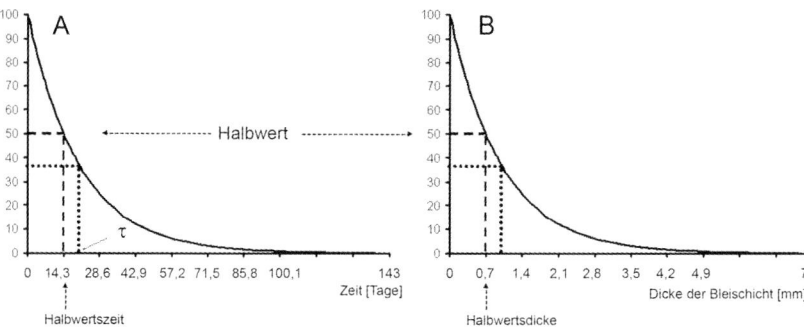

Abb. 2.1 Halbwerte bei radioaktiver Strahlung. **A**: Kinetik des radioaktiven Zerfalls des Isotopes ^{32}P mit einer Halbwertszeit von 14,3 Tagen. Die Abklingzeit τ und die Halbwertszeit $t_{1/2}$ sind eingezeichnet. **B**: Bruchteil von Gammastrahlung der Energie 100 keV in Abhängigkeit von der Dicke einer abschirmenden Schicht aus Blei. Die Halbwertsdicke bei der 50 % der Ausgangsstrahlung abgeschirmt werden, ist eingezeichnet.

Probe nach etwa zehn Halbwertszeiten bei einer Restaktivität von einem Viertel Promille als „abgeklungen". In Tab. 2.1 sind Halbwertszeiten und Strahlungsarten der in den Biowissenschaften am häufigsten verwendeten radioaktiven Isotope aufgeführt.

Abschirmung vor ionisierender Strahlung ist ein wesentlicher Aspekt des Strahlenschutzes beim radioaktiven Arbeiten. Aus Photonen bestehende Strahlung wird beim Durchgang durch eine Schicht definierter Dicke um einen Bruchteil abgeschwächt, dessen Wert hauptsächlich vom Anteil schwerer Elemente im abschirmenden Material abhängt. So hat jedes Material für eine gegebene Strahlung eine charakteristische Halbwertsdicke. Abb. 2.1 B zeigt den Anteil der durchtretenden Strahlung in Abhängigkeit von der Schichtdicke d. Wiederum handelt es sich um einen exponentiellen Abfall, dessen Gl. (2.4) im Nenner des Exponentialterms die Halbwertsdicke $d_{1/2}$ bzw. die Abschirmkonstante d_e enthält, bei deren Dicke noch 36,78 % der Strahlung durchdringen.

$$\frac{N_{(d)}}{N_{(0)}} = e^{-(0{,}693 \cdot d / d_{1/2})} = e^{-(d/d_e)} \tag{2.4}$$

Die in Gl. (2.4) enthaltene Gesetzmäßigkeit gilt für hochenergetische Photonen, deren Wechselwirkung mit Materie vergleichsweise schwach ist, und welche als γ-Strahlung oder Röntgenstrahlung bezeichnet wird. Die Abschwächung von hochenergetischen Quanten durch Materie ist abhängig von deren Dichte. Verglichen mit α- und β-Strahlung durchdringt γ-Strahlung umgebendes Material relativ leicht und kann nur durch dicke Schichten aus schweren Elementen wirksam abgeschirmt werden. Die Abschirmung entspricht in Konzept und mathematischer Behandlung der Absorption von Quanten bzw. Wellen aus anderen Bereichen des elektromagnetischen Spektrums, wie z. B. dem UV-VIS. Die entsprechende von Lambert und Beer erforschte Gesetzmäßigkeit wird im Kapitel über UV-VIS-Spektroskopie besprochen (siehe Abschnitt 2.2.9 und 2.3).

Während Röntgenstrahlung, im Englischen häufig als „X-ray" bezeichnet, in der Regel aus Beschleunigungsprozessen von Teilchen oder in einer Röntgenröhre entsteht, stammt γ-Strahlung aus einer radioaktiven Kernumwandlung. Dabei geht ein Kern aus einem angeregten in einen energetisch niedriger liegenden Grundzustand über, wobei sich wohl die Wechselwirkung zwischen den Protonen und Neutronen im Kern, nicht aber ihre Anzahl verändert, d. h. die Art des Nuklids bleibt erhalten. In der Regel entstehen die angeregten Kerne aus einem vorhergehenden radioaktiven Zerfall, der eine Nuklidumwandlung beinhaltet, d. h. aus einem α- oder β-Zerfall.

α-Strahlung besteht aus Heliumkernen, d. h. aus einem Teilchen aus zwei Protonen und zwei Neutronen. Bei Emission von α-Strahlung verringert sich die Nukleonenzahl um vier und die Kernladungszahl durch den Verlust zweier Protonen um zwei. Dies bedingt gleichzeitig die Umwandlung in ein anderes Element und damit eine Veränderung der chemischen Eigenschaften. Den emittierten α-Teilchen mangelt es bei ihrer Emission an Elektronen, welche sie den umgebenden Molekülen entreißen. α-Strahlung wird schon durch dünne Schichten von Materie vollständig gestoppt, ist jedoch bei Aufnahme in den Körper wegen der stark ionisierenden Wirkung der α-Teilchen extrem giftig. Diese Eigenschaften machen α-Strahlung im Wesentlichen ungeeignet für den analytischen Einsatz in den Biowissenschaften.

Bei der Emission von β-Strahlung aus dem Kern verändert sich dessen Ladungs- und damit die Ordnungszahl, nicht jedoch die Nukleonenzahl. Die meisten emittierten β-Teilchen sind normale Elektronen. Einige besondere β-Zerfälle, z. B. von ^{18}O, produzieren ein positiv geladenes β-Teilchen, ein so genanntes Positron. Dabei handelt es sich um ein Elektron aus Antimaterie, welches beim Zusammentreffen mit einem normalen Elektron zu einer Umwandlung beider Teilchen von Materie in Energie in Form von zwei Photonen führt. Diese Photonen besitzen aus Gründen der Impulserhaltung die gleiche Energie und einen genau entgegengesetzten Impuls, d. h. sie fliegen voneinander weg. Durch simultane Detektion beider Photonen kann man daher auf den Ort des Umwandlungsereignisses zurückschließen. Dies wird in der Positrons-Emissions-Tomographie (PET) ausgenutzt, indem man die Wanderung von ^{18}O-dotiertem Wasser im Körper verfolgt.

Der Einsatz von β-Strahlung in Biochemie, Molekularbiologie und den angrenzenden Feldern ist weit verbreitet, weil sie sich mit vertretbarem Aufwand gut abschirmen lässt und vergleichsweise ungefährlich ist. β-Strahlung emittierende Isotope existieren von vielen Elementen, die in Biomolekülen vertreten sind, z. B. ^{3}H (Tritium), ^{14}C, ^{32}P, ^{33}P, und ^{35}S. β- Teilchen haben eine für das Isotop charakteristische kinetische Energie, welche die Reichweite der Strahlung an Luft, ihre Eindringtiefe in Material und Gewebe und damit auch ihre Detektierbarkeit sowie eventuelle Maßnahmen zur Abschirmung vor der Strahlung bestimmt.

Beispielsweise beträgt die Reichweite von ^{32}P-β-Teilchen in Luft einige Meter, die von ^{3}H ^{14}C, ^{33}P und ^{35}S jedoch nur einige Millimeter bis wenige Zentimeter. Dementsprechend muss ^{32}P im Gegensatz zu den anderen β-Strahlern abgeschirmt werden, kann jedoch leicht detektiert werden.

2.1.2
Detektion von Radioaktivität

Die Detektion von Radioaktivität beruht auf der ionisierenden Wirkung der Strahlung. Der klassische Geiger-Zähler (auch Geiger-Müller-Zähler) benutzt ein mit Gas gefülltes Rohr zur Detektion, an dem eine hohe Spannung anliegt. Die durch ein Fenster eintretende Strahlung ionisiert das Gas, und die resultierenden Ionen wandern im elektrischen Feld zu den Elektroden, wobei sie einen kurzen Stromstoß erzeugen, der registriert wird. Das charakteristische Knacken eines Geigerzählers stammt aus der Umleitung der Stromstöße auf einen Lautsprecher. Verschiedene Ausführungen dieses Messprinzips erlauben, radioaktive Strahlung in Echtzeit zu detektieren, zum Teil mit in der Hand tragbaren Geräten.

Für Strahlung, deren ionisierende Wirkung nicht stark genug ist, um einen solchen Schwall von Ionen zu erzeugen, kann durch Szintillation verstärkt werden. Szintillierendes Material, z. B. ein NaI-Kristall, reagiert auf das Auftreffen ionisierender Strahlung mit der Emission eines kurzen Lichtblitzes, welcher dann mit einer so genannten Photomultiplier (PM) Anordnung detektiert wird. Solche Signalvervielfältiger enthalten mehrere diskrete Elektroden mit gestaffelt höherer Spannung. Beim Einschlagen energiereicher Ionen oder Elektronen wird eine Elektronenlawine aus den Elektroden gelöst und durch den Feldverlauf in die jeweils nächste Elektrode beschleunigt. Durch diese Anordnung fungieren die Elektroden gleichzeitig als Anode der eintreffenden und als Kathode der austretenden Elektronen und werden daher auch als Dynoden bezeichnet. Ein einzelnes ionisierendes Ereignis erzeugt so am Ende der Kaskade einen diskreten Stromstoß als Signal. Das Prinzip dieses Aufbaus findet auch in der Spektroskopie (siehe Abschnitt 2.4.4) und in Ionendetektoren in der Massenspektrometrie Verwendung (siehe Abschnitt 4.3).

Geräte nach dem Prinzip des Szintillationszählers gibt es sowohl in tragbarer Form als so genannte Proportionalzähler als auch als stationäre Geräte mit entsprechend höherer Empfindlichkeit. Wegen ihrer geringen Reichweite werden insbesondere α-Strahler und energiearme β-Strahler durch die Luft alleine abgeschirmt, bevor sie auf einem szintillierenden Detektor auftreffen können, und sind deswegen nur mit geringer Effizienz zu detektieren. Darum wird z. B. für ^{3}H, ^{14}C, ^{35}S etc. oft szintillierende Flüssigkeit verwendet, deren Lichtblitze in einem stationären Szintillationszähler quantifiziert werden können. Dafür muss allerdings in der Regel ein Teil der Probe geopfert werden. Energiereichere β-Strahler sowie γ-Strahler haben genug Reichweite, um mit Handzählern oder im stationären Szintillationszähler auch ohne Szintillationsflüssigkeit effizient detektiert zu werden.

Da ionisierende Strahlung photochemische Prozesse auslösen kann, schwärzt sie Photoplatten und Filme. Spezielle Röntgenfilme werden häufig auch zum Nachweis radioaktiver Moleküle nach Auftrennung durch Elektrophorese oder Dünnschichtchromatographie (Anwendungsbeispiel siehe Abschnitt 3.4.3) verwendet. Die Effizienz der Röntgenfilme kann durch Exposition mit zusätzlichen Szintillationsfolien bei tiefen Temperaturen in speziellen Kassetten verstärkt werden. Alternativ können auch die Elektrophoresegele selber mit Szintillationsflüssigkeit getränkt werden, um die Detektion schwacher β-Strahler zu verbessern. Die Röntgenfilme werden zunehmend durch Imaging-Platten ersetzt, welche mit phosphorhaltigen Substanzen beschichtet sind, die die Information der radioaktiven Strahlung speichern und beim Auslesen mittels eines Lasers in Form von Fluoreszenz wieder abgeben. Derartige Platten werden auch bei der Röntgendiffraktion zur Strukturuntersuchung kristallisierter Biomoleküle eingesetzt.

2.1.3
Anwendungsbeispiel von Radioaktivität

Eine typische Anwendung von radioaktiven Isotopen in den Biowissenschaften ist die Markierung von Biopolymeren. Dies erlaubt deren einfache Detektion ohne Veränderung ihrer biologischen und chemischen Eigenschaften. Während Metaboliten häufig mit Tritium oder ^{14}C markiert werden, wird ^{35}S oft in Form von Methionin in Proteine eingebaut. Die Markierung mit ^{32}P ist eine Standardtechnik in der Biochemie und Molekularbiologie von Nukleinsäuren. Etwas seltener kommt hier ^{33}P zum Einsatz. In Abb. 2.2 ist ein so genanntes Autoradiogramm zu sehen, welches durch Auslesen einer Imaging-Platte entstand, die auf einem Polyacrylamidgel exponiert wurde, auf dem ^{32}P-markierte Nukleinsäuren durch Elektrophorese nach ihrer Größe getrennt sind.

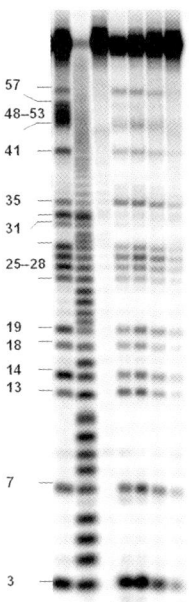

Abb. 2.2 Anwendung von Radioaktivität: Autoradiogramm von ^{32}P-markierten Nukleinsäuren in einem Polyacrylamidgel. Die Zahlen bezeichnen die Anzahl der Nukleotide in der jeweiligen Nukleinsäure.

2.2 Eigenschaften von elektromagnetischer Strahlung

■ *Als Grundlage der optischen analytischen Techniken, insbesondere der Spektroskopie, werden nachfolgend einige wichtige Merkmale von elektromagnetischer Strahlung besprochen. Dazu werden zunächst die Polarisationsebenen eingeführt und die Zusammenhänge zwischen Frequenz, Wellenlänge und Energieinhalt von Lichtwellen besprochen. Einer Diskussion der Bedeutung des Dipolmomentes sowie des Phänomens Interferenz folgen Ausführungen zur Lichtbrechung. Anschließend werden Refraktometrie, Polarimetrie und weitere analytischen Methoden vorgestellt, welche auf diesen Erscheinungen beruhen. Als weitere Arten der Wechselwirkung von Strahlung mit Materie werden Beugung, Absorption und Emission erläutert. Den Abschluss der Grundlagen der Spektroskopie bildet die Besprechung des Lambert-Beerschen Gesetzes.*

2.2.1 Allgemeines

Sichtbares Licht besteht aus elektromagnetischen Wellen. Daher ist alleine das Erkennen der Farbe einer Substanz eine Art der Analytik, in diesem Fall eine Art der Spektroskopie, welche in ihrer Urform sogar ohne Instrumente betrieben werden kann.

Die Wechselwirkungen von elektromagnetischen Wellen mit Molekülen bilden die wahrscheinlich wichtigste Grundlage für die Entwicklung von analytischen Methoden. Praktisch jede Eigenschaft von Licht wird in irgendeiner Form zur Analytik genutzt. Im Folgenden werden die für die Analytik wichtigsten Eigenschaften elektromagnetischer Wellen, nämlich Wellenlänge, Frequenz, Energie und Polarisierung zusammen mit ihrer analytischen Bedeutung besprochen. Danach werden die unterschiedlichen Möglichkeiten der Wechselwirkung von elektromagnetischen Wellen und Molekülen, wie Absorption, Emission, Streuung, sowie die Drehung der Ebene des polarisierbaren Lichtes erklärt. Spektroskopie basiert auf Absorptions- und Emissionsvorgängen und wird als wichtigste Art der Analytik zuerst und am ausführlichsten erklärt. Dabei werden die verschiedenen Spektroskopiearten ungefähr nach absteigender Energie der analysierten elektromagnetischen Wellen vorgestellt. Interessanterweise wird im Verlaufe dieser Darstellung klar werden, dass diejenigen Spektroskopiearten, welche das energiereichste Licht einsetzen, auch die elementarsten Zusammenhänge der Atom- und Molekülstruktur untersuchen, während die detailreichen Feinstrukturen von Molekülen in der Regel mit energieärmerer Strahlung besser zu untersuchen sind. Dementsprechend behandelt die begleitende Theorie den Molekülaufbau, angefangen von den elementaren Grundlagen und weitergeführt bis zur Feinstruktur.

Nach der Behandlung der Spektroskopie werden Analysetechniken eingeführt, welche auf anderen Wechselwirkungen als Absorption und Emission basieren. Bei der Diskussion von elektromagnetischen Wechselwirkungen mit Molekülen werden viele verschiedene Konzepte gleichzeitig benutzt, um Sachverhalte darzustellen. Immer wieder kommt es dazu, dass gewisse Phänomene einmal mit Modellen der klassischen Physik (Mechanik und Elektromagnetismus), das andere Mal aber durch quantenphysikalische Modelle beschrieben werden. Generell findet man diesen Dualismus immer an der Grenze zwischen der Betrachtung einzelner kleiner Teilchen und der Betrachtung von makroskopischen Phänomenen. In der Regel ist das quantenchemische Modell mathematisch aufwendiger, und seine Vorhersagen münden beim Übergang zum Makroskopischen in die der klassischen Modelle.

Eine praxisnahe Erklärung des Stoffes erfordert die teilweise parallele und vergleichende Verwendung beider Konzepte. Ganz besonders bekannt ist dieser Ansatz bei der Diskussion der elektromagnetischen Strahlung als Welle-Teilchen-Dualismus.

2.2.2
Felder und Energieinhalt einer elektromagnetischen Welle

Ein elektrisches Feld, oder E-Feld, bezeichnet eine Kraftwirkung um einen geladenen Körper. Wenn man einen zweiten geladenen Körper in die Nähe bringt, spürt dieser eine Kraft, die an jedem Punkt im Raum anders ist. Ein E-Feld enthält die Information über Richtung und Stärke dieser Kraft für jeden Punkt in der Nähe des geladenen Körpers.

Eine häufige Darstellung eines einfachen E-Feldes beschreibt die Kräfte, die zwischen einer positiven und einer negativen Ladung wirken, durch so genannte Feld-

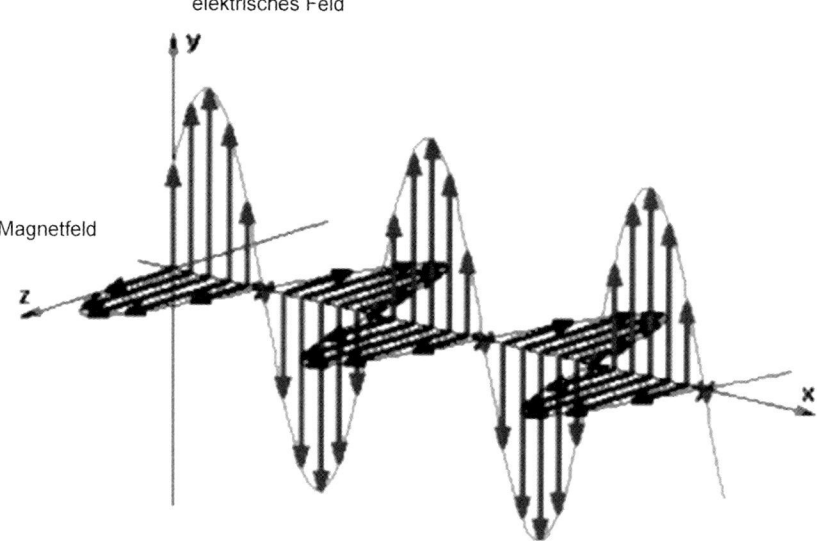

Abb. 2.3 Räumliche Darstellung der Schwingungsebenen von einem elektrischen und magnetischen Feld einer elektromagnetischen Wellen. Die Pfeile sind Vektoren des jeweiligen Kraftfeldes.

linien, die vom Pluspol zum Minuspol verlaufen, ohne sich dabei zu schneiden. Verlauf und Dichte der Feldlinien sind ein Maß für die Stärke des Feldes. Alternativ, und auf keinen Fall mit der Darstellung aus Feldlinien zu verwechseln, können Kraftfelder an jedem Punkt des Feldes durch Pfeile dargestellt werden. Diese Pfeile verlaufen nicht zwischen den elektrischen Polen, sondern sind Vektoren der elektrostatischen Kraft, deren Richtung und Betrag die lokale Ausprägung des Feldes beschreiben.

Eine elektromagnetische Welle besteht aus einem sich sinusförmig verändernden elektrischen Feld, welches in einer Ebene schwingt, deren eine Dimension durch die Ausbreitungsrichtung der Welle gegeben ist (Abb. 2.3). Die zweite Dimension der Ebene steht senkrecht auf der ersten und ist ansonsten beliebig. Diese stellt die Polarisationsebene der Welle dar, innerhalb derer die Feldstärke einfach durch Kraftvektoren dargestellt werden kann. Senkrecht zu dieser Ebene schwingt das magnetische Feld der Welle. Nach den Maxwellschen Gleichungen geschieht die Ausbreitung der Welle gewissermaßen durch gegenseitige Induktion der elektrischen und magnetischen Felder. Für alle nachfolgenden Betrachtungen werden wir den magnetischen Anteil der Welle ignorieren. Alle Diskussionen von Vorzugsrichtungen und -ebenen beziehen sich ausschließlich auf die Ebene, in der das elektrische Feld oszilliert.

Außer durch ihre Polarisationsebene wird eine Lichtwelle vor allem durch ihre Wellenlänge λ und die Frequenz ν charakterisiert. Die Wellenlänge λ bezeichnet den räumlichen Abstand zwischen zwei Maxima, während ν die Anzahl der Oszillationen pro Zeiteinheit angibt [Hz]. Das Produkt aus λ und ν ergibt allgemein die

Ausbreitungsgeschwindigkeit einer Welle. Im Falle von elektromagnetischen Wellen ist die Ausbreitungsgeschwindigkeit für alle Wellenlängen konstant und entspricht der Lichtgeschwindigkeit c mit dem ungefähren Wert $3 \cdot 10^8$ m s^{-1} im Vakuum.

$$\lambda \cdot \nu = c = 3 \cdot 10^8 \left[\text{ms}^{-1} \right] \tag{2.5}$$

Daraus ergibt sich zwingend, dass bei einer gegebenen Wellenlänge λ eine dazu gehörende Frequenz ν feststeht. Die Energie einer elektromagnetischen Welle ist proportional zu ihrer Frequenz. Die Proportionalitätskonstante ist das Plancksche Wirkungsquantum h.

$$E = h \cdot \nu; \quad h = 6{,}626 \cdot 10^{-34} \left[\text{J} \cdot \text{s}^{-1} \right] \tag{2.6}$$

Gelegentlich wird statt der Frequenz ν auch die so genannte Wellenzahl $\bar{\nu}$ (sprich nü quer) benutzt. Die Wellenzahl ist der Kehrwert der Wellenlänge λ, proportional zur Energie der Welle und hat die Einheit [cm^{-1}].

$$\bar{\nu} = \frac{1}{\lambda} = \frac{E}{h \cdot c} \left[\text{cm}^{-1} \right] \tag{2.7}$$

Die obigen Sachverhalte und Gleichungen werden in allen Abschnitten über Spektroskopie in allen Umformungen und Permutationen immer wieder vorkommen. Es wird deshalb dringend angeraten, sich damit intensiv vertraut zu machen, bevor mit der weiteren Lektüre dieser Abschnitte begonnen wird.

2.2.3
Wechselwirkung mit Materie: Dipolmomente und Interferenz oszillierender Felder

Bei der Wechselwirkung von elektromagnetischer Strahlung mit Materie spielt der Begriff des elektrischen Dipolmoments eine große Rolle. Ein elektrischer Dipol besteht aus einer positiven und einer negativen Teilladung vom Betrag q, die durch einen Entfernungsvektor r voneinander getrennt sind. Stärke und Richtung des Dipols werden durch eine vektorielle Größe μ, sein Dipolmoment, beschrieben.

$$\vec{\mu} = q \cdot \vec{r} \tag{2.8}$$

Moleküle besitzen ein elektrisches Dipolmoment, wenn sie unsymmetrische Ladungsverteilung aufweisen. Da Moleküle positive Ladung im Kern und eine negative in der Elektronenhülle aufweisen, besitzen alle Moleküle Dipolmomente, die sich jedoch gegenseitig zu Null aufheben können, wenn das Molekül symmetrisch ist. Eine permanente unsymmetrische Ladungsverteilung kann man daher an den im Molekül fehlenden Symmetrieachsen und -ebenen erkennen. Wasser und Chlorwasserstoff sind Moleküle mit starken Dipolmomenten (Abb. 2.4).

Moleküle mit großem Dipolmoment werden als polar bezeichnet und zeichnen sich in der Regel durch Vorhandensein von Atomen mit stark unterschiedlicher Elektronegativität oder gar durch ionische Gruppen aus. Weil die Größe des Dipol-

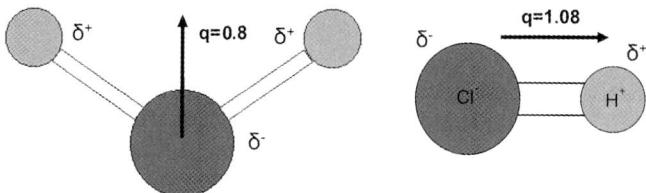

Abb. 2.4 Dipolmomente von Wasser und Chlorwasserstoff.

moments von Ladung und Entfernung abhängt, haben z. B. Zwitterionen besonders dann große Dipolmomente, wenn die gegensätzlichen Ladungen weit voneinander entfernt sind. Moleküle oder Molekülteile, die aus Elementen mit ähnlicher Elektronegativität bestehen, sind häufig unpolar. Sie können jedoch durch die Anwesenheit eines äußeren Feldes vorübergehend polarisiert werden und weisen dann ein *induziertes* Dipolmoment auf, welches nur für die Dauer der Anwesenheit des äußeren Feldes Bestand hat. Das äußere Feld kann ein makroskopisches E-Feld oder das E-Feld einer elektromagnetischen Welle sein, aber auch durch ein oder mehrere in der Nähe befindliche Ionen, Dipole, oder sogar induzierte Dipole gebildet werden.

Da es sich bei einem Dipol um getrennte Ladungen handelt, erzeugen sowohl permanente als auch induzierte Dipolmomente ihrerseits ein kleines elektrisches Feld, welches wiederum mit einem von außen einwirkenden Feld wechselwirkt, d. h. sich überlagert. Das Ergebnis dieser Überlagerung lässt sich für jeden Punkt im Raum ermitteln, indem man die beiden elektrischen Felder an einem gegebenen Punkt zu einer gegebenen Zeit vektoriell addiert. Um eine solche Betrachtung zu vervollständigen, muss man derartige Betrachtungen sowohl für alle Punkte im betreffenden Raum als auch über den gesamten Zeitraum der Wechselwirkung betrachten. Dazu muss man die Felder beider wechselwirkender Komponenten in diesen Dimensionen kennen und addieren.

Lichtwellen können auf verschiedene Arten mit Materie, d. h. für uns hauptsächlich mit Molekülen, wechselwirken, unter anderem durch Brechung, Beugung, Streuung, Absorption oder Emission. Die Wechselwirkung elektrischer Felder ist dabei von besonderer Bedeutung. Sowohl die Bewegung von Dipolmomenten der Moleküle (und der aus den Dipolmomenten resultierenden E-Felder) als auch elektromagnetische Wellen können durch Sinusfunktionen beschrieben werden.

Welches der oben genannten Wechselwirkungsphänomene auftritt, hängt unter anderem von dem Frequenzunterschied ab, der zwischen der Oszillation der Lichtwelle und der Oszillation der molekularen Dipole besteht, sowie von deren Größe, Struktur und Ordnungszustand. Die Überlagerung der oszillierenden E-Felder von Licht und molekularen Dipolen führt zu einem Phänomen, welches als Interferenz bezeichnet wird, wenn die Frequenzen der Oszillationen ähnlich sind.

Dies soll im Folgenden zunächst am Beispiel eindimensionaler harmonischer Funktionen erläutert werden. Wenn mehrere Lichtwellen einen Punkt im Raum zur gleichen Zeit passieren, überlagern sich ihre elektrischen Felder. Diese Überlagerung ergibt sich für den betrachteten Punkt als die Vektoraddition der E-Felder zu einem bestimmten Zeitpunkt. Im einfachsten Fall haben zwei elektromagnetische Wellen nicht nur die gleiche Ausbreitungsrichtung, Amplitude und Frequenz, sondern auch die gleiche Phase, d. h. sie schwingen synchron und erreichen zur gleichen Zeit ihre Maxima und Minima. Eine einfache grafische Durchführung der Vektoraddition der Kraftvektoren des E-Feldes ist in Abb. 2.5 dargestellt. Da bei gleicher Phase ω die Lage der Maxima und Minima unverändert ist und sich die Amplituden zu den maximal möglichen Werten addieren, spricht man von konstruktiver Interferenz. Weil die zeitliche Veränderung der Kraftvektoren durch eine Sinusfunktion beschrieben wird, kann man das Ergebnis der Interferenz statt durch graphische Vektoraddition besser durch Addition der beiden Wellenfunktionen erhalten (siehe Abb. 2.5). Wenn die beiden Wellen um eine halbe Phase (d. h. um 180° bzw. π) verschoben sind, kommen die Maxima der einen genau auf den Minima der anderen Welle zu liegen und addieren sich zu Null. Man spricht von destruktiver Interferenz. Bei Phasenunterschieden $\Delta\Phi$ zwischen null und 180° ergeben sich zwischen diesen Extremen liegende Interferenzerscheinungen, deren Aussehen entsprechend der Gl. (2.9) berechnet werden kann.

$$f_{(t)} = sin(\omega \cdot t + \Delta\Phi) \tag{2.9}$$

Die Ergebnisse von Interferenzerscheinungen werden entsprechend komplizierter, wenn zunächst die Amplituden und schließlich auch die Frequenzen beider Wellen unterschiedlich sind. Das Ergebnis der Interferenz zweier Wellen mit ähnlicher Frequenz wird als Schwebung bezeichnet und ist in Abb. 2.5 C dargestellt. In einer Schwebung sind Merkmale der beiden ursprünglichen Wellen zu einer Wellenfunktion mit stark verändertem Charakter kombiniert. Dieser kombinierte Charakter äußert sich z. B. bei Schallwellen darin, dass man bei einer Schwebung keinen der ursprünglichen Töne hört, sondern einen einzigen Ton, dessen Lautstärke regelmäßig größer und kleiner wird. Im Gegensatz dazu bleiben bei einem großen Unterschied in der Frequenz die Merkmale der ursprünglichen Wellenfunktionen weitgehend erhalten. Zwei gleichzeitig gespielte Töne kann man also nur dann voneinander unterscheiden, wenn ihre Frequenzen weit genug auseinander liegen.

Interferenzphänomene sind in Physik und Chemie ubiquitär. Insbesondere in der Quantenmechanik können praktisch alle Wechselwirkungen als Interferenz

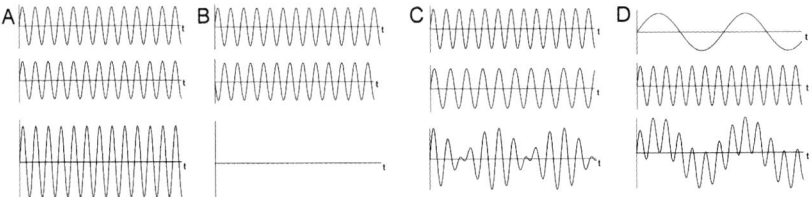

Abb. 2.5 Interferenz, Wellen aufgetragen gegen die Zeit t.
A: Konstruktive Interferenz bei gleicher Phase. **B:** Destruktive Interferenz bei Phasendifferenz 90°. **C:** Schwebung bei ähnlichen Frequenzen. **D:** Schwebung bei stark unterschiedlichen Frequenzen.

behandelt werden, da die Elektronenhüllen der Moleküle und elektromagnetische Strahlung gleichermaßen als Wellen beschrieben werden. Wie wir später sehen werden, lässt sich der Vorgang der Absorption mit konstruktiver Interferenz assoziieren. Ebenso wie Beugungsphänomene lässt sich auch die im folgenden Abschnitt behandelte Lichtbrechung sehr gut durch Interferenzbetrachtungen erklären. Wie auch Absorption, Emission und Streuung werden diese Erscheinungen vielfach in der Analytik ausgenutzt.

2.2.4
Brechung elektromagnetischer Wellen und Refraktometrie

Sowohl Refraktometrie als auch Polarimetrie sind analytische Methoden, die auf der Beobachtung von Lichtbrechung beruhen. Beide Methoden wurden traditionell in der organischen Chemie häufig eingesetzt, da sie die Charakterisierung von Reinstoffen, die Reinheitsprobe, sowie die Quantifizierung eines Analyten in Gemischen mit relativ einfachen optischen Mitteln erlauben. Da beiden ihre Empfindlichkeit gegenüber Schwankungen von Temperatur- und Wellenlängen gemeinsam ist, werden relevante Parameter immer unter Angabe dieser Randbedingungen als Indices kommuniziert. Refraktometrie misst den Brechungsindex, auch als Refraktionsindex oder Brechzahl bezeichnet. Der Brechungsindex eines optischen Mediums ist ein quantitatives Maß dafür, wie sehr sich die Lichtgeschwindigkeit eines Strahls verlangsamt, der aus dem Vakuum durch eine Grenzfläche in die Substanz tritt. Während der Brechungsindex des Vakuums per Definition gleich eins ist, ist der Brechungsindex eines optischen Mediums praktisch immer größer als eins, da das Licht in anderen optischen Medien in der Regel verlangsamt wird. Als Folge der Verlangsamung bewegt sich der in das optisch dichtere Medium eingedrungene Lichtstrahl entlang eines Vektors, dessen Winkel zum Lot kleiner ist als der des einfallenden Strahls (Abb. 2.6). Der Lichtstrahl wird also beim Eindringen in ein optisch dichteres Medium zum Lot hin gebrochen. Die Tatsache, dass die Winkeländerung eine direkte Folge der Verlangsamung der Lichtgeschwindigkeit ist, lässt sich nach Huygens durch relativ einfache Interferenzbetrachtungen an der Grenzfläche der optischen Medien veranschaulichen. Dabei werden die Punkte auf der Grenzfläche, auf denen die parallelen Lichtstrahlen eines Strahlenbündels auftreffen, als durch Lichtwellen stimulierte oszillierende Dipole betrachtet, die, wie wir weiter unten im Abschnitt über Emission näher erläutern werden, wie punktförmige Lichtquellen mit der selben Frequenz wie die auftreffende Strahlung agieren. Die von diesen Lichtquellen ausgehenden kreisförmigen Wellenfronten breiten sich im dichteren Medium langsamer und deswegen zwangsläufig mit einer kleineren Wellenlänge aus (denn die Frequenzen müssen in beiden Medien übereinstimmen). Aus der Interferenz von den Strahlenquellen ausgesandten Kreiswellen ergibt sich eine neue Wellenfront, deren Richtung von der Wellenlänge im dichten Medium abhängt (siehe Lehrbücher der Physik).

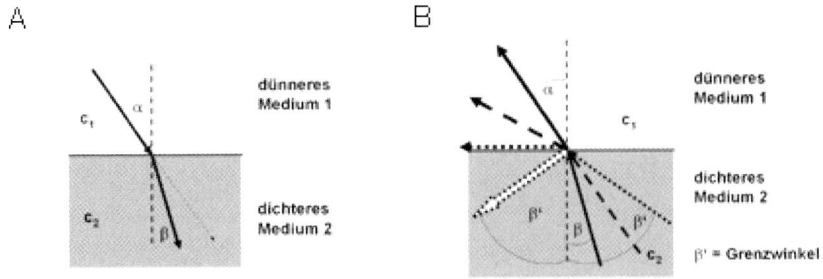

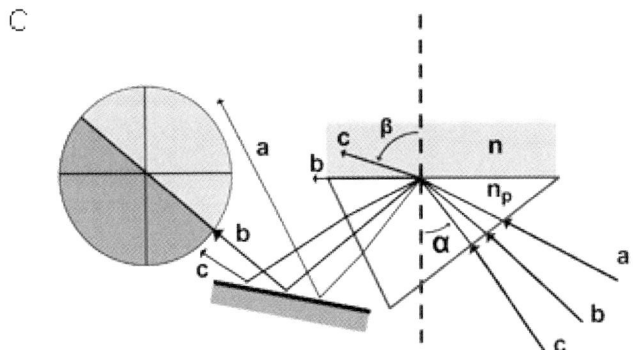

Abb. 2.6 A: Definition des Brechungsindexes an einem Lichtstrahl, der aus einem optisch dünneren in ein optisch dichteres Medium übergeht. **B**: Illustration des Grenzwinkels der Totalreflektion an einem Lichtstrahl, der aus einem optisch dichteren in ein optisch dünneres Medium übergeht. **C**: Versuchsanordnung zur Messung des Grenzwinkels der Totalreflektion nach Abbé.

Für den Brechungsindex ergibt sich daraus folgende Definition:

$$\frac{{}_{Medium}n^t_\lambda}{{}_{Vakuum}n^t_\lambda} = \frac{C_{Vakuum}}{C_{Medium}} = \frac{sin\,\alpha}{sin\,\beta} \qquad (2.10)$$

Wie oben ausgeführt, spiegelt der Brechungsindex einen Verlangsamungsfaktor der Lichtgeschwindigkeit im optischen Medium wider, dessen Größe eine Stoffeigenschaften ist und in Flüssigkeiten näherungsweise von der Polarisierbarkeit eines Analyten beschrieben werden kann. Die Größe der Polarisierbarkeit ist ein Maß für die Deformierbarkeit der Elektronenhülle der Analytmoleküle durch ein elektrisches Feld wie z. B. einen Lichtstrahl. Sie wird als additive Größe eines Moleküls betrachtet, zu der jeder Teil der Elektronenhülle beiträgt. Diese Größe spielt auch in der Ramanspektroskopie (Abschnitt 2.5.9) eine wichtige Rolle.

Die Brechungsindizes werden prinzipiell relativ zum Vakuum angegeben, praktisch aber gegen Luft gemessen, welche selber einen Brechungsindex von etwa 1,0003 hat, der als Korrekturfaktor zur Umrechnung herhalten kann. Andernfalls sollte vermerkt sein, dass der Brechungsindex gegen Luft gemessen wurde. Brechungsindizes von Gasen bewegen sich in der Nähe von 1, während die Spannweite bei Flüssigkeiten etwa von 1,3 bis 1,8 und bei Feststoffen etwa von 1,3 bis 2,5 reicht. Der Brechungsindex von Wasser liegt bei 1,333, der von langkettigen Alkanen um die 1,5. Brechnungsindizes können sehr präzise gemessen werden und werden mit 3 bis 4 Nachkommastellen angegeben. Die Messung des Brechungsindexes erfolgt häufig durch Bestimmung des Grenzwinkels der Totalreflektion, wie in Abb. 2.6 B und C dargestellt. Der in Abb. 2.6 A dargestellte Strahlengang lässt sich graphisch und inhaltlich einfach umkehren. Der Einfallswinkel α wird zum Ausfallswinkel, während β zum Einfallswinkel wird. Ein Strahl, der aus einem optisch dichteren in ein optisch dünneres Medium eindringt, wird nicht zum Lot hin, sondern vom Lot weg gebrochen. Vergrößert man, ausgehend von der umgekehrten Abb. 2.6 A progressiv den Einfallswinkel β, dann wächst der Ausfallswinkel α, und zwar um den Faktor des Brechungsindexes stärker als α, und erreicht irgendwann 90°. Schon vor dem Erreichen des rechten Winkels wird in Abhängigkeit des Winkels β ein Teil des Strahls reflektiert, statt in das optisch dichtere Medium einzudringen. Wenn α 90° erreicht, dringt kein Licht mehr ein, sondern alles wird reflektiert (ein Effekt, der bei Glasfasertechnologien ausgenutzt wird). Der entsprechende Winkel wird der Grenzwinkel der Totalreflektion genannt und hängt mit dem Brechungsindex über nachfolgende Gl. (2.11) zusammen, die durch Einsetzen von α =90° in Gl. (2.11) erhalten wird:

$$_{dicht}n_\lambda^t = \frac{\sin(90°)}{\sin\beta} \cdot _{dünn}n_\lambda^t = \frac{_{dünn}n_\lambda^t}{\sin\beta} \qquad (2.11)$$

Die instrumentelle Umsetzung dieser Messung im Abbéschen Refraktometer ist in Abb. 2.6 C dargestellt. Die zu vermessende Analytlösung wird auf ein optisch dichteres Glasprisma aufgetragen, welches von unten mit konvergierenden Strahlen beleuchtet wird. Konvergierend bezeichnet in diesem Fall, dass etwa gleich starkes Licht aus mehreren Richtungen so auf die Grenzfläche gelenkt wird, dass sich die Strahlen nach Eintritt in das Prisma an einem Punkt an der optischen Grenzfläche zum Analyten fokussieren. Strahlen, die in einem Winkel β auftreffen, der größer als der Grenzwinkel der Totalreflexion ist, werden vollständig reflektiert. Diese Strahlen werden von einem verstellbaren Spiegel, welcher mit einer Ableseskala gekoppelt ist, erneut reflektiert und auf einen Sichtschirm mit Fadenkreuz gelenkt, unter dem die Skala eingeblendet ist. Dort erzeugen sie eine helle Zone. Entsprechend erzeugen Strahlen, deren Einfallswinkel unter dem Grenzwinkel der Totalreflexion liegt, eine dunkle Zone. Die Grenzlinie zwischen diesen beiden Zonen wird durch Strahlen definiert, deren Einfallswinkel genau dem Grenzwinkel der Totalreflexion entspricht. Der Justierspiegel ermöglicht ein Bewegen der Grenzlinie ins Fadenkreuz bei simultanem Verstellen der Skala, die mit Substanzen bekannter Brechungsindexes geeicht wird. Die Eichung erfolgt so, dass auf der Skala nicht der Reflektionswinkel erscheint, sondern direkt der nach Gl. (2.11) zugehörige Brechungsindex. Der Messbereich des Abbéschen Refraktometers ist mit etwa 1,3 bis 1,8 dem Wertebereich von Flüssigkeiten angepasst. Wie bei der Einführung erwähnt, ist die Refraktion stark abhängig von Temperatur und Wellenlänge. Standardmäßig wird der Brechungsindex bei 20° Celsius und der Natrium-D-Linie bei 589 nm angegeben, was im Index gelegentlich als D erscheint: n_D^{20}. Das Abbé-Re-

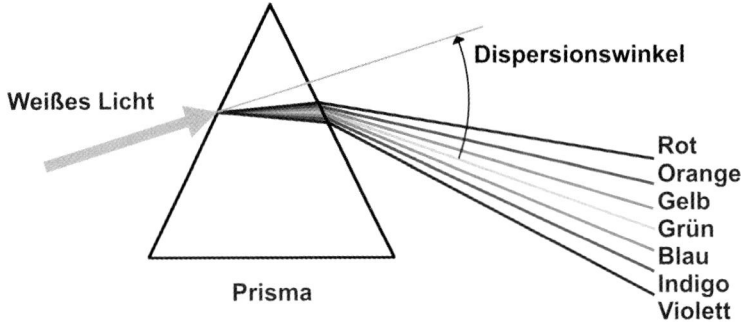

Abb. 2.7 Aufspaltung von weißem Licht durch normale Dispersion an einem Prisma.

fraktormeter arbeitet mit Weißlicht, zeigt aber einen n_D^{20} an, wobei der Unterschied bei der Eichung berücksichtigt wird.

Die Wellenlängenabhängigkeit des Brechungsindexes wird zur Konstruktion von Wellenlängenfiltern in Form von optischen Prismen genutzt. Licht mit niedriger Wellenlänge wird stärker gebrochen als längerwelliges Licht (Abb. 2.7). Man spricht von normaler Dispersion.

Außer zur Charakterisierung von Substanzen in der organischen Chemie findet die Refraktometrie in der Identitäts-, Reinheits- und Gehaltsprüfung in der Pharmazie Anwendung. Der Brechungsindex binärer Mischungen ist linear von der Konzentration (in Vol-%) der Komponenten abhängig, wenn bei ihrer Mischung keine Volumenänderung auftritt. Bei Abweichungen von der Linearität können Konzentrationsbestimmungen mit Hilfe von Eichkurven durchgeführt werden. Eine in der Molekularbiologie ehemals verbreitete Technik ist die Dichtegradientenzentrifugation, bei der Biopolymere in CsCl-Gradienten durch ihr Sedimentationsverhalten getrennt werden. Hier dient Refraktometrie häufig zur Bestimmung des CsCl-Gehaltes von Proben.

Weil Refraktometrie sehr empfindlich und unspezifisch auf alle Analyten anspricht, werden für einige Anwendungen der Flüssigchromatographie Refraktionsindex-basierte Detektoren verwendet. Wegen der Temperaturempfindlichkeit des Brechungsindexes benötigen diese jedoch eine sehr genaue Thermostatierung.

2.2.5
Polarimetrie

Die Polarimetrie misst die Drehung der Schwingungsebene des polarisierten Lichts, wenn es durch einen Analyten in flüssiger Phase bzw. in Lösung durchtritt. Messungen an Feststoffen sind prinzipiell möglich, aber für die Bioanalytik kaum relevant. Ein genaues Verständnis der Zusammenhänge erfordert eine abstrahierte Betrachtung, d. h. ein vereinfachtes Modell, dessen Näherungen später angesprochen werden.

Als die Schwingungsebene eines Lichtstrahls bezeichnen wir hier die Ebene, in der sein elektrisches Feld harmonisch oszilliert. Das senkrecht dazu schwingende

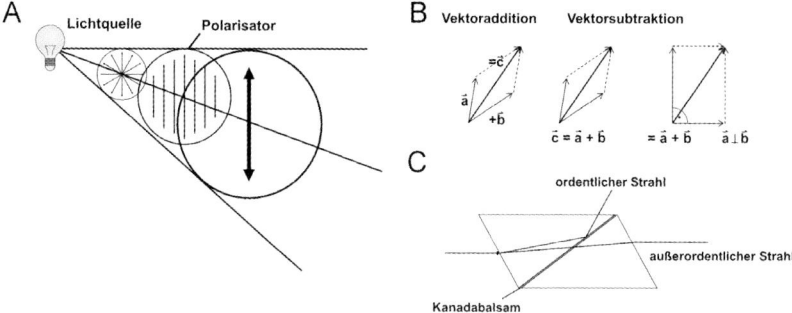

Abb. 2.8 A: Generierung von linear polarisiertem Licht durch einen Polarisator. **B**: Vektoraddition und Vektorsubtraktion. **C**: Nicolsches Prisma.

magnetische Feld ist hier nicht relevant. In Abb. 2.8 und 2.9 werden die Vektoren des elektrischen Feldes in ihren jeweiligen Maxima verwendet, um diese Ebene zu definieren. Die Länge der Vektoren entspricht der Höhe der Schwingungsamplitude, d. h. der Stärke des Feldes.

Vollständig unpolarisiertes Licht besteht aus vielen Lichtstrahlen, deren Schwingungsebenen in alle Richtungen in etwa gleich verteilt sind. Dies ist in Abb. 2.8 A durch eine sternförmige Anordnung von Vektoren idealisiert dargestellt. Eine nichtideale Lichtquelle wäre nicht punktförmig und ihre Lichtstrahlen divergierend, also nicht genau parallel. Nach dem Durchgang durch einen Polarisationsfilter zeigt der Strahl nur noch Vektoren in der Polarisationsebene. Der Filter lässt nicht nur Lichtstrahlen passieren, deren Polarisationsebene exakt der Filterebene entspricht, sondern auch die zur Filterebene parallelen vektoriellen Komponenten aller anderen Lichtstrahlen. Diejenigen Vektorkomponenten, die exakt senkrecht zur Filterebene stehen, werden herausgefiltert. Für Lichtstrahlen deren Polarisationsebenen einen beliebigen spitzen Winkel α mit der Filterebene einschließen, können die durchgelassenen und zurückgehaltenen Vektorkomponenten durch Vektoraddition bzw. -subtraktion ermittelt werden. Man kann die Polarisationsebene eines Lichtstrahls in die gewünschten Vektorkomponenten parallel und senkrecht zur Filterebene zerlegen, indem man ein rechtwinkliges Dreieck konstruiert, dessen Hypotenuse und Ankathete den Winkel α einschließen. Die Länge der Ankathete entspricht der Amplitude der passierenden Vektorkomponenten, und die Länge der Gegenkathete entspricht der Amplitude des blockierten Vektorkomponenten. Der Anteil A_{pass} des passierenden Lichtes in Abhängigkeit des mit dem Filter eingeschlossenen Winkels α ist also laut Gl. (2.12):

$$A_{pass} = A_0 \cdot cos(\alpha) \tag{2.12}$$

Der blockierte Teil wird nicht durch den Filter absorbiert, sondern umgelenkt. Er verlässt den Filter als polarisiertes Licht, dessen Ebene senkrecht zu der des passierenden Strahls steht. In der Praxis wird dies mit optisch anisotropen Kristallen, wie z. B. Kalkspat ($CaCO_3$) bewirkt. Optisch anisotrop bedeutet, dass der Brechungsindex nicht in alle Richtungen gleich ist, d. h. die Lichtgeschwindigkeit im Kristall ist rich-

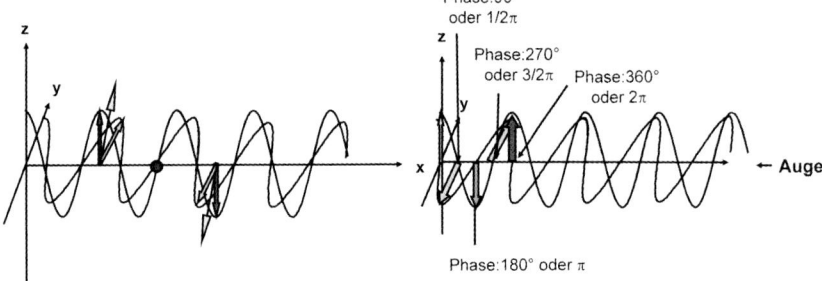

Abb. 2.9 Räumliche Überlagerung von polarisierten Lichtwellen. **A**: Überlagerung zweier Lichtwellen gleicher Phase. **B**: Überlagerung zweier Lichtwellen mit Phasenverschiebung um $\pi/2$.

tungsabhängig. Durch die Anisotropie werden die Lichtwellen eines aus der Luft in den Kristall eindringenden Strahls entsprechend ihrer Polarisationsebenen in einen ordentlichen und einen so genannten außerordentlichen Strahl aufgespalten (Abb. 2.8 C). Daraus ergibt sich, dass die Polarisationsebenen beider Strahlen senkrecht zueinander stehen. Ein Nicolsches Prisma besteht aus einem Block Kalkspat, der in zwei Prismen zerschnitten und mit einem optisch dünneren Medium wieder zusammengeklebt wurde. Die Form der Prismen wird derart gewählt, dass – wegen des geringeren Brechungsindexes des Klebstoffes – der ordentliche Strahl beim Auftreffen auf die geklebte Grenzfläche total reflektiert und damit aus dem linearen Strahlengang des Versuchsaufbaus entfernt wird. Der außerordentliche Strahl trifft in einem stumpferen Winkel auf die Grenzfläche und durchdringt sie. Die Geometrie des Nicolschen Prismas ist so symmetrisch gestaltet, dass der aus dem zweiten Prisma austretende, nunmehr linear polarisierte, außerordentliche Strahl sich auf einem Vektor weiterbewegt, der sich parallel zum Eingangsstrahl befindet.

Die vektorielle Addition und Subtraktion der oszillierenden elektrischen Felder, wie sie oben in zwei Dimensionen diskutiert wurde, liefert auch bei räumlicher Betrachtung wichtige Verständnishilfen. Zwei oder mehr Lichtwellen gleicher Wellenlänge und räumlicher Lage addieren ihre Amplituden. Dieses Phänomen wurde als Interferenz in zwei Dimensionen bereits diskutiert (Abschnitt 2.2.3). Bei dreidimensionaler Überlagerung von Wellenfunktionen müssen die Amplituden an jeder Zeit- bzw. Raumkoordinate vektoriell addiert werden. Dies ist in Abb. 2.9 an mehreren Beispielen dargestellt.

Abbildung 2.9 A zeigt die vektorielle Konstruktion der räumlichen Interferenz zweier Lichtstrahlen S1 und S2 gleicher Wellenlänge, Amplitude und Phase, deren Polarisationsebenen senkrecht aufeinander stehen. Am Ursprung sind beide Amplituden bei z=1 und y=1, so dass der durch Vektoraddition konstruierte Polarisationsvektor an diesem Punkt diagonal 45° zwischen den z- und y-Achsen liegt. Seine Amplitude entspricht der Hypothenuse eines gleichschenkligen rechtwinkligen Dreiecks beträgt somit $\sqrt{2}$. Bei einer Phase von $\pi/2$ erreichen die Amplituden beider Lichtstrahlen die x-Achse und nehmen den Wert Null an, ebenso wie ihre Vektorsumme. Bei einer Phase von π erreichen beide Schwingungen das dem Ausgangspunkt gegenüberliegende Minimum –1. Der resultierende Vektor liegt in der gleichen Ebene wie am Nullpunkt, jedoch um 180° gedreht in die andere Richtung zeigend. Nach weiteren π/2 wird bei 3/2π ein weiterer Nullpunkt passiert, und ein kompletter Schwingungsdurchgang ist bei 2π beendet, wo der resultierende Vektor ebenfalls wieder dem Ausgangswert bei Null entspricht.

Eine Betrachtung aller Vektoradditionen zeigt, dass alle resultierenden Vektoren in einer Ebene liegen. Der resultierende Lichtstrahl S3 ist also linear polarisiert, von gleicher Wellenlänge und Phase wie die ursprünglichen Strahlen S1 und S2, und seine Polarisationsebene liegt mit 45° genau in der Mitte zwischen den Ebenen von S1 und S2. Eine Phasenverschiebung um 180° zwischen S1 und S2 würde bedeuten, das S2 bei 0π und 2π eine Amplitude von –1 statt 1 hat. Der resultierende Strahl S4 entspräche S3 mit um 90° gedrehter Polarisationsebene.

Das Resultat eines Phasenunterschiedes von 90° zwischen zwei Strahlen S5 und S6 ist in Abb. 2.9 B dargestellt. Wie S1 hat S5 beim Ursprung eine Amplitude von 1, während die Amplitude von S6 gleich Null ist, so dass der resultierende Vektor dem von S5 entspricht. Bei π/2 ist die Situation umgekehrt: Da S5 den Nullpunkt durchläuft und S6 ein Maximum durchläuft, entspricht der resultierende Vektor dem von S6. Ähnlich leicht lassen sich die resultierenden Vektoren bei π, 3/2 π und 2π konstruieren. Alle dazwischen liegenden Punkte werden entsprechend, jedoch mit mehr mathematischem Aufwand und weniger leicht anschaulich konstruiert. Die resultierenden Vektoren haben alle die gleiche Amplitude, liegen aber nicht in einer Ebene, sondern bewegen sich kreisförmig im Uhrzeigersinn. Derartiges Licht, in dem sich die Vektorspitze spiralförmig durch den Raum bewegt, nennt man zirkular polarisiertes Licht. Wenn sich, wie in Abb. 2.9 dargestellt, der Vektor bei der Bewegung des Lichtstrahls in Richtung des Betrachters nach rechts bewegt, spricht man von rechtszirkular polarisiertem Licht. Wenn die Phasenverschiebung zwischen S5 und S6 um 180° verändert wird, erhält man linkszirkular polarisiertes Licht. Generell erhält man bei der Interferenz zweier Strahlen polarisiertes Licht, welches elliptisch polarisiert ist. Linear polarisiertes Licht bei Phasenverschiebungen von 0° und π (180°) sowie zirkular polarisiertes Licht bei Phasenverschiebungen von π/2 (90°) und 3/2π (270°) sind demnach nur Spezialfälle elliptisch polarisierten Lichtes.

Die Überlagerung von gleich starken Lichtstrahlen linkszirkular und rechtszirkularen Lichtes lässt sich analog zu dem skizzierten Vorgehen konstruieren und führt zu linear polarisiertem Licht. Demnach kann man sich jeden linear polarisierten Lichtstrahl als eine solche Überlagerung zirkular polarisierter Strahlen vorstellen. Dies ist wichtig für das Verständnis der optischen Aktivität, eines Schlüsselbegriffs der Polarimetrie.

Als optisch aktiv werden Substanzen bezeichnet, die die Ebene des polarisierten Lichtes drehen. Ein Polarimeter ist ein Gerät zur quantitativen Erfassung der optischen Aktivität von Analyten in Lösung. Ein einfaches Polarimeter ist in Abb. 2.10 dargestellt.

Das Polarimeter besteht aus einer Lichtquelle, deren unpolarisiertes Licht durch ein Nicolsches Prisma fällt, welches als Polarisator bezeichnet wird. Der passierende Strahl ist, wie in Abb. 2.8 A gezeigt, linear polarisiert. Seine Polarisationsebene

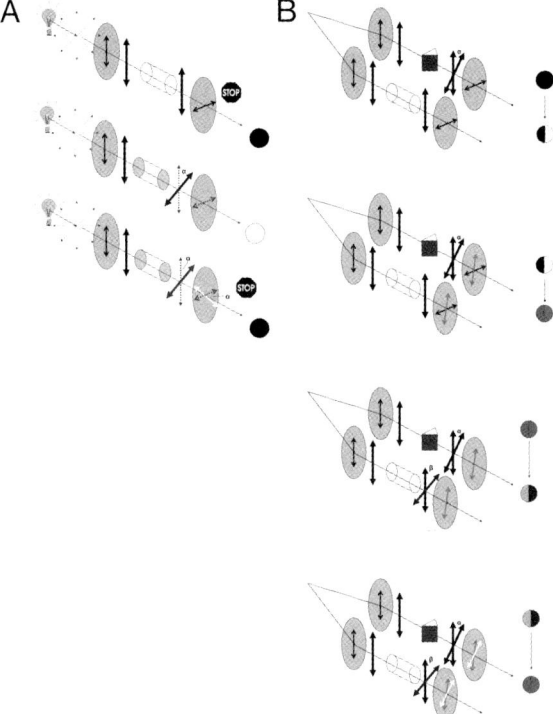

Abb. 2.10 A: Einfache Versuchsanordnung zur Messung von optischer Aktivität. **B**: Vorgänge im Halbschattenpolarimeter: Nullmessung ohne Probe, Einstellen des Analysators, Einfüllen der Probe und Nachstellen des Analysators. **C**: Projektion der Winkel auf die Analysatorebene des Halbschattenpolarimeters.

wurde hier willkürlich als Senkrechte dargestellt. Der polarisierte Strahl passierte eine Küvette, die zunächst leer ist und die die Polarisationsebene daher unverändert lässt. Danach erreicht der Strahl ein weiteres Nicolsches Prisma, welches als Analysator fungiert. Es steht horizontal und damit senkrecht zum Polarisator und lässt deswegen kein Licht durch. Ein Detektor hinter dem Analysator zeigt Dunkelheit an. Füllt man die Küvette mit einer Lösung eines optisch aktiven Analyten, dann wird die bis dahin senkrecht stehende Ebene des Lichtes beim Durchqueren progressiv gedreht. Das aus der Küvette austretende Licht ist nicht mehr in der Senkrechten polarisiert und steht daher auch nicht mehr senkrecht zum Analysator. Wie oben besprochen und in Abb. 2.8 gezeigt, lässt dieser daher einen winkelabhängigen Bruchteil passieren, welcher auf den Detektor fällt.

Wenn der Analysator um den gleichen Winkel nachgestellt wird, um den die optisch akive Substanz in der Küvette die Lichtebene gedreht hat, stehen beide wieder senkrecht aufeinander, und der Detektor registriert kein Licht mehr. Am Drehwinkel des Analysators könnte man nun seinen Messwert ablesen. Eine alternative

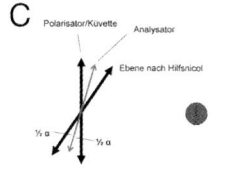

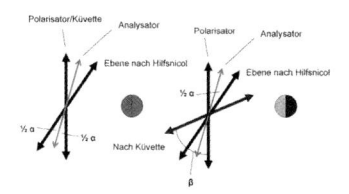

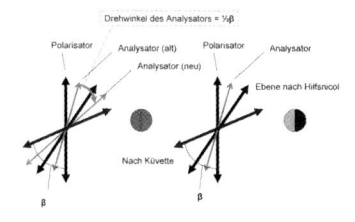

Anordnung beginnt mit parallel gestellten Polarisator und Analysator. Die Nullmessung würde maximale, die Messung mit optisch aktiver Substanz verminderte und die Nachführung des Analysators wieder maximale Lichtintensität am Detektor bedeuten. Sowohl „kein Licht" als auch „maximales Licht" sind jedoch experimentell schwer zugängliche Messwerte. Daher ist diese einfache Anordnung heute in der Regel durch ein Halbschattenpolarimeter (Abb. 2.10 B) ersetzt, in welchem durch direkten Vergleich zweier Messfelder die Messung automatisiert werden konnte.

In einem Halbschattenpolarimeter wird der Ausgangsstrahl zweigeteilt und der Referenzstrahl durchläuft ein so genanntes Hilfsnicol, welches diesen Teilstrahl um einen definierten Winkel α dreht. Ein beide Teilstrahlen kontrollierender Analysator, der rechtwinklig zum Polarisator steht, blockiert im Probenstrahl alles Licht, während die Drehung durch das Hilfsprisma um den Winkel α einem Teil des Lichtes ermöglicht, durch den Analysator auf das Messfeld des Referenzstrahls zu gelangen. Die Spaltung des ursprünglichen Strahls wird so gewählt, dass die Intensitäten beider Strahlen gleich sind, wenn der Analysator auf eine Winkelhalbierende α/2 zwischen Polarisator und Hilfsnicol gestellt wird. Die Einstellung eines Winkels, der gleich starke Intensitäten auf beiden Messfeldern bewirkt, kann leicht automatisiert werden. Nach Einfüllen der Probe in die Küvette wird der Probenstrahl um den Winkel β gedreht, so dass wieder Helligkeitsunterschiede zwischen den Messfeldern detektierbar sind. Erneuter Abgleich der Messfelder erfolgt durch Analysatordrehung um den Betrag β/2, woraus direkt auf den Messwert β geschlossen werden kann.

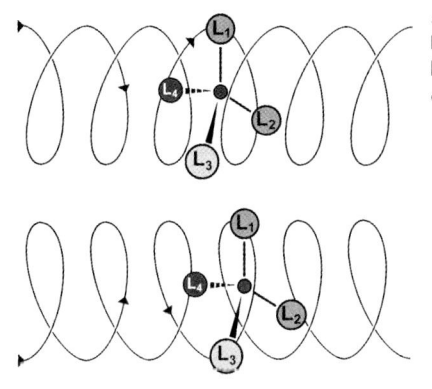

Abb. 2.11 Chirales Molekül mit den Liganden L1 bis L4, die unterschiedliche Wechselwirkung mit zwei zirkular polarisierten Strahlen eingehen.

Das Phänomen der optischen Aktivität kann mit Hilfe von zirkular polarisiertem Licht veranschaulicht werden. Wie weiter oben erklärt, kann der Strahl polarisierten Lichtes, welcher in die Küvette eintritt, als eine Überlagerung zweier entgegengesetzt zirkular polarisierter Strahlen angesehen werden. Jeder dieser Strahlen wird beim Auftreffen auf ein chirales Molekül gebrochen. Wie am Anfang des Kapitels erklärt, hängt die makroskopische Größe Brechungsindex von der mikroskopischen Größe der Polarisierbarkeit eines Moleküls ab. In einem chiralen Molekül mit den Liganden L1 bis L4 hat jeder Ligand eine andere Polarisierbarkeit und damit andere Brechungseigenschaften bezüglich einer elektromagnetischen Welle. Das heißt, die Lichtgeschwindigkeit des Strahls beim Durchtritt durch einen Liganden verändert sich entsprechend dessen Polarisierbarkeit. Man könnte sagen, die Lichtstrahlen werden kurzzeitig beim Durchtritt durch die Liganden verlangsamt. In Abb. 2.11 ist dargestellt, wie die beiden zirkular polarisierten Lichtstrahlen bei ihren spiralförmigen Passagen durch das chirale Moleküle in Abhängigkeit von ihrer eigenen Chiralität differentiell (unterschiedlich) mit den Liganden in Wechselwirkung treten. Nach dem Durchtritt durch das Molekül haben beide zirkular polarisierte Strahlen wieder die gleiche Wellenlänge, aber durch die unterschiedliche Geschwindigkeit beim Durchtritt haben sich ihre Phasen verschoben. Daraus ergibt sich eine veränderte Lage der Polarisationsebene des aus Interferenz der beiden zirkular polarisierten Teilstrahlen resultierenden Strahls nach Durchgang durch das Molekül.

Der Winkel, um den ein chiraler Analyt die Ebene des polarisierten Lichtes dreht, wird Drehwert α genannt. Er hängt von der Konzentration des Analyten und der Schichtdicke der durchstrahlten Lösung ab, und wird weiterhin durch dieselben Faktoren beeinflusst, wie der Brechungsindex auch: Lösungsmittel, Temperatur und Wellenlänge des benutzten Lichtes. Als stoffspezifische Konstante zur Charakterisierung eines Analyten dient der spezifische Drehwert $[\alpha]_\lambda^t$, bei dem diese Parameter konstant gehalten und indiziert werden. In der Regel gibt dieser Wert die Drehung des polarisierten Lichtes in wässriger Lösung bei 20 °C, 589,3 nm (Natrium-D-Linie), einer optischen Weglänge von 1 dm und einer Konzentration von 1 g/mL an und kann entsprechend der Gl. (2.13) aus dem gemessenen Winkel α berechnet werden.

$$[\alpha]_\lambda^t = \frac{\alpha}{c \cdot l} \tag{2.13}$$

Dabei bedeuten: c Konzentration in g/mL, l Länge der Küvette in dm, t Temperatur, λ=Wellenlänge des polarisierten Lichtes, bei D ist 589,3 nm gemeint.

Auffällig ist die Abhängigkeit des Drehwinkels von Analytkonzentration und Küvettenlänge wie im Lambert-Beerschen Gesetz und daraus resultierend die Analogie des Drehwinkels zur Absorption und die Analogie des spezifischen Drehwertes zur spezifischen Absorption (siehe Abschnitt 2.2.9).

Zur Unterscheidung soll noch einmal betont werden, dass der Drehwert aus Brechungs- und nicht aus Absorptionsvorgängen resultiert. Ebenso wie in der UV-VIS-Spektroskopie kann die spezifische, d. h. auf Gewichtsprozente bezogene, stoffspezifische Konstante auf eine molare Konzentration umgerechnet werden, wenn das Molekulargewicht bekannt ist. Gleichung (2.14) zeigt die Berechnung des molaren Drehwertes, auch Molarrotation $[M]_\lambda^t$ genannt, aus der spezifischen Rotation.

$$[M]_\lambda^t = \frac{[\alpha]_\lambda^t \cdot M}{100} \tag{2.14}$$

Dabei steht M für das Molekulargewicht. Drehwerte mit einem positiven Vorzeichen zeigen eine Drehung der Polarisationsebene aus Richtung des Betrachters nach rechts oder links an, ein negatives Vorzeichen bedeutet Drehung in die andere Richtung.

Ein Analyt kann in verschiedenen Lösungsmitteln unterschiedliche Drehwerte zeigen, bei denen gelegentlich auch das Vorzeichen wechselt. Dies ist durch eine Betrachtung des zentralen Vorgangs wie in Abb. 2.11 zu veranschaulichen. Es handelt sich um einen Brechungsvorgang, d. h. um den Übergang eines Lichtstrahls aus einem optischen Medium in ein anderes. Die Stärke des Brechungsvorganges hängt somit von den jeweiligen Grenzflächen Lösungsmittel/Ligand ab.

Die Polarimetrie spielte historisch eine große Rolle bei der Erforschung der Stereochemie der Zucker durch Emil H. Fischer. Die Änderung der Stereochemie am anomeren Kohlenstoff einiger Zucker nach Lösen in Wasser verändert deren Drehwert und wird Mutarotation genannt. Kinetiken derartiger Vorgänge können durch Polarimetrie verfolgt werden.

2.2.6
Weitere analytische Anwendungen von polarisiertem Licht: Optische Rotationsdispersion und Zirkularer Dichroismus

Die in Abb. 2.11 dargestellte differentielle Brechung von zirkular polarisiertem Licht an verschiedenen Liganden eines chiralen Moleküls ist, wie jedes Brechungsphänomen, von der Wellenlänge abhängig. Dies lässt sich zur genaueren Charakterisierung von Molekülen über das UV-VIS-Spektrum ausnutzen. Bei der optischen Rotationsdispersion (ORD) wird die Änderung der spezifischen Drehung mit der Wellenlänge des eingestrahlten Lichtes gemessen, so dass statt eines Wertes bei der Na-D-Linie ein komplettes Spektrum aufgenommen wird. In ORD-Spektren wird gewöhnlich die molare Rotation gegen die Wellenlänge aufgetragen. Chirale Analyten ohne Chromophor im gemessenen UV-VIS-Bereich zeigen eine Abnahme der spezifischen Drehung bei zunehmender Wellenlänge. Falls der chirale Analyt im untersuchten Spektralbereich absorbiert, geht die molare Absorption in der Nähe des Absorptionsmaximums durch den Nullpunkt und zeigt im jenseitigen Spektralbereich ein invertiertes Vorzeichen. Dieser Effekt wird als Cotton-Effekt bezeichnet. Je nach Richtung des Nulldurchgangs wird zwischen positivem und negativem Cotton-Effekt unterschieden.

Die so genannte CD-Spektroskopie ist methodisch und instrumentell der Messung der optischen Rotationsdispersion ähnlich, beruht jedoch auf Absorptionsvorgängen. Gewisse Inhalte der folgenden Darstellung können daher im Kapitel über der UV-VIS-Spektroskopie nachgeschlagen werden (Abschnitt 2.3). Gemessen wird die differentielle Absorption von rechts- und linkszirkular polarisiertem Licht, für die eine chirale Verbindung mit Chromophor in der UV-VIS-Region des Spektrums unterschiedliche Extinktionskoeffizienten ε_L und ε_R hat. Wenn aus einem Strahl linear polarisierten Lichtes unterschiedliche Anteile beider zirkular polarisierten Komponenten nicht nur unterschiedlich gebrochen, sondern auch unterschiedlich absorbiert werden (vergleiche Abb. 2.11 und Abb. 2.12), ändert sich nicht nur (wie bei der ORD) die Ebene, sondern auch die Elliptizität, also das Verhältnis der beiden Vektoren aus denen die Ebene des polarisierten Lichtes definiert ist. Dieser Unterschied ist in Abb. 2.12 in Form von Vektordiagrammen skizziert.

Die in der CD-Spektroskopie gemessenen Größen sind sehr ähnlich definiert wie die der Polarimetrie:

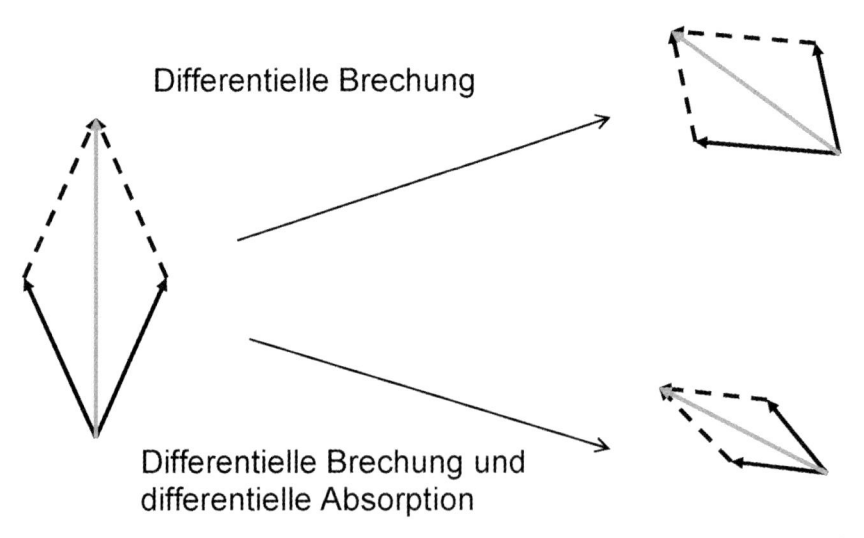

Abb. 2.12 Relative Veränderung der Vektoren der rechts- und linkszirkular polarisierten Strahlen bei Brechungs- bzw. Absorptionsereignissen an chiralen Molekülen. Beim Brechungsereignis wird lediglich die Phase zwischen beiden Vektoren verschoben. Durch differentielle Absorption wird einer der Vektoren stärker verkürzt, als der andere. Dadurch wird die relative Länge der Vektoren verändert.

Spezifische Elliptizität: $\quad [\psi]_\lambda^t = \dfrac{\psi}{c \cdot l}$ (2.15)

Molare Elliptizität: $\quad [\theta]_\lambda^t = \dfrac{[\psi]_\lambda^t \cdot M}{100}$ (2.16)

Dabei bedeuten: ψ gemessene Elliptizität, c Konzentration, l Länge der Küvette, M Molekulargewicht. In den Biowissenschaften dienen CD-Spektren zur Untersuchung von globalen Konformationen von Makromolekülen. Gewisse Sekundär- und Tertiärstrukturen wie α-Helices und β-Faltblätter in Proteinen, oder A-, B-, und Z-Form Helices in Nukleinsäuren haben charakteristische CD-Spektren, die zur Identifizierung solcher Strukturelemente in einer Probe beitragen können. Die Aufnahme von CD-Spektren in Abhängigkeit von der Temperatur erlaubt die Definition von Phasenübergängen der entsprechenden Strukturelemente bei charakteristischen Temperaturen, die auch als Schmelztemperaturen (T_m) bezeichnet werden.

Fluoreszenzanisotropie bezeichnet eine räumliche Vorzugsrichtung der Polarisationsebene des Lichtes, welches von einem Fluorophor ausgesandt wird. Es handelt sich also nicht um ein Brechungsphänomen, sondern um die Betrachtung von Absorptions- und Emissionsvorgängen. Fluoreszenzanisotropie ist ein Maß dafür, wie schnell der Fluorophor zwischen Absorption und Emission seine räumliche Orientierung ändern kann. Dies wird mit Polarisationsfiltern ähnlich der Polarimetrie gemessen. Details zur Anwendung werden jedoch zweckmässigerweise im Zusammenhang der Fluoreszenz erläutert (siehe Abschnitt 2.4.5).

2.2.7
Beugung elektromagnetischer Wellen, Welle-Teilchen-Dualismus und Quantenchemie

Wenn Wellen auf Gitter treffen, deren Gitterkonstante in der Größenordnung der Wellenlänge liegt, kommt es zu Beugungsphänomenen. Dabei handelt es sich um Interferenzerscheinungen, die in verschiedenen Bereichen der instrumentellen Analytik von Bedeutung sind. Beim Auftreffen einer Wellenfront paralleler Strahlen mit gleicher Wellenlänge und Phase auf ein Gitter kann der weitere Strahlengang konstruiert werden, indem jeder der Gitterpunkte als ein durch die Strahlen angeregter oszillierender Dipol mit entsprechender Frequenz betrachtet wird, der kreisförmige Wellen aussendet (Abb. 2.13). Die Schnittpunkte der Maxima (und Minima) dieser Wellen markieren die Richtungen, in denen Beugungsmaxima verschiedener Ordnungen von Interferenz detektiert werden. Der Winkel zum ursprünglichen Strahlengang hängt, wie in Abb. 2.13 geometrisch abgeleitet, zum einen von der Gitterkonstante und zum anderen von der Wellenlänge ab. Daher kann man ein Gitter zum Aufspalten von polychromatischem Licht in seine Wellenlängen verwenden. Gitter werden daher als wesentliche Bauteile in praktisch jedem Spektrometer (mit Ausnahme der NMR-Spektroskopie) zur Wellenlängenaufspaltung und -selektion verwendet. Wie aus Gl. (2.17) hervorgeht, werden Strahlen mit großen Wellenlängen λ beim Durchgang durch ein Gitter am stärksten abgelenkt.

$\sin(\alpha_n) = \dfrac{n \cdot \lambda}{d}$ (2.17)

Wellenfront

0. Ordnung

α

d

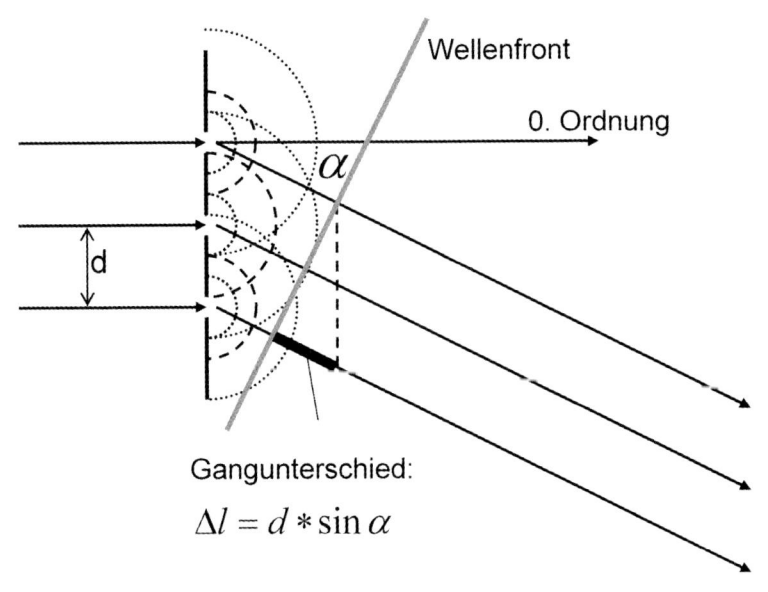

Gangunterschied:
$$\Delta l = d * \sin \alpha$$

Abb. 2.13 Beugung an einem Gitter A.

Wobei d die Gitterkonstante und α_n der Ablenkungswinkel der Beugungsordnung n sind. Im Gegensatz zur so genannten normalen Dispersion durch wellenlängenabhängige Brechung im Prisma, bei der die Ablenkung für kleine Wellenlängen am stärksten ist, nimmt hier α_n mit der Wellenlänge zu. Daher wird dieser Effekt als anomale Dispersion bezeichnet.

Umgekehrt kann aus der Analyse der Winkel der verschiedenen Beugungsmaxima auf die Gitterkonstante geschlossen werden. Dieses Prinzip liegt der Strukturanalyse von kristallinen Molekülen durch Röntgendiffraktion zugrunde. Röntgenstrahlen haben mit 0,1 pm bis 10 nm Wellenlängen in der Größenordnung der Abstände von Molekülen im Kristallgitter. Es sind die Elektronenhüllen der Atome, durch welche durch die Strahlung in Schwingung versetzt werden und somit als oszillierende Dipole fungieren. Daher erzeugen kleine Atome, die wenige Elektronen besitzen, nur schwache Streusignale, Schweratome mit ihren großen Elektronenhüllen dagegen besonders starke. Die Gitterkonstante hat ihre Entsprechung im Abstand zwischen sich wiederholenden Struktureinheiten die im dreidimensionalen Kristall geordnet sind.

Im Zusammenhang mit Beugungsphänomenen werden in allen Grundvorlesungen der Physik die berühmten Doppelspaltexperimente gelehrt, welche eindringlich eines der zentralen Erkenntnisse der Physik in der Mitte des vorigen Jahrhunderts illustrieren, nämlich den Welle-Teilchen-Dualismus. Dieser Dualismus bezieht sich im subatomaren und atomaren Maßstab auf Wellen und Teilchen und besagt, dass diese sich mal als Welle und mal als Teilchen verhalten, je nachdem welches Problem bzw. Experiment betrachtet wird. Während wir Licht bisher im Zusammenhang mit Wellenlänge, Frequenz, Polarisierbarkeit und Interferenz implizit nur als Welle diskutiert haben, haben wir die quantisierte Energiemenge eines Lichtteilchens in Form des Planckschen Wirkungsquantums h (Gl. 2.6) als Teilaspekte des Welle-Teilchen-Dualismus vorweggenommen. Diesem liegt das Konzept zu Grunde, dass ein Lichtteilchen, genannt Photon, die entsprechende Menge Energie, nämlich ein Vielfaches von h enthält und diese bei Wechselwirkung mit Materie wie etwa der Absorption auch als Ganzes überträgt. Außerdem werden wir andere Teilcheneigenschaften von Photonen im Zusammenhang mit dem Ramaneffekt (siehe Abschnitt 2.5.9), Lichtstreuung als elastischen Stoß zwischen Licht- und Materieteilchen, diskutieren.

Umgekehrt zeigen Teilchen wie Elektronen insbesondere bei der Ausbildung von Bindungen zwischen Atomen sehr deutlich Eigenschaften von Wellen, von denen die wichtigste vermutlich die Fähigkeit zur Interferenz ist. Seit Schrödinger die Welleneigenschaften von Elektronen in einer Wellenfunktionen ausdrückte, gelangt man über die Betrachtung der Eigenschaften solcher Funktionen zu sehr guten Modellen. Mit diesen Modellen kann man die Molekülbindungen als Interferenzphänomene der Wellenfunktion von Elektronen der beteiligten Atome verstehen.

Analog lassen sich auch Absorptions- und Emissionsvorgänge als Interferenzvon Bindungselektronen mit Lichtwellenfunktionen beschreiben. Letztendlich führt also der Welle-Teilchen-Dualismus direkt in das Gebiet der Quantenmechanik und Quantenchemie. Leider ist in diesem Buch weder Platz für eine Diskussion der oben erwähnten Doppelspaltversuche noch für eine Herleitung von quantenmechanischen Prinzipien. Inhalte der Quantenmechanik sind extrem schwierig in vereinfachter Form zu erklären, und daher durchaus geeignet, Studenten, die nicht aus den Fachrichtungen Physik oder Chemie stammen, gründlich zu frustrieren. Allerdings tauchen verschiedene quantenmechanische Aspekte in der Theorie aller nachfolgend diskutierten Spektroskopiearten auf. Daher ergeben sich für den Leser, je nach Neigung und Vorbildung, drei Optionen.

Die gründlichste wäre ein separates Studium der Quantenmechanik in Lehrbüchern der physikalischen Chemie. Da diese Option gleichzeitig auch die bei weitem langwierigste ist, werden die für die Spektroskopie wichtigsten Aspekte der Quantenmechanik in diesem Buch im Abschnitt 2.3.2 quasi als stark vereinfachter Crash-Kurs dargestellt, der dennoch ein gewisses Engagement des Neulings voraussetzt, welches auch begleitende Lektüre anderer Lehrbücher zum Thema beinhaltet. Für Minimalisten und Leser unter Zeitdruck werden die wichtigsten Ergebnisse der Quantenmechanik in den Theorieteilen der Spektroskopiekapitel nur als reine Mitteilungen (etwa im Stile von „aus der Quantenmechanik ist bekannt...") ohne weitere Erläuterungen eingebaut. Auf diese Art sollten diese Kapitel separat lesbar bleiben, bergen jedoch ein hohes Risiko für Missverständnisse seitens der Leser.

2.2.8
Spektroskopie: Emission, Absorption und Streuung von elektromagnetischer Strahlung

Eine Lichtwelle kann aus einem oszillierenden Dipol entstehen, d. h. aus einem Dipol, dessen Vektor in der Polarisationsebene der entstehenden Lichtwelle schwingt. Wir betrachten einen Dipol, der aus einer negativen Ladung besteht, welche um eine stationäre positive Ladung rotiert. Dieser Dipol ist zunächst makroskopisch,

d. h. deutlich größer als Atome. Wenn man den Dipol entlang der Ausbreitungsrichtung der Welle betrachtet, sieht man nur die Komponente seiner Bewegung, die in der Polarisationsebene oszilliert, das heisst eine Rotation unterscheidet sich aus dieser Perspektive nicht von einer Schwingung eines Dipols. Bei der kreisförmigen Bewegung entspräche das der Projektion der Kreisbewegung auf die z-Achse, (Abb. 2.14 A). Wenn man aus der gleichen Blickrichtung das elektrische Feld beobachtet, welches der kreisende Dipol in der Z-Achse verursacht, sieht dieser E-Feldvektor ähnlich aus wie der der entstehenden Welle – beide beschreiben ein oszillierende Sinusbewegung in der Z-Richtung.

Die kreisförmige Bewegung einer Ladung bedeutet eine ständige Beschleunigung, im obigen Fall des Elektrons, welches durch die ständig einwirkende Coulomb-Kraft seine Richtung verändert. Auch wenn sich sein Geschwindigkeitsvektor nur in der Richtung und nicht im Betrag verändert, sagt die klassische Physik in der Tat voraus, dass eine derart beschleunigte Ladung elektromagnetische Strahlung aussenden sollte, die in der Schwingungsebene polarisiert ist. Allerdings verliert der Dipol durch das Abstrahlen beständig Energie. Demnach wird sich der Radius der Rotation stetig verkleinern und irgendwann werden negative und positive Ladung aufeinandertreffen und der Dipol wird verschwinden.

An dieser Stelle ergibt sich für die Übertragung dieses makroskopischen Modells auf den atomaren Maßstab ein Erklärungsnotstand: Wenn man für die negative Ladung des Dipols ein Elektron und für die positive Ladung ein Proton annimmt, betrachtet man ein einfaches Modell des Wasserstoffatoms, von dem bekannt ist, dass das Elektron nicht unter beständiger Abstrahlung von elektromagnetischen Wellen in den Kern stürzt. Dieses Paradoxon kann nur durch die Einführung von Aspekten der Quantenmechanik aufgelöst werden, deren Details wir im Moment von der Diskussion zurückstellen.

Tatsächlich kann Energie im atomaren Maßstab nur in diskreten Paketen – den Quanten – abgegeben werden. Diese Energie entspricht der Differenz zwischen zwei Niveaus definierter potentieller Energie des oszillierenden Dipols. Das Aussenden eines Lichtteilchens mit einer genau definierten Quantität (Menge) an Energie, welches auch als Photon bekannt ist, ist ein elementarer Vorgang der Spektroskopie, der als Emission bezeichnet wird. Dabei geht der oszillierende Dipol aus einem energiereichen, dem so genannten angeregten Zustand, in einen energieärmeren Zustand über, der meistens dem Grundzustand entspricht. Dass nur genau quantifizierte Mengen an Energie abgegeben werden können, hängt damit zusammen, dass Zustände zwischen diesen beiden Energien nicht erlaubt sind – so sagt es die Quantenmechanik.

Das Gegenstück zur Emission ist die Absorption von Lichtquanten. Dabei nimmt ein Dipol ein Photon mit genau der Menge Energie auf, die der Differenz zwischen dem Grundzustand und dem angeregten Zustand entspricht. Abb. 2.14 B zeigt eine typische Darstellung von Absorption und Emission.

Wir versuchen zunächst, den Absorptionsvorgang auf trivialisierte Weise makroskopisch zu betrachten. Dazu betrachten wir zunächst wieder einen rotierenden Dipol, der harmonisch in der Z-Achse oszilliert. Wenn dem resultierenden oszillierenden E-Feld das ebenfalls oszillierende E-Feld einer elektromagnetischen Welle überlagert wird, kommt es zur vektoriellen Überlagerung beider E-Felder. Eine

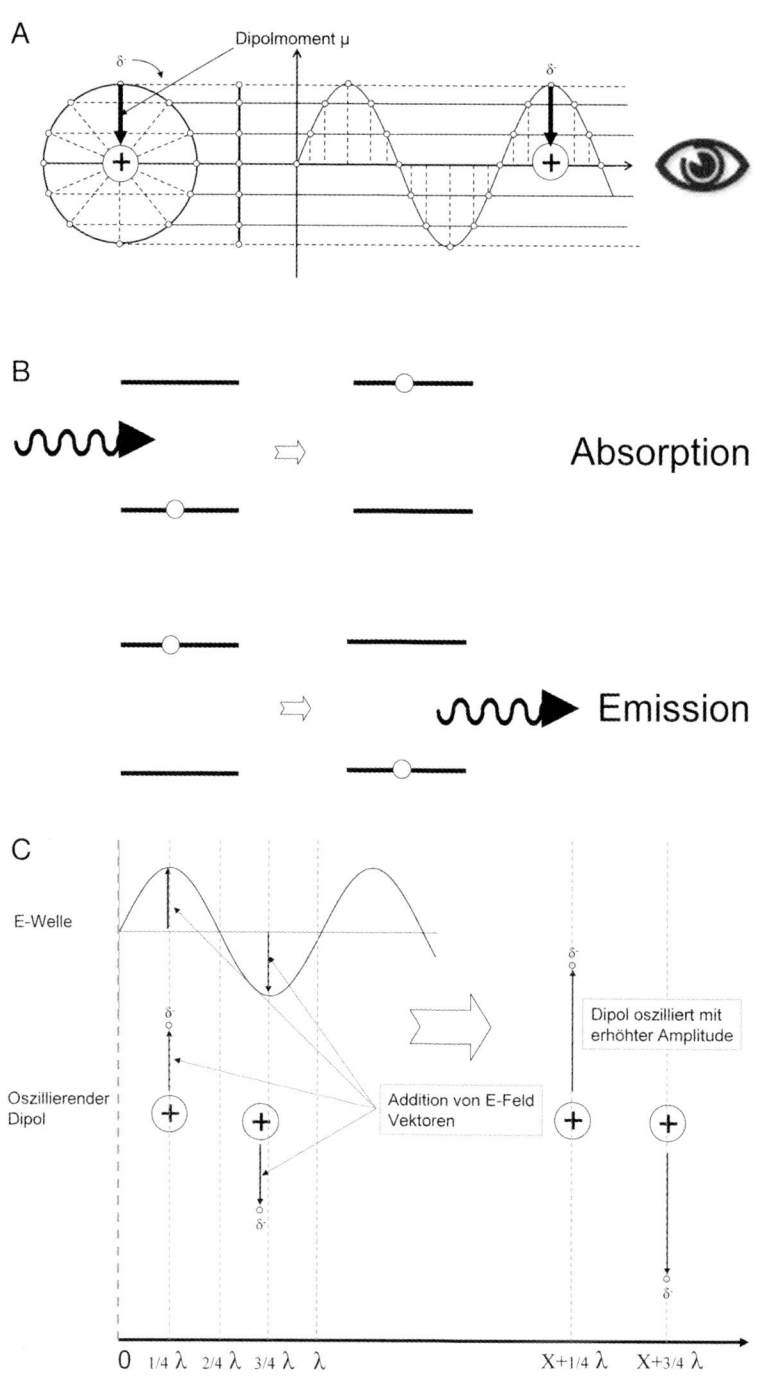

Abb. 2.14 A: Entstehung einer Lichtwelle aus einem oszillierenden Dipol in vereinfachter Darstellung. Gezeigt wird eine negative Ladung, welche in der Papierebene um eine stationäre positive Ladung rotiert. Von der Seite aus beobachtet, vollführt das E-Feld zwischen den Ladungen eine harmonische Schwingung in der Art einer Lichtwelle. **B:** Typische Darstellungsweise von Absorption und Emission. Der Energiegehalt eines Zustandes wird häufig durch die Höhe seiner Lage auf der y-Achse symbolisiert. **C:** Konstruktive Interferenz zwischen den harmonischen Schwingungen eines oszillierenden Dipols und einer elektromagnetischen Welle.

Energieübertragung aus dem E-Feld der Welle in das des Oszillators kommt zustande, wenn beide Felder mit gleicher Frequenz und Phase oszillieren. In diesem Fall der konstruktiven Interferenz (auch als Resonanz bezeichnet) addieren sich die Maxima der beiden oszillierenden E-Felder (Abb. 2.14 C). Dies führt zu einem Übertrag der Energie aus der elektromagnetischen Welle auf den Dipol und zu einer Vergrößerung der Entfernung von negativer und positiver Ladung. Letzteres resultiert wiederum in einem gegenüber dem Ausgangszustand vergrößerten Dipolmoment (vergleiche Gl. 2.8).

Die Veränderung des Dipolmomentes als Resultat eines Überganges erhält man aus quantenmechanischen Berechnungen in Form einer Regel. Diese Regel besagt, dass sich für Atome und Moleküle während eines Überganges das Dipolmoment ändern muss, damit der Übergang erlaubt ist. Die Differenz der Dipolmomente wird als Übergangsdipolmoment bezeichnet und bestimmt die Intensität eines Überganges. Dies gilt für Übergänge in beide Richtungen, d. h. sowohl für Absorption als auch für Emission, d. h. ein großes Übergangsdipolmoment führt z. B. zu einem hohen Extinktionskoeffizienten bzw. zu einer starken Fluoreszenz.

Wie erwähnt, hat unser makroskopisches Modell beim Übergang in den atomaren Maßstab einige Nachteile, die durch quantenmechanische Modelle bereinigt werden können.

Aus quantenmechanischer Sicht kann ein Elektron, welches sich im elektrischen Feld eines Protons befindet, statt als ein kreisendes Teilchen als eine stehende Welle betrachtet werden, deren Amplitudenquadrat einer Aufenthaltswahrscheinlichkeit oder auch Elektronendichte entspricht. Dass diese Welle „stehend" ist, erklärt, warum das Elektron nicht ständig elektromagnetische Strahlung aussendet und schließlich in den Kern stürzt. Wichtig zu erwähnen ist auch, dass unser Modell aus einer negativen und einer positiven Ladung aus quantenmechanischer Sicht keinen oszillierenden Dipol im eigentlichen Sinne mehr darstellt, weil die Elektronendichte im Wasserstoffatom kugelförmig homogen um den Kern verteilt ist, und kein Dipolmoment mehr resultiert.

Um längere Exkurse zu vermeiden, halten wir die oben erklärte Regel des Übergangsdipolmomentes fest, aus der sich eine Reihe von Auswahlregeln ableiten, mit denen sich relativ unkompliziert feststellen lässt, ob ein Übergang verboten oder erlaubt ist. Verboten bedeutet in diesem Zusammenhang eine geringe Wahrscheinlichkeit, nicht aber eine generelle Unmöglichkeit einer Absorption oder Emission. Jedwede Spektroskopie mit elektromagnetischen Wellen beschäftigt sich mit diesen beiden Vorgängen, Absorption und Emission. Je nachdem welcher Vorgang bevorzugt beobachtet wird, unterscheidet man Absorptions- und Emissionsspektroskopie.

2.2.9
Das Lambert-Beersche Gesetz

Das Lambert-Beersche Gesetz beschreibt die makroskopische Abhängigkeit der Photonenabsorption von der Konzentration des Analyten sowie der Länge der verwendeten Messzelle. Es ist absolut grundlegend für jede Art von Absorptionsspektroskopie und wird daher hier vor der Besprechung der einzelnen Spektroskopiear-

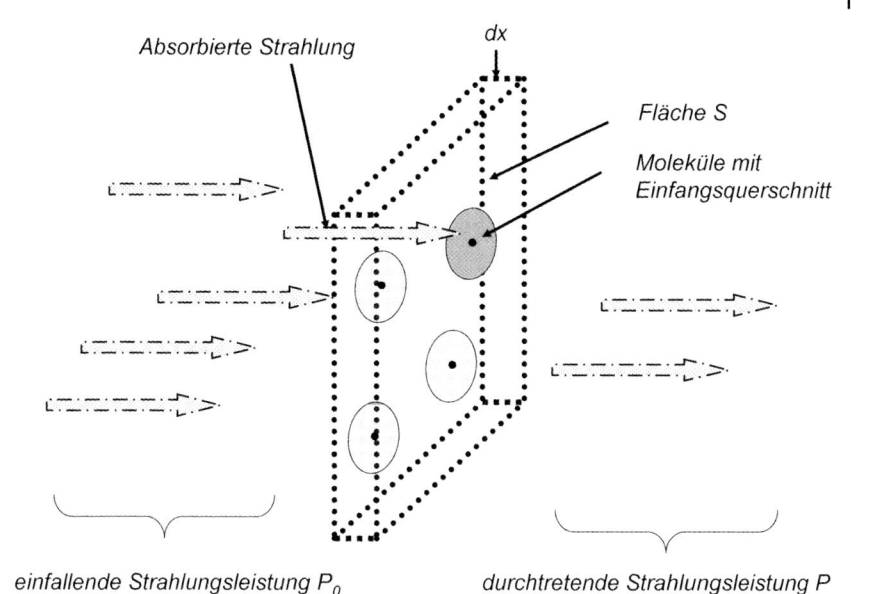

Abb. 2.15 Skizze zur Herleitung des Lambert-Beerschen Gesetzes.

ten behandelt. Die experimentellen Randbedingungen, welche eine genaue Anwendung des Lambert-Beerschen Gesetzes zur Quantifizierung eines Analyten erlauben, unterscheiden sich stark bei den verschiedenen Arten der Spektroskopie. Umgekehrt ist die Eignung eines Versuchsaufbaus zur Quantifizierung direkt davon abhängig, wie gut die Rahmenbedingungen des Lambert-Beerschen Gesetzes erfüllt sind.

Es wird die Schwächung von Strahlung einer definierten Wellenlänge mit der ursprünglichen Strahlungsleistung P_0 durch eine Lösung des Analyten der Konzentration c [mol/L] betrachtet (Abb. 2.15). Der Strahl soll senkrecht auf einen Block der Länge d auftreffen, ihn durchqueren und mit der Strahlungsleistung P wieder verlassen. Betrachtet man eine infinitesimal dünne Scheibe des Blockes mit Dicke dx der Fläche S, dann wird die Strahlungsleistung bei jedem Durchtritt durch eine solche Scheibe um einen definierten Bruchteil abgeschwächt.

Der genaue Wert des Bruchteils hängt von zwei Faktoren ab. Erstens von der Anzahl absorbierender Analytmoleküle dn, die sich in der betrachteten, infinitesimal dünnen Scheibe der Dicke dx befinden. Diese ist zur Konzentration c der Analytmoleküle in Lösung proportional. Der zweite Faktor entspricht der Fähigkeit der Analytmoleküle, ein Photon einzufangen. Diese „Fähigkeit" kann man sich als eine kreisförmige Fläche um jedes Molekül vorstellen, deren Größe für den jeweiligen Analyten charakteristisch ist. Diese Fläche α wird als „Einfangsquerschnitt" bezeichnet, und ihr Verhältnis zur Gesamtfläche S ist proportional zur Wahrscheinlichkeit, mit der ein Photon vom Analytmolekül einfangen wird (Abb. 2.15). Die Wahrscheinlichkeit selbst ergibt sich aus der Multiplikation des Einfangsquerschnitts mit der Zahl dn der Teilchen in der Scheibe, und anschließender Division durch die Gesamtfläche S der Scheibe. Diese Wahrscheinlichkeit entspricht genau dem Bruchteil, um den die Strahlungsintensität I beim Durchgang durch die Scheibe abgeschwächt wird (formuliert als $-dI_x/I_x$). Als Differentialgleichung ergibt dies:

$$-dP_x / P_x = \alpha \cdot dn / S \tag{2.18}$$

Integration zwischen P und P_0, sowie 0 und n ergibt:

$$-\ln(P/P_0) = \alpha \cdot n / S \tag{2.19}$$

Die Betrachtung zur Absorption von Quanten durch Moleküle in Lösung ist analog der Abschwächung von γ-Quanten durch abschirmendes Material. Wenn man Gl. (2.19) in die Exponentialform überführt, ist sie direkt mit der Beschreibung der Halbwertsdicke bei der Abschirmung von radioaktiver Strahlung vergleichbar. Das Produkt aus α und n hat seine Entsprechung in der Dicke einer Schicht, welche die Ausgangsintensität auf den e-ten Teil reduziert (vergleiche Gl. 2.4).

Die typische Gleichung des Lambert-Beerschen Gesetzes ergibt sich aus Gl. (2.19) nach einer Reihe von Umformungen. Diese beinhalten Transformation zum dekadischen Logarithmus, Bruchumkehr im Argument des Logarithmus zum Vorzeichenwechsel, Umrechnung der Teilchenzahl in molare Konzentration und Vereinigung der Strahlungsleistung P und der Fläche S zur Intensität I. Alle konstanten Werte werden mit dem Einfangsquerschnitt α zum molaren Extinktionskoeffizienten ε zusammen gefasst. Das resultierende Verhältnis I/I_0, welches den Bruchteil des nicht absorbierten Lichtes quantifiziert, wird als Transmission bezeichnet, und der dekadische Logarithmus der Transmission wird als Absorption A definiert:

$$-\log(I/I_0) = -\log(T) = \varepsilon \cdot d \cdot c = A \tag{2.20}$$

I_0: Strahlungsintensität vor Eintritt in die Küvette
I: Strahlungsleistung nach Durchtritt durch die Küvette
ε: Molarer Extinktionskoeffizient
   $[M^{-1}cm^{-1} = L\ mol^{-1}cm^{-1} = 1000\ cm^2\ mol^{-1}]$
d: Länge des optischen Weges [cm] (in der Regel Küvettendicke)
c: Konzentration des Analyten [mol/L]
A: Absorption
T: Transmission

Das Lambert-Beersche Gesetz wurde hauptsächlich für Analyten in Lösungen entwickelt, wo es seine häufigste Anwendung findet. Die lineare Abhängigkeit der Absorption von der Konzentration des Analyten macht deren Berechnung einfach und begründet letztlich ihre überragende Bedeutung insbesondere bei der UV-VIS-Spektroskopie von Molekülen in Lösung. Das Prinzip findet jedoch ebenfalls Anwendung bei der Quantifizierung von Analyten in Feststoffpräparationen oder in der Gasphase (z. B. in der Atomabsorptionsspektroskopie), welche jedoch die Randbedingungen zum Teil weniger genau erfüllen. Zum besseren Verständnis sollen im Folgenden die Limitierungen des Lambert-Beerschen Gesetzes näher diskutiert werden.

Die Gültigkeit des Lambert-Beerschen Gesetzes ist auf einen Bereich mittlerer Konzentrationen limitiert. Nur in diesem Bereich ist der Zusammenhang zwischen Absorption und Konzentration streng linear. Abweichungen ergeben sich am unteren Rand aufgrund des schlechter werdenden Signal-Rausch-Verhältnisses, besonders aber bei hohen Analytkonzentrationen. Bei hohen Analytkonzentrationen, d. h. in der Regel >1 mM, besteht die erhöhte Wahrscheinlichkeit von chemischen Wechselwirkungen der Analytmoleküle untereinander und damit einer Veränderung des Extinktionskoeffizienten. Ferner nimmt der Anteil der Moleküle zu, die quasi im Schatten des Einfangsquerschnitts von anderen Molekülen von der Absorption geschützt werden. Da zwischen der gemessenen Transmission und der gesuchten Konzentration des Stoffes ein logarithmischer Zusammenhang besteht, werden Konzentrationsbestimmungen bei sehr hohen und sehr geringen Transmissionswerten ungenau.

2.3
UV-VIS-Absorptionsspektroskopie elektronischer Übergänge

> *In diesem Kapitel wird der besonderen Bedeutung der UV-VIS-Absorptionsspektroskopie Rechnung getragen. Da Veränderungen der elektronischen Zustände in Molekülen spektroskopiert werden, werden zunächst einige Grundlagen der Theorie der chemischen Bindung vermittelt, um nachfolgend den Begriff des Chromophors einführen und ausführlich an Beispielen diskutieren zu können. Da UV-VIS-Absorptionsspektroskopie die wahrscheinlich wichtigste Methode überhaupt zur Quantifizierung molekularer Analyten bildet, werden in diesem Zusammenhang einige grundlegende Prinzipien der Kalibrierung erörtert. Es werden mehrere Beispiele aus der Praxis der biowissenschaftlichen Forschung vorgestellt.*

2.3.1
Allgemeines zur UV-VIS-Absorptionsspektroskopie

Die Bindungen zwischen Atomen in einem Molekül können durch Zufuhr von Energie in Form von Photonen definierter Energie ganz oder teilweise aufgebrochen werden. Die Wellenlängen der entsprechenden Lichtwellen liegen im ultravioletten und sichtbaren Teil des Spektrums. Diese Art von Absorptionsspektroskopie, die deswegen etwas unvollständig als UV-VIS-Spektroskopie bezeichnet wird, gibt Aufschluss über elektronische Eigenschaften und Bindungsverhältnisse in molekularen Analyten, während die Atomspektroskopie, welche vergleichbare Wellenlängen im UV-VIS-Bereich benutzt, atomar vorliegende Analyten ohne jegliche Bindungen untersucht. UV-VIS-Spektroskopie von Molekülen in Lösung ist zur Quantifizierung von Analyten sehr gut geeignet und unter anderem wegen der leichten Manipulierbarkeit von Flüssigkeiten (verglichen mit Gasen und Feststoffen) die wichtigste Spektroskopieart überhaupt. Ihre Bedeutung hängt auch mit der Tatsache zusammen, dass die Entwicklung entsprechender optischer Komponenten schon vor Jahrhunderten begonnen hat und diese heute vergleichsweise weit entwickelt und preisgünstig sind. Dies ist wiederum dadurch bedingt, dass Menschen in diesem Spektralbereich Licht ohne instrumentelle Hilfe detektieren können. Obwohl manche Spezies auch infrarotes Licht wahrnehmen können, benutzt die Mehrheit Licht im Bereich von 400 bis 800 nm, was die Bezeichnung VIS (visible) für sichtbar bedingt. Die konvergente Evolution von Photorezeptoren für den sichtbaren Bereich ist vermutlich unter anderem mit der Transparenz der wichtigsten optischen Medien auf der Erde, nämlich Luft und Wasser, zu erklären. Der hohe Energiegehalt von ultravioletter Strahlung ist schädlich, da er Bindungen in vielen Biomolekülen zerstören kann. Dies stellt vermutlich ein signifikantes Problem für die Evolution von biologischen UV-Rezeptoren dar.

UV-Licht ist dem Laien insbesondere im Zusammenhang mit Hautkrebs und der Ozonproblematik bekannt. Man differenziert generell zwischen drei Arten von UV-Licht, die sich durch ihren Wellenlängenbereich und damit durch ihren Energiegehalt unterscheiden. UV-C-Licht der Wellenlängen 100 bis 280 nm ist sehr kurzwellig und hat stark keimtötende Wirkung. Es verursacht Hautrötungen. UV-C-Strahlung wird z. B. durch Hg-Niederdruckstrahler erzeugt. Erst durch Strahlen von unter 200 nm Wellenlänge entsteht Ozon, da bei diesen Wellenlängen normaler molekularer Triplett-Sauerstoff O_2 absorbiert. Da Stickstoff ebenfalls UV-Licht unterhalb 200 nm absorbiert, dringt vom Sonnenlicht nur ein minimaler Anteil dieser Strahlung durch die Atmosphäre, so dass wir vor ihr geschützt sind. Aus dem gleichen Grund ist Spektroskopie unterhalb von 200 nm experimentell schwierig, weil unter Ausschluss von Sauerstoff und Stickstoff gearbeitet werden muss. Sowohl Proteine als auch Nukleinsäuren absorbieren Strahlung zwischen 260 und 280 nm. Strahlung dieser Wellenlänge ist stark mutagen, da sie die DNA beschädigt, und wird daher mit der Entstehung von Hautkrebs in Verbindung gebracht. Besonders leicht schädigt sie die Glaskörper der Augen durch Trübung, weshalb beim Umgang mit dieser Strahlung das Tragen einer Schutzbrille extrem wichtig ist.

UV-B-Licht ist mit 280 bis 315 nm mittelwellig, und durchdringt die Atmosphäre leichter als UV-C-Licht. Es ist weniger schädlich und zeigt stark pigmentierende Wirkung. UV-B bildet im Menschen das Provitamin D in einer photochemischen Reaktion, die die Anregung eines hochkonjugierten π-Systems (siehe unten) beinhaltet. Diese Strahlung wird sehr häufig für therapeutische Zwecke angewandt. Mit 315 bis 400 nm ist UV-A-Licht langwellig und ebenfalls in dem Teil des Sonnenlichtes enthalten, der zur Erdoberfläche durchdringt. Es bewirkt photochemische Prozesse mit nur leicht pigmentierender Wirkung (Sonnenbrand).

Ein verbessertes Verständnis der Wirkung von UV-Licht und der photochemischen Zusammenhänge, die z. B. zur Ozonbildung und zur schützenden Wirkung der Ozonschicht führen, erfordert einen Einstieg in die Theorien chemischer Bindungen zumindest auf einem vereinfachten Niveau. Wie bei jeder Art von Spektroskopie mit elektromagnetischen Wellen wechselwirken diese bei Absorptions- und Emissionsvorgängen mit einem oszillierenden Dipol. Dieser oszillierende Dipol entsteht bei der UV-VIS-Molekülspektroskopie aus der Bewegung der Valenzelektronen um die Kerne der Atome, welche das Analytmolekül bilden – so zumindest das einfachste Modell. Wie im Folgenden klar werden sollte, ist ein leicht vertiefter Einstieg in bessere Modelle bei dieser Materie durchaus angebracht.

Wer sich mit diesen schon intensiv beschäftigt hat, mag die folgenden Abschnitte überspringen. Wem es neu ist, oder bei wem die Theorien schon angestaubt sind, sollte die folgenden Abschnitte als Kurzfassung sehen, um grundlegende Vorgänge in der Molekülspektroskopie besser zu verstehen. Wegen der Komplexität der Materie sollte man noch mit entsprechenden Lehrbüchern der physikalischen Chemie sein Verständnis vertiefen. Sinnvoll ist insbesondere ein Verständnis des Begriffs Wellenfunktion am einfachen Modell des Teilchens im Kasten (vergleiche Abb. 2.17 C).

2.3.2
Theorien der chemischen Bindung

Eine umfassende Behandlung der Theorie der chemischen Bindung müsste aus didaktischen Gründen die faszinierende historische Entwicklung im zwanzigsten Jahrhundert beinhalten und könnte leicht mehrere Bücher füllen. Die aktuellen Theorien sind hoch kompliziert, für unsere Zwecke mit Mathematik überfrachtet und daher für diese Darstellung nicht geeignet. Darum werden hier verschiedene Aspekte der Lewis-Theorie und der Valenz-Bond-Theorie, aber vor allem die Molekülorbital Theorie (MO-Theorie) in ihren Grundzügen beleuchtet. Um Verwirrungen zu vermeiden, ist es dabei sehr wichtig, sich bei jeder Art von Argumentation klar zu sein, aus welcher Theorie die gerade verwendeten Argumente stammen und wo die Grenzen der jeweiligen Theorie liegen. Insbesondere Studenten, die nicht Chemie im Hauptfach studieren, haben eine Tendenz, schnell und häufig den Bereich zu verlassen, in dem diese Theorien akkurate Vorhersagen machen.

Die Lewis-Theorie ist eine relativ alte Theorie, welche den Vorteil hat, dass sie sehr einfach konzipiert und leicht anzuwenden ist. Darum findet sie heute noch universell bei einfachen Problemen Anwendung, nämlich bei der Darstellung von Bindungsverhältnissen in Molekülen im täglichen Umgang im Labor. Nach Lewis wird eine Bindung zwischen zwei Atomen durch einen Strich abgebildet, der ein Elektronenpaar symbolisiert, welches aus je einem Valenzelektron der beiden Atome entstanden ist. Laut dieser Theorie strebt jedes Atom eine Edelgaskonfiguration seiner Valenzelektronen an. Das sind normalerweise acht, bei Wasserstoff und Helium zwei Valenzelektronen, wobei Elektronenpaare in Bindungen als zwei Elektronen zu den Valenzschalen beider beteiligten Partner gerechnet werden. Das Streben nach einer Oktettkonfiguration hilft sehr gut, Reaktivitäten einer großen Anzahl von Verbindungen vorherzusagen, gilt aber streng nur für die zweite Periode des Periodensystems von Lithium bis Neon. Bei größeren Atomen, etwa bei Schwefel, kommt es zur so genannten Oktettaufweitung, welche z. B. im Schwefelsäuredianion ein zentrales Schwefelatom mit zwölf Valenzelektronen erlaubt. Trotz solcher Hilfskonstruktionen wie der Oktettaufweitung versagt die Lewis-Theorie endgültig bei der Betrachtung elektronenarmer Verbindungen der dritten Hauptgruppe, z. B. in Borverbindungen wie Diboran B_2H_6. Trotzdem ist zu bemerken, dass

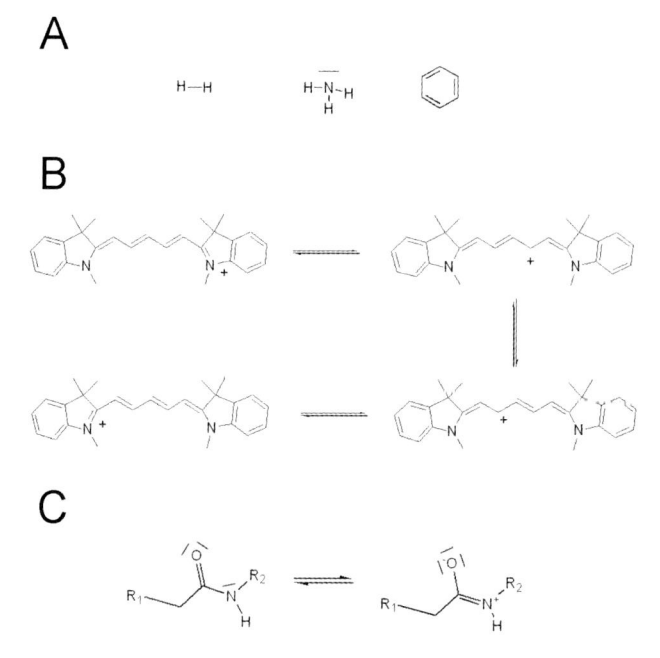

Abb. 2.16 Lewis Theorie der chemischen Bindung. **A**: Lewis Formeln einfacher Moleküle der organischen Chemie. **B**: Mesomere Grenzformen in einem Polyensystem am Beispiel eines Phthalcyaninfarbstoffes. **C**: Die mesomere Grenzformen einer Peptidbindung können die eingeschränkte Rotation um diese Bindung mit deren partiellem Doppelbindungscharakter erklären.

sowohl alle Lehrbücher der Chemie, als auch die überwältigende Mehrheit der Fachjournale die Darstellung von Molekülstrukturen in der Lewis-Schreibweise gestalten. Das liegt daran, das die Kernaussage der Lewis-Theorie, die Zwei-Elektronen-zwei-Atom-Regel, die meisten kovalenten Bindungen im täglichen Leben eines Wissenschaftlers akkurat genug beschreibt, um gute Ergebnisse zu erzielen.

Die Valence-Bond-Theorie (VB-Theorie) basiert auf der Schrödinger-Gleichung und übernimmt im Wesentlichen das Konzept der lokalisierten Bindung, welche sie durch eine zwischen den Atomen lokalisierte Wellenfunktion beschreibt. Bei größeren Molekülen und delokalisierten Bindungen erscheinen die Nachteile der Lewis-Theorie und der VB-Theorie, und die Vorzüge der MO-Theorie treten zutage. Daher wurde die VB-Theorie etwas behelfsmäßig um eine Hilfskonstruktion erweitert, die als Mesomerie oder Resonanz bekannt ist. Dieses Konzept sieht die tatsächlichen Bindungsverhältnisse als eine Überlagerung oder „Resonanz" mehrerer Strukturen mit unterschiedlichen Gewichtungsfaktoren. Diese hängen davon ab, wie stark die einzelnen Strukturen die Grundregeln der eigentlichen Lewis-Theorie, insbesondere die Oktettregel, verletzen. Obwohl die Theorie damit stark an Anschaulichkeit verliert, hat sich die Betrachtung mesomerer Grenzformen zur Abschätzung von Stabilität und Reaktivität besonders von organisch-chemischen Verbindungen durchgesetzt und bewährt (Abb. 2.16). Dies liegt vor allem daran, dass man mit Stift und Papier und genügend Erfahrung und chemischer Intuition

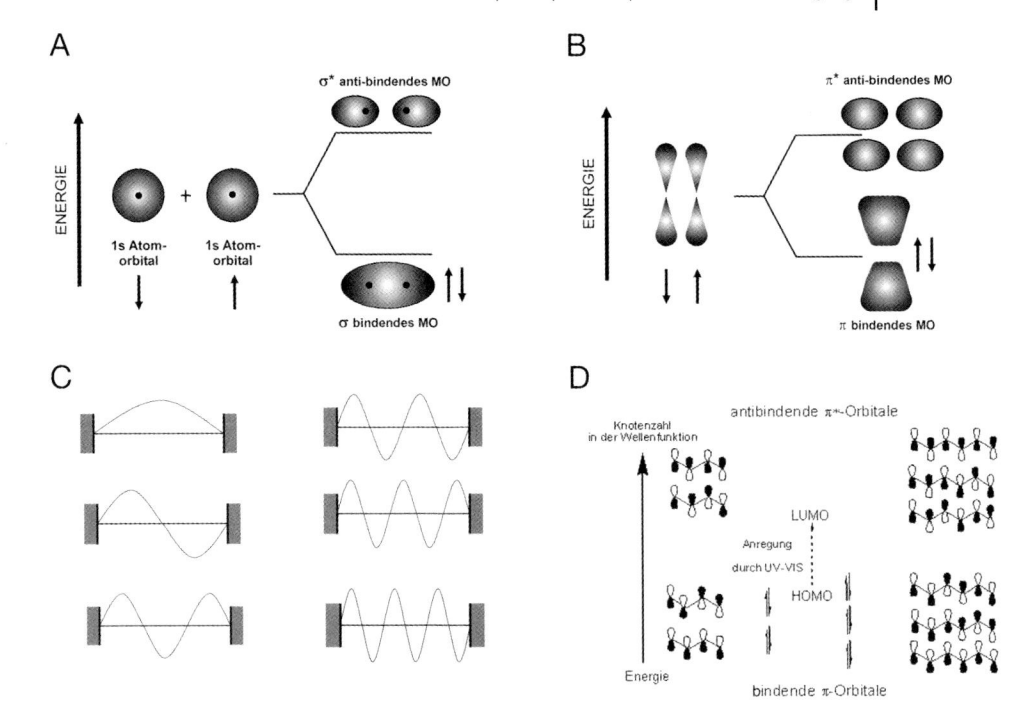

Abb. 2.17 Konstruktion von Orbitalen nach der MO-Methode. **A**: Bildung von σ-Orbitalen. **B**: Bildung von π-Orbitalen. **C**: Stehende Wellen eines Teilchens im Kasten. **D**: Konstruktion von MOs in Polyenen.

mit sehr einfachen Mitteln schnell ein gutes Abbild der Wirklichkeit erzielen kann, für das die exaktere MO-Theorie einen Computer benötigt.

Die MO-Theorie baut aus den Orbitalen der einzelnen Atome Molekülorbitale, die über das ganze Molekül delokalisiert sind. Dies geschieht im einfachsten Fall durch einfache Linearkombination der Atomorbitale. Die entstehenden Molekülorbitale werden als Überlagerung der Wellenfunktionen im Sinne von konstruktiver und destruktiver Interferenz berechnet, indem für jeden Punkt des dreidimensionalen Raumes eine Gesamtamplitude als Summe oder Differenz der Ausgangsamplituden gebildet wird. Bei positiver Interferenz der Wellenfunktionen entsteht ein bindendes Orbital, welches zwischen den gebundenen Atomen hohe Amplituden aufweist. Dieses bindende Molekülorbital hat eine größere Ausdehnung als jedes einzelne der Atomorbitale. Durch die größere Ausdehnung wird die Energie eines sich darin befindlichen Elektrons geringer und somit erklärt sich die Tendenz von Elektronen sich in bindenden Orbitalen aufzuhalten. Grundsätzlich kann jedes Orbital mit höchstens zwei Elektronen besetzt werden. Der Zusammenhang zwischen der Energie eines quantenmechanischen Teilchens und der Größe seines Orbitals kann durch die Betrachtung des „Teilchens im Kasten" gut verstanden werden, welches in zahlreichen Physiklehrbüchern behandelt wird. Die bindenden Molekülorbitale können im einfachsten Fall zwischen zwei, in komplizierteren Fällen aber auch zwischen mehreren Atomen konstruiert werden und erklären somit die bindende Wirkung eines lokalisierten Elektronenpaars sowohl zwischen zwei Atomen als auch in größeren delokalisierten Molekülorbitalen (z. B. ausgedehnte π-Systeme, siehe unten).

Aus negativer Interferenz zwischen den Wellenfunktionen entsteht ein antibindendes Orbital (in Abb. 2.17 mit * bezeichnet). Da sich bei negativer Interferenz die Amplituden beider Wellenfunktionen an einigen Stellen gegenseitig zu Null addieren, weist ein antibindendes Orbital eine Knotenfläche senkrecht zur Bindungsachse auf. Das antibindende Orbital ist daher weniger ausgedehnt und energetisch höher gelegen als die Atomorbitale und das bindende Molekülorbital. Wegen der Knotenfläche haben Elektronen, die sich in diesem Orbital befinden, auch keine Tendenz, sich wie ein bindendes Paar zwischen den Atomen aufzuhalten. Molekülorbitale, welche sich über mehrere Atome erstrecken, können zwischen einigen Atomen bindenden Charakter haben und gleichzeitig zwischen anderen Atomen Knotenflächen und somit antibindenden Charakter aufweisen. Je höher die Anzahl der Knotenflächen ist, desto höher liegt die Energie des Orbitals und desto stärker antibindend ist sein Charakter.

Insgesamt entstehen aus der Überlappung zweier Orbitale also immer auch zwei neue Orbitale, eines durch positive und das andere durch negative Interferenz. Später werden wir Beispiele für die Konstruktion von Molekülorbitalen aus mehreren Atomorbitalen sehen. Auch dabei entspricht die Anzahl der entstehenden Molekülorbitale der Anzahl der eingangs berücksichtigten Atomorbitale, wobei in der Regel etwa die Hälfte der Molekülorbitale einen bindenden und die übrigen einen antibindenden Charakter haben. Die Elektronen, die anfangs den einzelnen Atomen zugeordnet waren, besetzen jetzt die – in der Regel größeren und daher energetisch günstigeren – Molekülorbitale. Wenn halb so viele Elektronen vorhanden sind wie Orbitale, werden nur die bindenden Orbitale besetzt, welche energetisch tiefer liegen als die der ursprünglichen Atomorbitale. Die dabei frei werdende Energie stellt die fundamentale Triebkraft dar, die zur Bildung von chemischen Bindungen führt. Wenn mehr Elektronen vorhanden sind, oder Elektronen aus den bindenden in die antibindenden Orbitale angeregt werden, sinkt die Bindungsstärke. Die so genannte Bindungsordnung (BO) berechnet sich nach Gl. (2.21) als die Hälfte der Differenz aus der Elektronen in bindenden Molekülorbitale und der Zahl der Elektronen in anitbindenden Molekülorbitale.

$$BO = \frac{1}{2}(e_{bindend} - e_{antibindend}) \qquad (2.21)$$

Dabei bedeuten: $e_{bindend}$ Anzahl der Elektronen in bindenden Orbitalen und $e_{antibindend}$ die Anzahl der Elektronen in antibindenden Orbitalen

Nichtbindende Molekülorbitale sind energetisch fast neutral, da sie bei der Molekülbindung keine Interferenz eingehen und die Molekülorbitale kaum anders aussehen als die Atomorbitale. Ausnahmen können z. B. bei nichtbindenden Elektronenpaaren auftreten, die in Konjugation zu π-Systemen treten. Ein bekanntes Beispiel hierfür ist das freie Elektronenpaar des Stickstoffs in Peptidbindungen, welches durch Wechselwirkung mit dem π-System der Carbonylfunktion die Peptidbindung verstärkt und dabei sogar deren Bindungsordnung erhöht, so dass die Rotation um die Peptidbindung eingeschränkt ist. Dieser Sachverhalt kann auch durch mesomere Grenzstrukturen wie in Abb. 2.16 C veranschaulicht werden.

In Analogie zu den Bezeichnungen s, p, d der Atomorbitale werden Molekülorbitale je nach Symmetrie als σ-, π- oder δ-Orbitale und die entsprechenden antibindenden als σ*-,π*- oder δ*-Orbitale bezeichnet. σ-Orbitale sind rotationssymmetrisch bezüglich der Bindungsachse, während π-Orbitale eine Knotenfläche (Abb. 2.17) parallel zur Bindungsachse und δ-Orbitale zwei Knotenflächen aufweisen.

2.3.3
Chromophore in der molekularen UV-VIS-Spektroskopie

Die Behandlung von Orbitalen, die nur entlang der Bindungsachse zwischen zwei Atomen bestehen, stellt eine starke Vereinfachung dar, die der Kernaussage der MO-Theorie eigentlich zuwiderläuft und an das lokalisierte Elektronenpaar erinnert, welches die VB-Theorie verwendet. Zur Erläuterung der Chromophore in der UV-VIS-Spektroskopie ist diese Betrachtungsweise jedoch sehr anschaulich. Solche Chromophore enthalten Elektronen, die durch Absorption von Photonen aus einem energetisch tief liegenden in ein höher liegendes angeregt werden. In der Regel handelt es sich bei dem tief liegenden Orbital um eines mit σ-bindendem, π-bindendem, oder nichtbindendem Charakter. Die entsprechenden Elektronen werden als σ-, π- oder n-Elektronen angesprochen. Übergänge finden in der Regel in höher liegende antibindende σ*- und π*-Orbitale statt. Dementsprechend unterscheidet man hauptsächlich zwischen n-σ*, π-π* und n-π* Übergängen. Von anderen bekannten Übergängen spielen nur δ-δ* Übergänge als Chromophore eine wesentliche Rolle. Beispiele und Eigenschaften von Chromophoren sind in Tab. 2.2

Tab. 2.2 Elektronische Übergänge und typische Eigenschaften. Da die Werte stark vom Substitutionsmuster der Chromophore und dem Lösungsmittel abhängen, sind die Angaben als grobe Orientierung zu sehen und starken Variationen unterworfen.

Chromophor	Übergang	λ_{max} ±5 [nm]	ε [$M^{-1}cm^{-1}$]
C=C	π → π*	171	15 000
C=C	π → π*	180	10 000
Aromat	π → p*	254	230
		198	8 000
		184	60 000
C=O	n → π*	290	15
	π → π*	180	10 000
N=O	n → π*	275	17
	π → π*	200	5 000
C–I	n → σ*	255	
Ferrocen	δ → δ*	350	360

zusammengefasst. Entsprechend der räumlichen Ausdehnung der beteiligten Orbitale stellen bestimmte Atome, funktionelle Gruppen oder ganze Molekülteile die Chromophore für UV-VIS-Anregung dar.

Während das σ-MO einer Einfachbindung die Lokalisierung einer Bindung durch zwei Elektronen zwischen den entsprechenden Atomen recht gut wiedergibt, können Elektronen in Orbitalen mit π-Charakter grundsätzlich stark delokalisiert sein. Delokalisierte π-Elektronen spielen in der UV-VIS-Spektroskopie eine große Rolle, da sie in den stärksten und damit wichtigsten Chromophoren enthalten sind. Insbesondere bei konjugierten Alkenen ist das Verständnis dieser delokalisierten Molekülorbitale in vereinfachter Form für ein gutes Verständnis des Absorptionsverhaltens der Analyten sehr wichtig.

Konjugiert man eine einfache π-Bindung mit einer zweiten, so erhält man ein π-System mit vier Elektronen, die sich in zwei bindenden Orbitalen befinden. Deren Energie relativ zum nichtbindenden Zustand ist negativ, daher stabilisiert ihre Besetzung durch Elektronen die Bindung und erhöht die Bindungsordnung. Zusätzlich entstehen zwei antibindende π*-Orbitale, deren Energie positiv ist. Die steigende Energie der Orbitale korreliert mit der Frequenz ihrer Wellenfunktion, ähnlich wie bei Lichtwellen. Dementsprechend wechselt die Wellenfunktion von unten nach oben häufiger das Vorzeichen. An solchen „Knoten" ist die Wellenfunktion gleich Null und dementsprechend auch die Elektronendichte. Im untersten π-Orbital gibt es keinen Knoten, im nächst höheren einen, im Folgenden zwei und so weiter. Diese Verhältnisse entsprechen sehr gut dem Problem des „Teilchens im Kasten", dessen genauere Behandlung interessierte Leser in Physikbüchern nachschlagen sollten. Die mathematische Lösung erlaubt die Ableitung der Anzahl und Lage der Knoten nach einem einfachen Schema. Dazu legt man in einen „Kasten" definierter Länge halbe Wellen, deren Werte an den Kastenrändern gleich null sind (Abb. 2.17 C). Für jedes höhere Orbital fügt man eine Halbwelle hinzu, deren Amplitude so orientiert ist, dass ein neuer Knotenpunkt entsteht. Die Lage der Knotenpunkte verändert sich dabei so, dass die Knoten die Gesamtlänge des Kastens in gleich lange Abschnitte unterteilen. Amplitude und Vorzeichen der so konstruierten Wellenfunktion erlauben, die Delokalisierung der jeweiligen Orbitale über das gesamte π-System Moleküls abzuschätzen sowie ihren Beitrag zur Gesamtbindungsordnung zwischen beteiligten Atomen. Dazu zeichnet man die Atome so zwischen den Kastenrändern ein, dass sie die Kastenlänge in gleich lange Abschnitte unterteilen (Abb. 2.17 D). Nun erkennt man, dass das unterste π-Orbital, welches keinen Knotenpunkt aufweist, zwischen allen Atomen eine von Null verschiedene Amplitude gleichen Vorzeichens und damit einen vollständig π-bindenden Charakter besitzt. Das nächst höhere Orbital hat bindenden Charakter zwischen den jeweils äußeren Atomen, jedoch antibindenden Charakter zwischen den mittleren beiden Atomen, da zwischen diesen ein Knotenpunkt liegt. Insgesamt überwiegt in diesem Orbital jedoch der bindende Charakter. Im nächst höheren Orbital kommt ein weiterer Knotenpunkt und hinzu und damit eine Erhöhung des antibindenden Charakters des Moleküls, der nun überwiegt: Es sind zwei Bindungen zwischen Atomen durch Knoten unterbrochen, während nur eine Bindung verstärkt wird. Das höchste Orbital enthält drei Knoten, welche die Bindungsordnung zwischen allen Atomen senken, es ist daher als vollständig antibindend anzu-

Tab. 2.3 Modulation von Chromophoreigenschaften.

Art des Shifts	Bezeichnung
Höhere Wellenlänge	bathochrom
Höhere Wellenlänge durch zusätzliche Elektronendichte aus n-Elektronen	auxochrom
Niedrigere Wellenlänge	hypsochrom
Höherer Extinktionskoeffizient	hyperchrom
Geringerer Extinktionskoeffizient	hypochrom

sprechen. In einem System mit vier Atomen liegt die Grenze zwischen überwiegend bindendem und überwiegend antibindendem Charakter zwischen dem zweiten und dritten Orbital. Beide bindenden Orbitale sind in einem typischen System eines Diens, wie etwa Butadien, mit insgesamt vier π-Elektronen gefüllt.

Bei der Übertragung dieser Verfahrensweise auf höher konjugierte Alkene, z. B. Hexatrien, wird die Länge des Kastens entsprechend erhöht, und es werden mehr, in diesem Fall sechs, Orbitale konstruiert, von denen die drei energetisch niedrigsten bindend und mit jeweils zwei Elektronen besetzt, und die drei antibindenden unbesetzt sind. Wichtig ist dabei, dass der Energieunterschied zum nichtbindenden Niveau für das höchste besetzte Orbital, das HOMO (Highest Molekular Occupied Orbital) im Vergleich zum Butadien kleiner geworden ist. Das gleiche gilt auch für das höchste unbesetzte Molekülorbital, das LUMO (Lowest Unoccupied Molecular Orbital). In einer homologen Reihe konjugierter Diene nähern sich die Energien dieser Grenzorbitale einander immer weiter an. Diese Differenz entspricht genau der Energie, die in Form eines Photons zugeführt werden muss, um ein Elektron aus dem HOMO ins LUMO anzuregen. Genau dies ist der zentrale Vorgang der UV-VIS-Spektroskopie. Je höher konjugiert ein π-System ist, desto längerwellig ist das Licht, welches zur Anregung dieses Chromophores benötigt wird. Daher wird der π-π* Übergang des Ethens im sehr kurzwelligen Bereich des UV-Lichtes unterhalb 200 nm angeregt, während höhere Polyene im sichtbaren Bereich absorbieren: Carotin (Abb. 2.18 A) hat z. B. Absorptionsmaxima bei etwa 450 und 490 nm. Diese Verschiebung zu höheren Wellenlängen bei erhöhter Konjugation wird bathochromer Shift genannt und findet sich auch in der homologen Reihe annellierter Aromaten, d. h. beim Übergang von Benzol über Naphthalin zu Anthracen und weiter.

Parallel zur Größe eines konjugierten Systems steigt sein Absorptionsquerschnitt α und damit auch sein Extinktionskoeffizient. Dieser Effekt wird als hyperchrom, seine Umkehrung als hypochrom bezeichnet. Die verschiedenen Effekte sind in Tab. 2.3 zusammengefasst.

Das Verhalten hochkonjugierter Polyene mit n Doppelbindungen ist so regelmäßig, dass sich die Wellenlängen λ_{max} der Absorptionsmaxima mit dem in Gl. (2.22) beschriebenen, so genannten Quadratwurzelgesetz näherungsweise berechnen lassen:

$$\lambda_{max} = (134 \cdot \sqrt{n+31}) \tag{2.22}$$

Tab. 2.4 Inkrementwerte zur Berechnung der Lage von UV-Banden in Polyenen.

Subsitutent	Inkrement in nm
Alkyl	5
Alkoxy	6
Halogen (Br oder Cl)	10
Karbonsäure	0
Thiogruppe/Sulfid	30
Amino	60
Phenyl	60

Die elektronischen Effekte von Substituenten an konjugierten Systemen lassen sich nach den so genannten Woodward-Fieser-Regeln als Inkremente sowohl für Polyene als auch für Aromate zur Abschätzung der Absorptionsmaxima anwenden. In aromatischen Systemen haben bei mehreren Substituenten sogar deren relative Orientierung in ortho-, meta- und para-Stellung einen abschätzbaren Einfluss auf die Elektronendichte im π-System und damit auf die Lage der Absorptionsbanden. Einige dieser Parameter sind in Tab. 2.4 aufgelistet. Diese Einflüsse können näherungsweise mit mesomeren Effekten erklärt werden, welche in ähnlicher Weise die Lage von Absorptionsbanden in ^{1}H-Kernresonanzspektren zu erklären vermögen. Mesomere und induktive Effekte werden auch zur Erklärung von Regioselektivität in elektrophilen aromatischen Substitutionsreaktionen in der organischen Chemie herangezogen, welche ebenfalls von Elektronendichteverteilungen im aromatischen π-Systemen bestimmt werden.

Elektronen in nichtbindenden Molekülorbitalen können ebenfalls angeregt werden. Molekülorbitale mit nichtbindendem Charakter entstehen vor allem aus Atomorbitalen, die freie Elektronenpaare enthalten, wie sie vor allem in Stickstoff und Sauerstoff vorkommen. Interessanterweise sind n-π* Übergänge aus quantenmechanischer Sicht aufgrund ihrer Symmetrie verboten. Aufgrund einer Reihe von Faktoren, die dieses Verbot „aufweichen" finden sich n-π* Übergänge nicht nur recht häufig, sie können sogar sehr hohe Extinktionskoeffizienten verursachen. Die Wellenfunktion von nichtbindenden Molekülorbitalen ist hauptsächlich an den entsprechenden Heteroatomen lokalisiert. Dies bedeutet, dass sich der Großteil der resultierenden Elektronendichte tatsächlich am Heteroatom befindet, was der Darstellungsweise der VB-Schreibweise entspricht. Nichtbindende Orbitale können aber mit π-Systemen in Wechselwirkung treten und ihre Elektronen auch in die entsprechenden delokalisierten π*-Orbitale angeregt werden. Solche n-π* Übergänge können durch Faktoren beeinflusst werden, die die Elektronendichte der nichtbindenden Molekülorbitale betreffen. Durch Zugabe von Protonen oder Metallkationen, welche koordinative Wechselwirkungen mit den freien Elektronenpaaren eingehen, kann die Lage der Energieniveaus verändert und damit das Absorptionsmaximum verschoben werden. Daher reagieren typische n-π* Über-

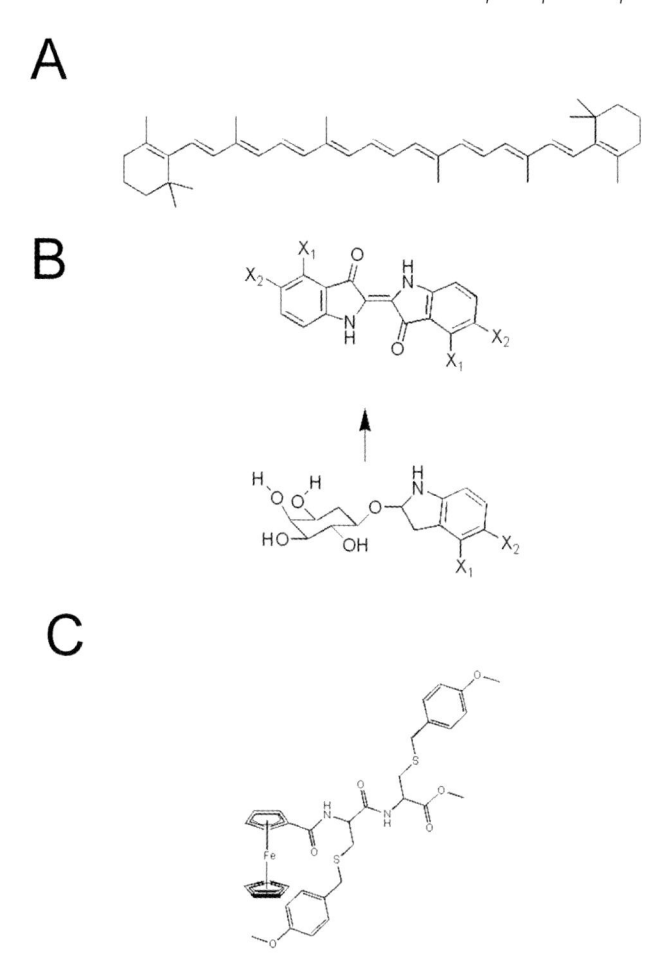

Abb. 2.18 Chromophore **A**: Das hochkonjugierte Polyensystem in Carotin bewirkt starke Färbung durch π-π* Übergänge. **B**: Der Heterocyclus Indigo ($X_1=X_2=H$) hat starke n-π Anteile. Nach enzymatischer Abspaltung von Galactose entsteht aus X-Gal ($X_1=Cl$, $X_2=Br$) wie bei Indigo durch Luftoxidation aus einer Leukobase, ein dunkelblauer in Wasser unlöslicher Farbstoff. **C**: Ein Dipeptid-Metallkomplex-Konjugat mit drei Chromophoren: π-π (aromatische Seitenketten) n-π* (Peptidbindung), δ-δ* (Ferrocenrest).

gänge stärker als π-π* Übergänge auf Salz und pH-Veränderungen des Lösungsmittels und können auf diese Art charakterisiert werden.

In der Praxis besonders wichtige n-π* Übergänge treten besonders in stickstoffhaltigen Heterocyclen auf. Ebenfalls wichtig sind durch die freien Elektronenpaare des Sauerstoffs in Carbonylgruppen bedingte n-π* Übergänge, insbesondere wenn es sich um konjugierte Carbonylgruppen handelt. In solchen Systemen findet man in der Regel einen relativ intensiven π-π* neben einem n-π* Übergang bei höheren Wellenlängen mit deutlich kleinerem Extinktionskoeffizienten. Die höhere Wellenlänge des n-π* Übergangs ergibt sich aus der energetisch höheren Lage des n-Orbitals verglichen mit dem π-Orbital (vergleiche Abb. 2.19). Während die Lage von n-

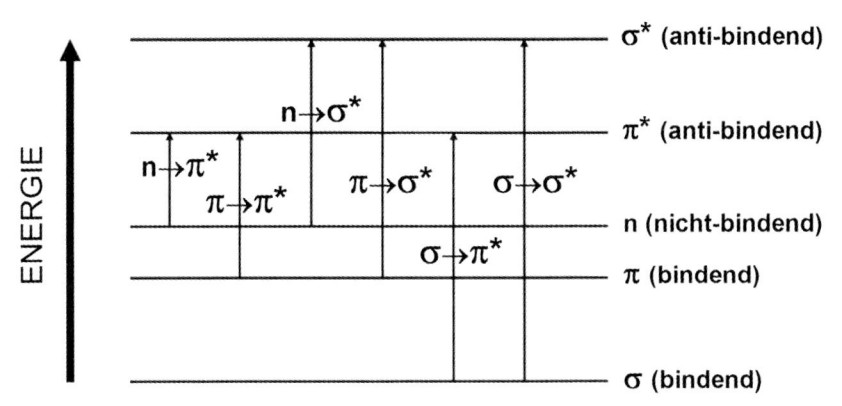

Abb. 2.19 Schematische Darstellung möglicher elektronischer Übergänge.

π* Übergängen durch Wechselwirkung mit Salzen und polaren Lösungsmitteln verschoben werden kann, verschieben sich die Banden von π-π* Übergängen entsprechend dem unpolaren Charakter von Alkenen durch lipophile Wechselwirkungen. Unter bestimmten Umständen können sich dadurch beide Banden eines α-β ungesättigten Ketons überlagern.

Bestimmte Substituenten an konjugierten π-Systemen können deren Absorptionsverhalten durch Veränderung der Elektronendichte beeinflussen. Wenn diese Substituenten die Elektronendichte erhöhen (in der Regel durch mesomere Effekte nichtbindender Elektronen), sinkt die Energiedifferenz zwischen den π/π*-Grenzorbitalen und das Absorptionsmaximum verschiebt sich zu höheren Wellenlängen (bathochrom). Derartige „unterstützende" Substituenten, welche selber keine Chromophore sind, werden als auxochrome Gruppen bezeichnet.

Methoxy- und OH-Substituenten sind typische auxochrome Gruppen, deren freie Elektronenpaare die Elektronendichte in Aromaten und Polyenen über +M-Effekte erhöhen. Dies gilt besonders für deprotonierte Hydroxygruppen wegen ihrer erhöhten Elektronendichte. Solche Substituenten beeinflussen die spektralen Charakteristika des Chromophors daher auch in Abhängigkeit vom pH, was eine deutlich Abgrenzung zu n-π* Systemen erschwert.

Die intensiven Farben vieler Salze von Übergangsmetallen sind durch die teilweise Besetzung von d-Orbitalen mit Elektronen bedingt, welche mit Licht im UV-Bereich angeregt werden können. Die Geometrie und energetische Lage der entsprechenden Molekülorbitale hängt stark von koordinativen Bindungen ab, die das Metall mit elektronenreichen Liganden eingeht, daher können die Liganden- und Komplexeigenschaften spektroskopisch gut untersucht werden. Zur Identifizierung und Quantifizierung bestimmter Metalle können bestimmte Liganden zugesetzt werden, deren Koordinationsverbindungen sich durch charakteristische Farben der entsprechenden δ-δ* Übergänge auszeichnen.

Im deutlichen Gegensatz zur Atomabsorptionsspektroskopie wird man bei der Molekülspektroskopie im UV-VIS-Bereich keine Linienspektren erhalten, sondern Bandenspektren. Die Verbreiterung der Linien zu Banden ist hauptsächlich durch

Abb. 2.20 UV-VIS-Spektren **A**: eines Dipeptid-Metallkomplex-Konjugates und **B**: eines wasserlöslichen Anthracenderivates.

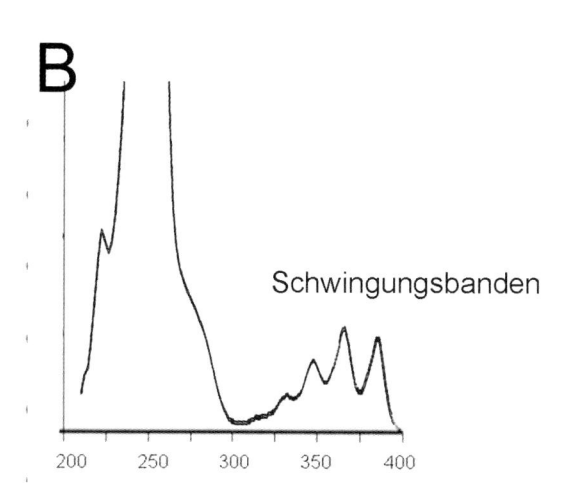

drei Faktoren bedingt, welche bei der Atomabsorptionsspektroskopie durch die experimentellen Umstände ausgeschlossen sind: Die Aufspaltung der elektronischen Übergänge durch Schwingungsniveaus, die Aufspaltung der Schwingungsniveaus durch Rotationsniveaus, und Wechselwirkung der Chromophore mit dem Lösungsmittel. UV-Spektren von Molekülen in der Gasphase zeigen häufig die Feinstruktur gut aufgelöster Schwingungsbanden, die in unpolaren Lösungsmitteln verbreitert, aber teilweise noch erkennbar sind. Insbesondere in polaren Lösungsmitteln wie Wasser, Alkohole, Ester oder Ketone sind diese Feinstrukturbanden aber in der Regel überlappend, so dass die entsprechenden Spektren breite Übergänge zeigen. Wie anhand des Termschemas nach Jablonski (Abb. 2.23) im nachfolgenden Kapitel erläutert werden wird, bewirkt die Existenz von Schwingungsniveaus, welche beim elektronischen Übergang mit angeregt werden können, eine Verbreiterung der Banden. In entsprechender Weise können Schwingungsbanden durch die Feinstruktur von Rotationsniveaus verbreitert werden, deren Energieunterschiede im Mikrowellenbereich liegen. Schwingungsniveaus unterscheiden sich in ihren Energien grob um 1 bis 50 J/mol, was Wellenlängen von einigen µm im Infrarotbereich entspricht. Die Schwingungsniveaus können soweit auseinander liegen, dass die entsprechenden Banden auch im UV-Spektrum des gelösten Analyten noch deutlich voneinander getrennt sind. Dies ist vor allem bei höher konjugierten Alkenen und anellierten Aromaten wie Anthracen der Fall, dessen UV-Spektrum, in Abb. 2.20 B am Beispiel eines in Wasser löslichen Derivates dargestellt, deutliche Schwingungsbanden im kurzwelligen VIS-Bereich um 400 nm zeigt.

2.3.4
Konzentrationsbestimmung durch UV-VIS-Spektroskopie

Zur Messung von UV-Spektren gibt es sowohl Einstrahl- als auch Zweistrahl-Spektrophotometer. Bei letzterem wird der Lichtstrahl nach Durchgang durch einen Wellenlängenfilter (meist ein Gitter) in einen Proben- und einen Referenzstrahl geteilt, die durch entsprechende Küvetten geleitet werden. Die Referenzküvette sollte mit dem gleichen Lösungsmittel- oder Puffergemisch gefüllt sein, in der auch der Analyt gelöst ist. Nach Durchgang durch die Küvette wird die Intensität beider Strahlen bestimmt. Obgleich die Quantifizierung eigentlich auf den Werten I_0 (eingestrahlte Intensität) und I (Intensität nach Absorption durch die Analytlösung) des Lambert-Beerschen-Gesetzes (siehe Abschnitt 2.2.9, Gl. 2.18 bis 2.20) beruht, müssen durch Referenzmessungen solche Abschwächungen von I_0, die nicht auf Analytabsorption beruhen, berücksichtigt werden, wie z. B. Streuverluste der Strahlung an den diversen Grenzflächen zwischen Luft, Küvette und Lösungsmittel. Daher liefert der Referenzstrahl die Ausgangsintensität I_0 und der Probenstrahl die Intensität I nach Absorptionsvorgängen durch die Analytlösung. Der Quotient der beiden entspricht dem Bruchteil durchgelassenen Lichtes, der Transmission T, aus dem durch logarithmieren die Absorption erhalten wird, welche den für das Lambert-Beersche-Gesetz relevanten Messwert bildet. Zweistrahlphotometer bieten hier den Vorteil, dass die Division der Intensitäten I und I_0 in analoger Form durch elektronische „onboard" Schaltungen mit geringem Fehler durchgeführt werden kann. Außerdem werden durch die Verwendung von Teilstrahlen aus derselben Lichtquelle mögliche Intensitätsschwankungen der Lampe ausgeglichen, was bei Einstrahlgeräten nicht der Fall ist. In den kostengünstigeren Einstrahlgeräten wird der Wert für I_0 in einer separaten Messung vor dem Vermessen des eigentlichen Analyten bestimmt, und wegen der zeitlichen Distanz zwischen Messung und Referenzmessung unterliegt der Messwert größeren Schwankungen. Moderne Geräte sind so zuverlässig, dass auch Einstrahlgeräte sehr präzise Ergebnisse liefern. Während Messung bei Absorptionswerten von 0,3 bis 0,7 experimentell die präzisesten Konzentrationsbestimmungen erlauben, gibt es moderne lichtstarke Geräte, die noch bei Absorptionen von über 2,5 lineares Verhalten zeigen. Wenn im UV-Bereich gemessen werden soll, werden meistens Küvetten aus speziellem Quarzglas verwendet, das in diesem Spektralbereich nicht absorbiert. Für Anwendungen mit hohem Probendurchsatz gibt es seit einiger Zeit UV-transparente Plastikküvetten. Auch im VIS-Bereich werden für bestimmte Zwecke, zum Beispiel um das Wachstum von *Escherichia coli* Bakterien in Nährmedien durch das Messen der Absorption bei 600 nm zu verfolgen, Wegwerfküvetten benutzt, da sie einfach zu sterilisieren sind.

Zur spektroskopischen Charakterisierung eines neuen Analyten wird gewöhnlich ein komplettes Spektrum von 200 bis etwa 800 nm aufgenommen, in welchem dann die Absorptionsmaxima λ_{max} zur Ermittlung der Extinktionskoeffizienten $\varepsilon\lambda_{max}$ herangezogen werden. Ein Wert für $\varepsilon\lambda_{max}$ lässt sich prinzipiell aus einer einzigen Messung berechnen, wird aber durch die Messung einer Verdünnungsreihe mit anschließender Extrapolation auf unendliche Verdünnung zuverlässiger bestimmt.

Eine unbekannte Konzentration einer reinen Lösung eines bekannten Analyten wird am besten am Absorptionsmaximum bestimmt, da dann das Verhältnis von Signal zu Rauschen am vorteilhaftesten ist. Da Lage und Intensität von Absorptionsmaxima sowohl von der genauen Lösungmittelzusammensetzung, als auch von eventuell anwesenden Salzen beeinflusst werden können, sollten für genaue Konzentrationsbestimmungen immer Eichgeraden in möglichst ähnlichem Lösungsmittel aufgenommen werden, auch wenn die Extinktionskoeffizienten prinzipiell bekannt sind.

Für präzise Massen- oder Konzentrationsbestimmung ist grundsätzlich bei jedem Messgerät eine Eichung notwendig. Dabei wird für mehrere Standards bekannter Konzentration (bzw. Masse) die Antwort des Gerätes gemessen. Die Konzentration der anschließend zu vermessenden unbekannten Probe sollte in der Nähe mindestens eines, und am besten zwischen zwei Standards liegen. Vom Messwert der Probe lässt sich deren Konzentrationsgehalt zwischen den Messwerten der angrenzenden Standards interpolieren, vorausgesetzt das Messgerät beruht auf einem Modell, welches akkurate Vorhersagen für diese Interpolation macht (siehe Abschnitt 1.3). Am einfachsten und am besten geeignet sind daher Messmethoden, für die die Theorie einen linearen Zusammenhang zwischen Messwert und Konzentration herstellen kann, wie im Falle des Lambert-Beerschen-Gesetzes, wo die aus den Standardproben erstellten Eichkurven demnach tatsächlich Eichgeraden sind. Je nach Spektrometer, Art der Quantifizierung und benötigter Genauigkeit können ein Mal für ein Gerät erstellte Eichgeraden auch bei zeitlich entfernten Messungen wieder genutzt werden, oder müssen direkt vor jeder Bestimmung neu erstellt werden. Letzteres ist z. B. der Fall für die Bestimmung von Proteinkonzentrationen nach der Bradford-Methode. Dabei wird der Proteinlösung eine definierte Konzentration an Coomassie-Blau zugesetzt, welches durch Komplexbildung mit den Proteinen sein Absorptionsmaximum von 465 nm nach 595 nm verändert. Durch Absorptionsmessung bei 595 nm kann dann auf einer Eichgerade, wie sie in Abb. 2.21 gezeigt wird, die Konzentration abgelesen werden.

Statt einer konventionellen Eichgerade können die Standards definierter Konzentrationen auch den Proben zugesetzt werden. Wenn man die Absorption in Abhängigkeit der Konzentration in den zugesetzten Standards aufträgt, erhält man eine Gerade, die die y-Achse beim Wert der Eigenabsorption der zu bestimmenden Probe schneidet. Über die Steigung der Geraden kann man die Konzentration der Probe extrapolieren. Diese Methode benötigt mehr Probensubstanz, ist aber weniger empfindlich gegen Verunreinigungen der Probe.

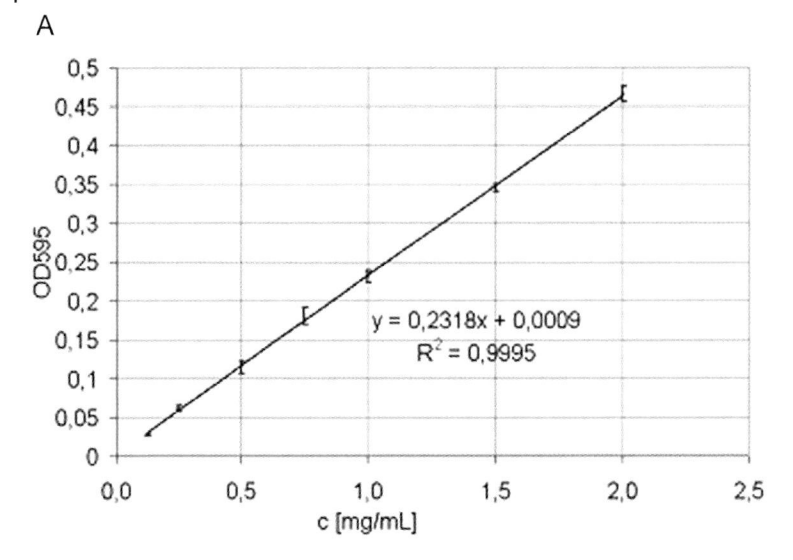

Abb. 2.21 A: Eichkurve zur Bestimmung von Proteinkonzentrationen nach der Bradford-Methode. **B**: Coomassie Brilliant Blue G-250 wird außer zur photometrischen Bestimmung auch zur Proteinanfärbung benutzt.

Die Absorption zweier nicht miteinander wechselwirkender Komponenten im Gemisch verhält sich additiv:

$$A^{gesamt}(\lambda) = \varepsilon_1(\lambda) \cdot c_1 \cdot d + \varepsilon_2(\lambda) \cdot c_2 \cdot d \tag{2.23}$$

Dabei sind c_1 und c_2 die Konzentrationen der Stoffe 1 und 2. In einem binären Gemisch können beide Komponenten quantifiziert werden, vorausgesetzt die Absorptionsmaxima ihrer Chromophore sind genügend separiert. Aus einem UV-VIS-Absorptionsspektrum eines solchen Gemisches werden die Absorptionswerte $A^{gesamt}_{\lambda 1}$ und $A^{gesamt}_{\lambda 2}$ bei den Wellenlängen der respektiven Maxima $\lambda 1$ und $\lambda 2$ entnommen. Wenn die entsprechenden Extinktionskoeffizienten der Stoffe 1 und 2, $\varepsilon_1(\lambda 1)$, $\varepsilon_2(\lambda 1)$, $\varepsilon_1(\lambda 2)$ und $\varepsilon_2(\lambda 2)$ bekannt sind, erhält man ein System aus zwei Gleichungen und zwei unbekannten Größen. Durch Einsetzen und Auflösen erhält man für c_2:

$$c_2 = \left(\left[\frac{A^{gesamt}_{\lambda 2}}{\varepsilon_2(\lambda_1) \cdot d} \right] - \left[\frac{A^{gesamt}_{\lambda 1}}{\varepsilon_1(\lambda_2) \cdot d} \right] \right) \frac{(\varepsilon^1(\lambda_2) - \varepsilon^1(\lambda_1))}{(\varepsilon_2(\lambda_2) - \varepsilon^2(\lambda_1))} \quad (2.24)$$

Wenn davon ausgegangen wird, dass immer nur mit Küvetten von 1 cm Länge gemessen wird, dann kann d als Konstante in die Extinktionskoeffizienten integriert werden, was zu einer deutlich vereinfachten Formel führt. Zur Erhöhung der Genauigkeit kann das System auch durch Messungen bei mehr als nur den zwei Wellenlängen der Absorptionsmaxima überbestimmt werden.

Durch dividieren von Gl. (2.23) durch $\varepsilon_1(\lambda) \cdot d$ erhält man:

$$\frac{A^{gesamt}(\lambda)}{\varepsilon_1(\lambda) \cdot d} = c_1 + \frac{\varepsilon_2(\lambda)}{\varepsilon_1(\lambda)} \cdot c_2 \quad (2.25)$$

Im so genannten graphischen Verfahren wird die linke Seite der Gleichung, die den Messwert $A^{gesamt}(\lambda)$ als Funktion der Wellenlänge enthält, bei verschiedenen Wellenlängen gegen die rechte Seite aufgetragen, die das Verhältnis der Extinktionskoeffizienten in Abhängigkeit von λ enthält. Aus der Gerade erhält man c_2 als Steigung von c_2 und c_1 als Achsenabschnitt. Vorraussetzung ist wiederum die Kenntnis der diversen Extinktionskoeffizienten. Der Term $\frac{\varepsilon_2(\lambda)}{\varepsilon_1(\lambda)}$ ist in der Praxis auch über direkte Messung der Absorption von Standardlösungen beider Stoffe bei verschiedenen Wellenlängen zugänglich.

2.3.5
Anwendungsbeispiele der UV-VIS-Spektroskopie in den Biowissenschaften

In den Biowissenschaften gibt es eine enorme Anzahl an UV-VIS basierten Quantifizierungsassays, von denen hier einige kurz skizziert werden. Die Quantifizierung von Nukleinsäuren wird routinemäßig durch Absorptionsmessung bei 260 nm betrieben und als A_{260} ausgedrückt. Ein A_{260}-Wert von 1 entspricht 30 μg/mL einzelsträngiger DNA, 40 μg/mL RNA oder 50 μg/mL doppelsträngiger DNA. Da Proteine bei 280 nm absorbieren, können auch sie in diesem Bereich quantifiziert werden, allerdings muss sowohl bei Nukleinsäuren als auch bei Proteinen auf störende Verunreinigung durch das jeweils andere Biopolymer geachtet werden. Daher wird in der Regel bei beiden Wellenlängen gemessen. In Anlehnung an die oben ausgeführten Gleichungssysteme zur Bestimmung zweier Analyten in einem Gemisch wurde Gl. (2.26) entwickelt, welche eine Korrektur bei 260 nm für Nukleinsäureabsorption beinhaltet, mit der sich die Konzentration an Proteinen (c^{prot} in mg/mL) berechnen lässt:

$$c^{prot} = (1{,}56 \cdot A_{280} - 0{,}76 \cdot A_{260}) \quad (2.26)$$

Ein Verhältnis der Absorptionen bei 260 nm und 280 nm ($A_{260}/A_{280} > 1{,}8$) gilt als Hinweis darauf, dass eine Nukleinsäureprobe keine wesentlichen Verunreinigun-

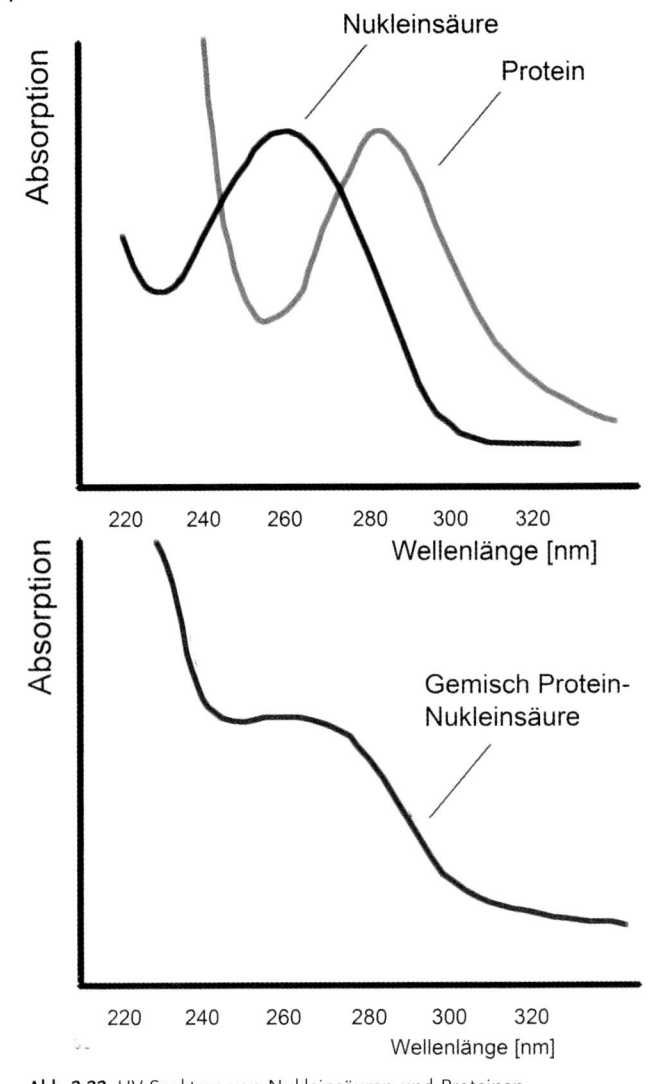

Abb. 2.22 UV-Spektren von Nukleinsäuren und Proteinen.

gen durch Proteine oder Phenol mehr enthält. Abbildung 2.22 zeigt Absorptionsspektren von drei Proben, von denen eine nur Nukleinsäuren, die andere nur Proteine und die dritte ein Gemisch aus Nukleinsäuren und Proteinen beinhaltet.

Die Quantifikation von Proteinen unbekannter Sequenz ist problematisch, weil sie eine wechselnde Zusammensetzung der aromatischen Aminosäuren Tryptophan, Phenylalanin und Tyrosin enthalten, die die UV-Chromophore tragen. Daher gibt es verschiedene Farbstoffreagentien zur genaueren Quantifizierung. Die Verwendung von Coomassie Blau im Bradford Assay wurde bereits diskutiert (Abb. 2.21; Abschnitt 2.3.4).

Ein in biotechnologischen Anwendungen häufig verwendetes Assay dient zur Quantifikation von der Aktivität des Proteinproduktes eines so genannten Reportergenes, dessen Expressionsniveau es zu analysieren gilt. Bei dem Protein handelt es sich um β-Galactosidase, welche durch enzymatische Hydrolyse aus X-Gal (5-bromo-4-chloro-3-indolyl-β-D-galactopyranosid) eine Leukobase freisetzt (Abb. 2.18 B). Diese wird dann durch Luftsauerstoff oder andere Oxidantien *in vivo* zu einem unlöslichen, stark blaufarbigen Dimer umgesetzt, welches mit dem bloßen Auge leicht zu erkennen ist, und auch durch Mikrotiterplattenleser spektroskopisch quantifiziert werden kann. Dieser Indigofarbstoff ist strukturell mit demjenigen verwandt, der traditionell zum Färben von Jeans dient.

2.4
UV-VIS-Emissionsspektroskopie von molekularen Analyten

■ *Die Emission von Photonen bzw. elektromagnetischen Wellen durch Analyten bildet die Grundlage einer aufgrund des geringen Hintergrundrauschens hochempfindlichen Analytik. In diesem Kapitel werden zunächst die verschiedenen elektronischen Zustände anhand eines Termschemas nach Jablonski diskutiert, um die Vorgänge bei der Be- und Entvölkerung angeregter Zustände durch Chemolumineszenz, Fluoreszenz und Phosphoreszenz verstehen zu können, welche letztlich die zentralen Kriterien für die Nachweiseffizienz insbesondere von fluoreszierenden Analyten bilden. Der kurzen Vorstellung von Fluoreszenz-Resonanz-Energie-Transfer und Fluoresenzanisotropie folgt ein Anwendungsbeispiel zur Konzentrationsbestimmung von Nukleinsäuren.*

2.4.1
Allgemeines zur UV-VIS-Emissionspektroskopie

Die Beobachtung von Molekülen durch Fluoreszenz ist in den Biowissenschaften sehr weit verbreitet. Niedermolekulare Moleküle eignen sich zur Analytik durch Fluoreszenz vor allem, wenn sie intrinsische Fluoreszenz aufweisen, da die Verbindung eines kleinen Moleküls mit Fluoreszenzmarkern starke Änderungen der chemischen und physikalischen Eigenschaften hervorruft. Dieser Effekt ist bei Biomakromolekülen deutlich kleiner, und entsprechend weit verbreitet sind die Anwendungen fluoreszenzmarkierter Proteine und Nukleinsäuren. In der Regel wird ein zu beobachtendes Biomakromolekül im Reagenzglas mit einem Fluoreszenzmarker konjugiert. Bei kleineren Biopolymeren wie Oligopeptiden oder Oligonukleotiden kann der Fluorophor direkt während der Festphasensynthese eingebaut werden. In günstigen Fällen enthält das zu beobachtende Molekül bereits ein Fluorophor, wie z. B. Tryptophan in Proteinen. Eine neuere Entwicklung ist die Anwendung von Proteinen mit starker intrinsischer Fluoreszenz, deren Effizienz derer von konventionellen Fluorophoren gleich kommt. Es existiert eine über das VIS-

Spektrum gestreute Palette solcher Proteine, von denen das GFP (green fluorescent protein) eines der zuerst beschriebenen und eines der bekanntesten ist.

Prinzipiell kann Fluoreszenz zur Quantifikation von Molekülen, zur Untersuchung seiner photochemischen Eigenschaften, und zu seiner Lokalisierung durch Mikroskopie eingesetzt werden. Die zeitabhängige Quantifikation fluoreszierender Stoffe ist die Basis vieler enzymkinetischer Assays, bei denen fluoreszierende Substanzen entweder gebildet oder vernichtet werden. Ähnliche auf Chemolumineszenz basierende Assays sind ebenfalls weit verbreitet.

2.4.2
Multiplizitäten von Elektronenzuständen

Elementarteilchen wie Elektronen besitzen eine gequantelte Eigenschaft, die als Spin bezeichnet wird und in makroskopischen Systemen am ehesten mit dem Eigendrehimpuls verglichen werden kann. Der Spin von Elektronen kann einen von zwei Orientierungen annehmen, die mit „up" und „down" bezeichnet werden. Diese entsprechen den Werten $1/2$ und $-1/2$ und werden mit Pfeilen symbolisiert, die nach oben oder nach unten zeigen. Laut dem Pauli-Prinzip müssen zwei Elektronen, die sich im selben Orbital befinden, entgegengesetzte Spins haben. Die zur Paarung notwendige Umkehrung eines Spins erfordert eine gewisse Energie, die als Spinpaarungsenergie bezeichnet wird. Wenn zwei entartete, also energetisch gleich hohe Orbitale nacheinander mit Elektronen besetzt werden, bevölkert das zweite neu hinzukommende Elektron deswegen nicht mit dem ersten Elektron ein gemeinsames Orbital, sondern besetzt zunächst das zweite entartete Orbital, da so die Spinpaarungsenergie nicht aufgewendet werden muss. Erst für das dritte und vierte Elektron muss die Spinpaarungsenergie aufgebracht werden, so dass schließlich beide entartete Orbitale mit je zwei gepaarten Elektronen besetzt werden. Diese Regel gilt für das Auffüllen der Orbitale im Periodensystem der Elemente genau so wie für Molekülorbitale. Bei normalen Bindungsverhältnissen stehen gewöhnlich so viele Elektronen zur Verfügung, dass die bindenden Molekülorbitale mit je zwei spingepaarten Elektronen gefüllt sind und die antibindenden Molekülorbitale leer bleiben. Dies führt zu einer Erhöhung der Bindungsordnung, welche sich aus der Hälfte der Differenz der Anzahl der Elektronen in bindenden Orbitalen und der Elektronen in antibindenden Orbitalen ergibt. Bei einer normalen σ- oder π-Bindung mit zwei Elektronen in bindenden Molekülorbitale ergibt dies die Hälfte von (zwei minus null), also eins. Bei einer elektronischen Anregung eines Elektrons ergibt die resultierende Elektronenverteilung eine Bindungsordnung von Null. Wenn zwei Atome nur durch eine σ-Bindung verbunden sind, führt ein elektronischer σ-σ* Übergang zur Dissoziation der entsprechenden Bindung und außerdem zur photochemischen Zerstörung des Analyten. Die relative Bedeutungslosigkeit von σ-σ* Übergänge in der Spektroskopie ist außer durch geringe Extinktionskoeffizienten der σ-σ* Übergänge auch noch dadurch bedingt, dass die σ-Bindungen sehr stark sind, und daher Licht niedriger Wellenlänge zur Anregung benutzt werden muss, was in der Praxis Spektroskopie deutlich unter 200 nm und damit im Vakuum bedeutet. Da π-Bindungen zusammen mit σ-Bindung auftreten, erniedrigt ein π-π* Übergang in einem nichtkonjugierten System lediglich die Bindungsordnung von zwei auf eins. Die π-π* Übergänge von isolierten Doppelbindung müssen im Vakuum UV unter 200 nm angeregt werden, aber konjugierte Systeme absorbieren oberhalb von 200 nm. Bei konjugierten Systemen ist eine Senkung der Bindungsordnung durch π-π* Übergänge über das ganze π-System verteilt und betrifft nicht eine definierte Bindung zwischen zwei Atomen.

Da Photonen keinen Spin aufnehmen oder abgeben können, bleibt bei der elektromagnetischen Anregung von Elektronen deren Spin erhalten. Übergänge, bei denen sich der Spin eines Elektrons ändert, sind daher verboten. Dieses so genannte Spinverbot basiert auf quantenmechanisch berechneten Übergangswahrscheinlichkeiten und ist daher nicht strikt. Besonders, wenn schwere Atome an elektronischen Übergängen beteiligt sind, werden regelmäßig Ausnahmen durch so genannte Spin-Bahn-Kopplung beobachtet. Die Gesamtheit der Spins aller Elektronen eines Moleküls erzeugt einen Spinzustand, dessen Bezeichnung sich aus der Gl. (2.27) ableitet und Multiplizität M genannt wird.

$$M = e_{ungepaart} + 1 \qquad (2.27)$$

Dabei steht $e_{ungepaart}$ für den Betrag der Differenz aller Elektronen mit Spin „up" und Spin „down". So ist der Normalzustand eines Moleküls, in dem alle Elektronen in den Molekülorbitalen gepaart sind (Null plus eins) ein Singulett, der eines Radikals (eins plus eins) ein Dublett, und der eines Diradikals (zwei plus eins) ein Triplett.

Wegen des Spinverbots ändert sich die Multiplizität bei elektromagnetischer Anregung nicht. Moleküle mit einem Singulett-Grundzustand S_0 gehen so in einen

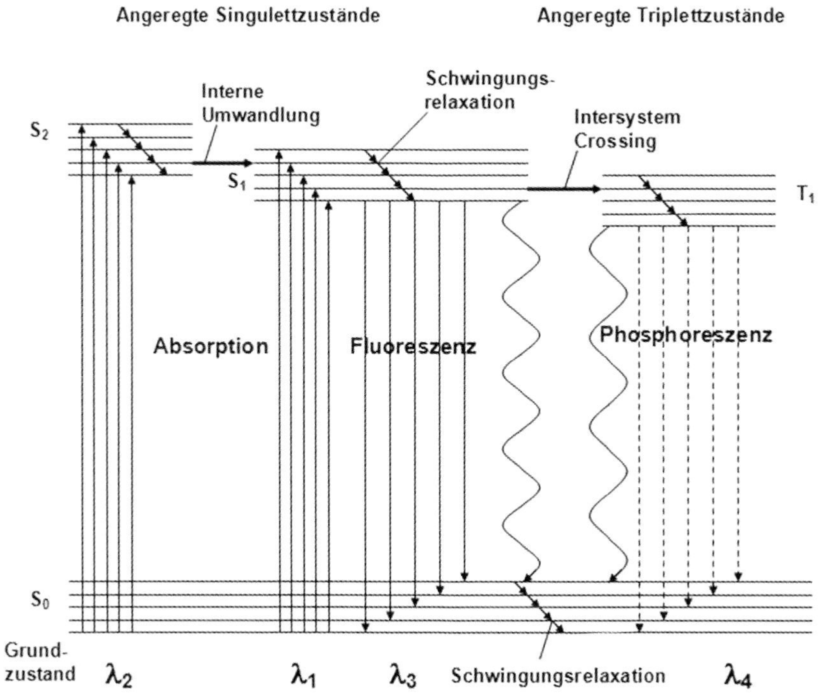

Abb. 2.23 Jablonski Termschema.

ersten angeregten Singulettzustand S_1 über. Abb. 2.23 zeigt diese Zustände in einem so genannten Termschema nach Jablonski. Wie bereits erwähnt sind die elektronischen Zustände durch Schwingungsniveaus aufgespalten, die wiederum eine Feinstruktur von Rotationsniveaus aufweisen. Die Kombination von elektronischer Anregung und gleichzeitiger Schwingungs- und Rotationsanregung bedingt eine Vielzahl möglicher Energien für einen elektronischen Übergang, deren Überlagerung die Breite der Absorptionsbanden bewirkt. Durch Umverteilung von Energie zwischen den verschiedenen Schwingungsmoden des Moleküls (siehe Abschnitt 2.5.4) sowie durch Energieaustausch bei Zusammenstößen mit anderen Molekülen können die angeregten Moleküle in den Schwingungsgrundzustand des S_1 Zustandes gelangen, ohne elektromagnetische Strahlung auszusenden. Von dort kann es auf ähnlichem Wege, ohne ein Photon auszusenden, in den Grundzustand zurückgelangen. Diese Vorgänge werden auch als strahlungslose Relaxation oder Internal Conversion bezeichnet.

2.4.3
Chemolumineszenz, Fluoreszenz und Phosphoreszenz

Ein Molekül kann auch unter Photonenemission aus dem angeregten Singulett-Zustand in den Grundzustand zurückgelangen. Dieser Vorgang ist quantenmechanisch erlaubt und geschieht daher schnell. Er wird als Fluoreszenz bezeichnet und spielt sich in der Regel innerhalb von Millisekunden nach der Anregung ab. Eine weitere Möglichkeit ist der Übergang in einen anderen, energetisch ähnlichen Singulettzustand. Solch ein Übergang wird durch die energetische Überlappung von Schwingungniveaus beider elektronischer Zustände begünstigt. Das angeregte Molekül kann, abgesehen von strahlungsloser Relaxation und Fluoreszenz, auch durch Spinumkehr des angeregten Elektrons durch so genanntes Intersystem Crossing in einen Triplettzustand geraten, welcher energetisch etwas tiefer als der entsprechende Singulettzustand liegt, weil er die Spinpaarungsenergie nicht mehr beinhaltet. Aus dem Triplettzustand T_1 kann unter Emission eines Photons ein Übergang in den S_0-Zustand stattfinden, der als Phosphoreszenz bezeichnet wird. Dieser Übergang ist quantenmechanisch verboten, da er eine Spinumkehr des angeregten Elektrons bedingt, und ist daher unwahrscheinlich bzw. langsam. Phosphoreszenz kann sich im Zeitraum von Sekunden bis zu mehreren Stunden nach Anregung abspielen.

Wenn ein Molekül nicht durch Photonenabsorption, sondern durch eine chemische Reaktion in einen angeregten Zustand gelangt, aus dem es unter Lichtemission in einen Grundzustand fällt, spricht man von Chemolumineszenz. Während Fluoreszenz schon deutlich empfindlichere Detektion als Aborptionsspektroskopie erlaubt, ist Chemolumineszenz noch einmal empfindlicher, weil keine anregende Strahlung das Hintergrundsignal erhöht. Generell findet man eine Konkurrenzsituation zwischen Internal Conversion, Fluoreszenz und Intersystem Crossing mit nachfolgender Phosphoreszenz, in der die quantenmechanischen Wahrscheinlichkeiten der einzelnen Vorgänge von einer Reihe von Faktoren abhängen, die mit einfachen Mitteln kaum abzuschätzen sind. Allgemein gilt, dass starre Moleküle mehr Fluoreszenz zeigen, weil die Möglichkeiten über Schwingungs- und Rotationsniveaus zu relaxieren eingeschränkt sind. Dadurch wird die Internal Conversion minimiert und die Fluoreszenz und Phosphoreszenz werden bevorzugt. Aus den gleichen Gründen sind Fluoreszenz und Phosphoreszenz eines Analyten auch in Feststoffen in der Regel stärker ausgeprägt als in Lösung.

Insbesondere der Vorgang des Intersystem Crossing, aber auch die Fluoreszenz selber, hängen von der energetischen Lage der verschiedenen Singulett- und Triplettzustände relativ zu einander ab. Diese relativen Lagen sind außer von der Molekülstruktur auch mehr oder weniger vom Lösungsmittel oder vom Salzgehalt der Lösung, bei ionischen Verbindungen sogar manchmal vom Gegenion abhängig. Die Gründe für die unterschiedlichen Wechselwirkungen von Fremdmolekülen mit Analytmolekülorbitalen sind bereits bei n-π* und π-π* Übergängen diskutiert worden.

Der Bruchteil der angeregten Moleküle, die in dieser Konkurrenzsituation zur Fluoreszenz führen wird als die Quantenausbeute Φ bezeichnet und ist eine wichtige theoretische Größe zur Charakterisierung eines Farbstoffes und zur quantenmechanischen Beschreibung von Fluoreszenzvorgängen. Stark fluoreszierende Moleküle haben in der Regel neben einer hohen Quantenausbeute auch ein starkes Chromophor, d. h. einen hohen Extinktionskoeffizienten und werden auch als Fluorophore bezeichnet. In Tab. 2.5 sind Strukturen und Eigenschaften einiger der bekanntesten niedermolekularen Fluoreszenzfarbstoffe zusammengefasst.

Die Schwingungsrelaxation zwischen der Anregung und der Fluoreszenzemission eines Analyten führt zu einem Energieverlust der emittierten Strahlung relativ zur Anregung. Dieser Energieunterschied, welcher aus praktischen Gründen meistens als Wellenlängendifferenz angegeben wird, wird als Stokes-Shift bezeichnet. Der Energieverlust bedingt die Analogie zur Stokes-Strahlung im Ramanspektrum. In der Praxis sind Fluoreszenzfarbstoffe mit großem Stokes-Shift von Vorteil, weil die von Anregungslicht verursachte Hintergrundfluoreszenz und Streustrahlung dann geringer ist.

2.4.4
Absorptionsspektrum, Anregungsspektrum,

Bei der Untersuchung der Fluoreszenz eines Stoffes mit unbekannten spektroskopischen Eigenschaften ist es sinnvoll, zunächst ein Absorptionsspektrum im UV-VIS-Spektrometer aufzunehmen, um festzustellen bei welchen Wellenlängen elektronische Übergänge stattfinden, die einen angeregten Singulettzustand bevölkern könnten (vergleiche Abb. 2.23). Im Fluoreszenzspektrophotometer misst man dann für die beobachteten Übergänge so genannte Emissionsspektren. Dazu wird bei einer definierten Wellenlänge angeregt, die etwa dem Maximum des im Absorptionsspektrum sichtbaren Übergangs entsprechen sollte, um so den entsprechenden angeregten Zustand S1 zu bevölkern. Nun wird untersucht, ob der Analyt aus diesem angeregten Zustand heraus direkt oder nach Umwandlung in einen anderen angeregten Zustand fluoresziert. Da die Energie der Fluoreszenzemission relativ zur Anregung einen Stokes-Shift erfährt, sucht man die zu einer Anregung gehörende Fluoreszenz durch Scannen des Spektrums bei höheren Wellenlängen nach Fluoreszenzemission. Da bei und nahe der Anregungswellenlänge starke Streustrahlung das Spektrum stört, beginnt man sinnvollerweise einige Nanome-

Tab. 2.5 Eigenschaften einiger bekannter Fluoreszenzfarbstoffe.

Farbstoff	ε_{max}	Anregung λ_{max} (±2 nm)	Emission λ_{max} (±2 nm)	Struktur
Fluorescein	74 850	494	525	
TMR	87 000	565	580	
Cy5	250 000	640	665	
Bodipy FL	70 000	505	512	
Oregon Green	84 000	490 nm	514 nm	
Alexa 532	81 000	530 nm	554 nm,	

ter oberhalb mit der Aufzeichnung. Bei der Darstellung der Fluoreszenzintensität in Abhängigkeit von der Wellenlänge ist zu beachten, dass die Photomultiplier, welche in der Regel als Detektoren dienen, Photonen höherer Wellenlängen mit deutlich niedrigerer Effizienz detektieren. Erst wenn das gemessene Spektrum bei jeder Wellenlänge mit einem Korrekturfaktor multipliziert wurde, welcher für jedes Gerät individuell erstellt werden muss, können Fluoreszenzintensitäten bei verschiedenen Wellenlängen quantitativ miteinander verglichen werden. Ein so erhaltenes Emissionsspektrum gibt Aufschluss über die Fluoreszenzereignisse, die aus der Anregung eines einzelnen Zustandes erfolgen. Zur besseren Charakterisierung des Farbstoffes sollten Emissionspektren für jeden der im Absorptionsspektrum detektierten Übergänge aufgenommen werden.

Bei bekannten Emissionswellenlängen kann für jeden im Emissionsspektrum detektierten Übergang ein Anregungsspektrum aufgenommen werden, um zu untersuchen, bei welcher Wellenlänge elektronische Anregungen stattfinden, die direkt oder nach Umwandlung denjenigen angeregten Zustand bevölkern, aus dem heraus die entsprechende Fluoreszenzemission stattfindet. Zur Aufzeichnung eines Anregungsspektrums wird nicht, wie beim Emissionsspektrum, die Anregungswellenlänge konstant gehalten, sondern es wird bei konstanter Wellenlänge Emission detektiert, während das ganze UV-VIS-Spektrum bei Wellenlängen unterhalb der Emissionswellenlänge im Anregungsstrahl durchfahren wird. Abbildung 2.24 zeigt Absorptions-, Anregungs- und Emissionsspektren eines Anthracenderivates, welches sich durch mehrere deutlich getrennte Schwingungsbanden auszeichnet.

Ein Anregungsspektrum reflektiert elektronische Anregungen, die auch im Absorptionsspektrum zu sehen sind, aber die beiden Arten von Spektren weisen trotz gewisser Ähnlichkeiten auch große Unterschiede auf. Erstens führen nicht alle Banden eines Absorptionsspektrums zu Fluoreszenzemissionen, und zweitens wird in Absorptionsspektren die optische Dichte gegen die Wellenlänge aufgetragen, während in Fluoreszenzspektren willkürliche Einheiten verwendet werden, die sich nicht ohne weiteres von einem Spektrometer auf das andere übertragen lassen. Weiterhin wird häufig beobachtet, dass Emissions- und Anregungsspektrum spiegelbildlich aussehen. Diese Symmetrie stammt aus der Aufspaltung der elektronischen Übergänge durch Schwingungsniveaus und kann im Jablonski Termschema (Abb. 2.23) qualitativ nachvollzogen werden. Da die Anregung in der Regel aus dem Schwingungsgrundzustand erfolgt, wird die Form der Banden im Absorptions- und Anregungsspektrum durch die Aufspaltung der Niveaus des angeregten S_1-Zustandes bestimmt. Auf der anderen Seite erfolgt die Fluoreszenzemission aus dem angeregten S_1-Zustand in der Regel nach Internal Conversion ebenso aus dessen Schwingungsgrundzustand. Die Form der entsprechenden Banden wird daher von der Aufspaltung des elektronischen Grundzustandes S_0 in Schwingungsniveaus bestimmt. Aus der Tatsache, dass sich die jeweiligen Schwingungsniveaus der S_0- und S_1-Zustände häufig ähnlich sehen, ergibt sich der spiegelbildliche Aspekt.

Während Absorptionsspektren in einem linearen Aufbau von Lichtquelle, Küvette und Detektor gemessen werden, wird Emissionspektroskopie im rechten Winkel zum Anregungslichtstrahl betrieben, da hier das Streulicht am geringsten ist. Dieser prinzipielle Unterschied ist in Abb. 2.25 schematisch dargestellt. Bei der Betrachtung dieser schematischen Darstellung ist zu beachten, dass Absorptions-

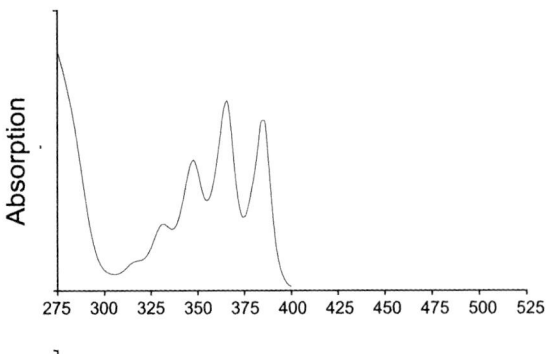

Abb. 2.24 Spektren eines wasserlöslichen Anthracenderivates. **A:** Absorptionsspektrum. **B:** Anregungsspektrum (Emission bei 4/9 nm). **C:** Emissionsspektrum (Anregung bei 365 nm). **D:** Emissionsspektrum (Anregung bei 260 nm). Die Signalintensitäten sind nicht maßstabsgetreu.

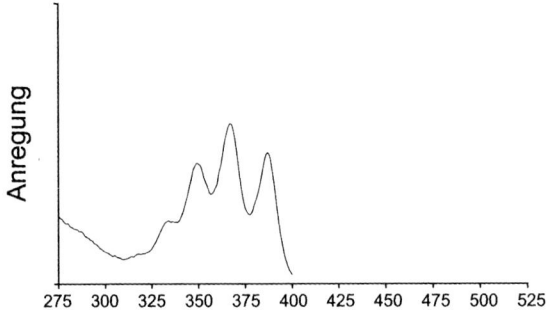

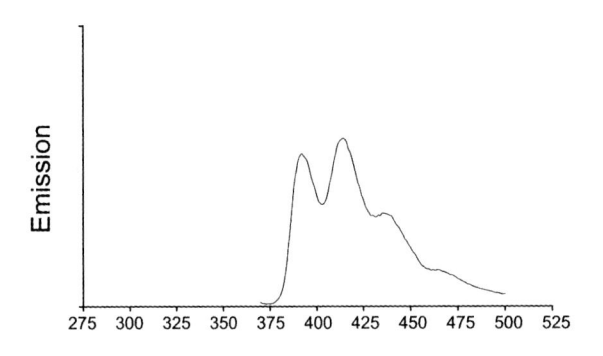

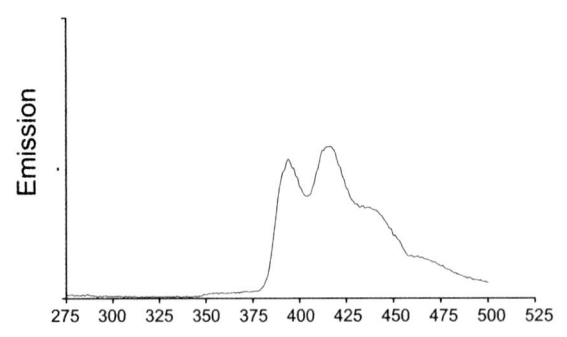

2.4 UV-VIS-Emissionsspektroskopie von molekularen Analyten | 67

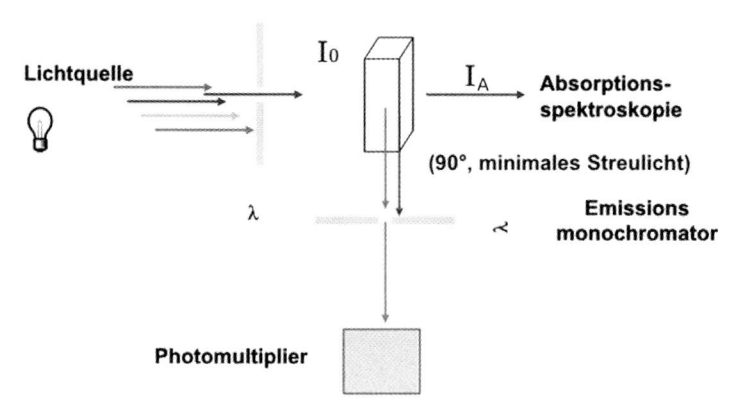

Abb. 2.25 Unterschiede der Messanordnung bei Absorptions- und Emissionsspektroskopie. Messungen von Absorption und Fluoreszenz werden in unterschiedlichen Geräten durchgeführt.

und Emissionsspektroskopie in der Praxis nicht im gleichen Gerät betrieben wird. Bei der Fluoreszenzspektroskopie wird, wie bei der Absorptionsspektroskopie, aus der polychromatischen Lichtquelle zunächst durch einen Filter monochromatisches Licht isoliert. Durch Variieren der Bandbreite dieses Lichtes (in der Regel zwischen 1 und 20 nm) lässt sich die Anregungsintensität I_0 in gewissen Grenzen einstellen. Beim Durchtritt durch die mit fluoreszierenden Analyten gefüllte Küvette werden einige der Analyten angeregt und der durch Absorption abgeschwächte Anregungsstrahl mit der Intensität I_A verlässt in gerader Linie die Küvette. Zu beachten ist dabei, dass bei der Fluoreszenzspektroskopie gegenüber der Absorptionsspektroskopie in der Regel geringere Analytkonzentrationen verwendet werden, so dass I_A nur wenig kleiner ist als I_0. Der absorbierte Anteil der Anregungsintensität (also $I_0 - I_A$) überführt einen entsprechenden Anteil an Molekülen in angeregte Zustände. Ein Bruchteil dieser angeregten Moleküle, der der Quantenausbeute Φ entspricht, emittiert Fluoreszenzlicht in alle Raumrichtungen. Es kann allerdings nur der kleine Bruchteil, der senkrecht zum Anregungsstrahl durch ein Küvettenfenster austritt, in einem Detektor registriert werden. Vor den Detektor ist ein zweiter Wellenlängenfilter geschaltet, so dass sowohl Anregungs- als auch Emissionswellenlängen selektiv variiert werden können. Die gemessene Fluoreszenzintensität I_F wird durch Gl. (2.28) beschrieben:

$$I_F = k \cdot \varepsilon_\lambda \cdot \Phi \cdot I_0 \cdot c \tag{2.28}$$

Dabei stehen ε_λ für den Extinktionskoeffizienten bei Anregungswellenlänge λ, I_0 für die Intensität der Anregungsstrahlung, c für die Konzentration des Fluorophors und k für eine gerätespezifische Konstante, die den beschriebenen geometrischen Parametern und Detektionseffizienzen Rechnung trägt. Letztere beinhaltet unter anderem Strahlungsverluste durch die optischen Wege, die Empfindlichkeit des

Detektors und die Tatsache, dass von der kugelförmig in alle Richtungen ausgestrahlten Fluoreszenz nur wenige Raumwinkel vom Detektor gemessen werden.

Da die Fluoreszenzintensität direkt proportional der Konzentration ist, kann man Fluoreszenz zur Quantifizierung eines fluoreszierenden Analyten verwenden, wobei wegen der Gerätekonstante die Aufnahme von Kalibrierungskurven unerlässlich ist. Mit besonderen optischen Aufbauten und bei hohen Extinktionskoeffizienten ε_λ, einer guten Quantenausbeute Φ und einem hohen Stokes-Shift kann das Verhältnis von Signal zu Rauschen so hoch sein, dass es die Spektroskopie an einzelnen Molekülen ermöglicht.

2.4.5
Lebensdauer, Fluoreszenzanisotropie und Fluoreszenz-Resonanz-Energie-Transfer

Sowohl die von einem Chromophor absorbierten als auch die emittierten elektromagnetischen Wellen sind linear polarisiert in der Ebene des Übergangsdipolmomentes. Moleküle in Lösung ändern jedoch durch Rotation ihre räumliche Orientierung im Zeitraum zwischen Absorption und Fluoreszenzemission. Dieser Zeitraum wird durch die Lebensdauer τ_{gesamt} des angeregten Zustandes charakterisiert, welcher nach einer Kinetik erster Ordnung entvölkert (vergleiche Abschnitt 2.1.2 und Gl. 2.2) wird. Wie anhand des Termschemas nach Jablonski diskutiert, wird ein angeregter Zustand außer durch Flureszenz auch durch Schwingungsrelaxation und Intersystem Crossing entvölkert, so dass die Abklingzeit τ_{gesamt} von drei Geschwindigkeitskonstanten bestimmt wird. Wenn τ_{gesamt} deutlich kleiner als die Rotationsgeschwindigkeit des Fluorophoren ist, behält das Fluoreszenzlicht die Polarisationsebene der absorbierten Photonen bei. Bei relativ zur Rotation großem τ_{gesamt} haben die Moleküle genügend Zeit, durch unterschiedlich schnelle Rotation in verschiedenen Orientierungen eine bevorzugt Orientierung aufzulösen. Der Begriff Fluoreszenzanisotropie bezeichnet den Polarisierungsgrad des Fluoreszenzlichtes einer Probe von angeregten Molekülen mit paralleler Ausrichtung des Absorptionsdipolmomentes. Eine relativ einfache experimentelle Möglichkeit der Anisotropiemessung ist die Benutzung von je einem verstellbaren Polfilter (vergleiche mit Analysator; Abschnitt 2.2.5) in den Strahlengängen des anregenden und des emittierten Lichtes. Durch eine horizontale Polarisation des Anregungsstrahls wird in der Küvette nur eine Subpopulation von Chromophoren angeregt, nämlich solche deren Übergangsdipolmoment in der Polarisationsebene liegen. Für das Emissionslicht wird die Intensität für zwei senkrechte Orientierungen des Emissionspolfilters gemessen. Das Verhältnis dieser Intensitäten ist ein Maß für den Anteil der angeregten Chromophore, die sich während der Lebensdauer reorientiert haben. Eine weitere Messung wird mit vertikalem Polfilter im Anregungsstrahl durchgeführt, um aus beiden Messungen den so genannten G-Faktor zu berechnen, der die Geräteeigenschaften des Spektrophotometers und der Polfilter spezifiziert. Die in Gl. (2.29) definierte Fluoreszenzanisotropie ist damit ein Maß für die freie Drehbarkeit der Chromophore innerhalb der Fluoreszenzlebensdauer. Die freie Drehbarkeit ist eingeschränkt in Feststoffen und viskosen Flüssigkeiten, aber auch durch Assoziation von Chromophoren mit Biomakromolekülen, die sich wegen ihrer Größe langsamer drehen. Dabei stehen $I_\parallel$ und $I_\perp$ für die Fluoreszenzintensitäten bei parallelen bzw. senkrecht zueinander stehenden Polfiltern.

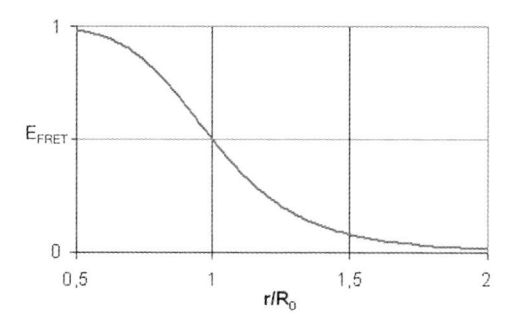

Abb. 2.26 Graphische Darstellung der Abhängigkeit der FRET-Effizienz E_{FRET} in Abhängigkeit der Entfernung zwischen Donor und Akzeptorfarbstoff. Die Entfernung ist in Bruchteilen des Förster-Radius angegeben.

$$r = \frac{I_\parallel - G \cdot I_\perp}{I_\parallel + 2 \cdot G \cdot I_\perp} \qquad (2.29)$$

FRET (Fluorescence Resonanz Energy Transfer) ist eine entfernungsabhängige Wechselwirkung zwischen elektronisch angeregten Zuständen zweier Fluoreszenzfarbstoffmoleküle. Bei diesem Transfer wird die Anregung strahlungslos von einem Donor zu einem räumlich nahen Akzeptorfarbstoff übertragen.

Die Effizienz dieses Vorgangs E_{FRET} sinkt mit der sechsten Potenz der Entfernung zwischen beiden Molekülen laut Gl. (2.30).

$$E_{FRET} = \frac{1}{1 + \left(\frac{R}{R_0}\right)^6} \qquad (2.30)$$

Jedes FRET-Paar von Farbstoffen ist durch den so genannten Förster-Radius R_0 gekennzeichnet, welcher den Abstand R zwischen den Farbstoffen bezeichnet, bei dem die FRET-Effizienz 50 % beträgt. Dementsprechend zeigt bei $R = R_0$ die graphische Darstellung dieser Gleichung in Abb. 2.26 eine FRET Effizienz von 0,5. Typische R_0-Werte für FRET-Paare aus zwei Fluorophoren liegen um die 50 Å. Ähnlich wie beim Nuclear-Overhauser-Effekt (NOE, siehe Abschnitt 2.6.9), dessen Effizienz ebenfalls mit der sechsten Potenz der Entfernung sinkt, handelt es sich auch beim Förster-Mechanismus um eine Dipol-Dipol-Wechselwirkung. Während der NOE in der NMR-Spektroskopie ausgenutzt wird, um die räumliche Nähe von Atomkernen in einem Bereich unterhalb von 6 Å zu detektieren, findet FRET viele Anwendungen in der modernen Biotechnologie, um z. B. die Wechselwirkungen verschiedener Biomakromoleküle in einer Größenordnung von 1 bis 10 nm zu beobachten.

2.4.6
Anwendungsbeispiel der Emissionsspektroskopie

Ethidiumbromid wird routinemäßig zum Anfärben von doppelsträngiger DNA in Elektrophoresegelen eingesetzt (z. B. Abb. 3.16). Dieser in Abb. 2.27 A abgebildete Farbstoff zeigt bei Anregung eine Fluoreszenz im sichtbaren Bereich, die durch Interkalation zwischen die Basenpaare doppelsträngiger DNA um ein Vielfaches verstärkt wird. Dieser Effekt ist in Abb. 2.27 B in Form zweier vergleichender Emissionsspektren illustriert, die bei gleicher Konzentration an Ethidiumbromid in Gegenwart und in Abwesenheit von doppelsträngiger DNA aufgenommen wurden.

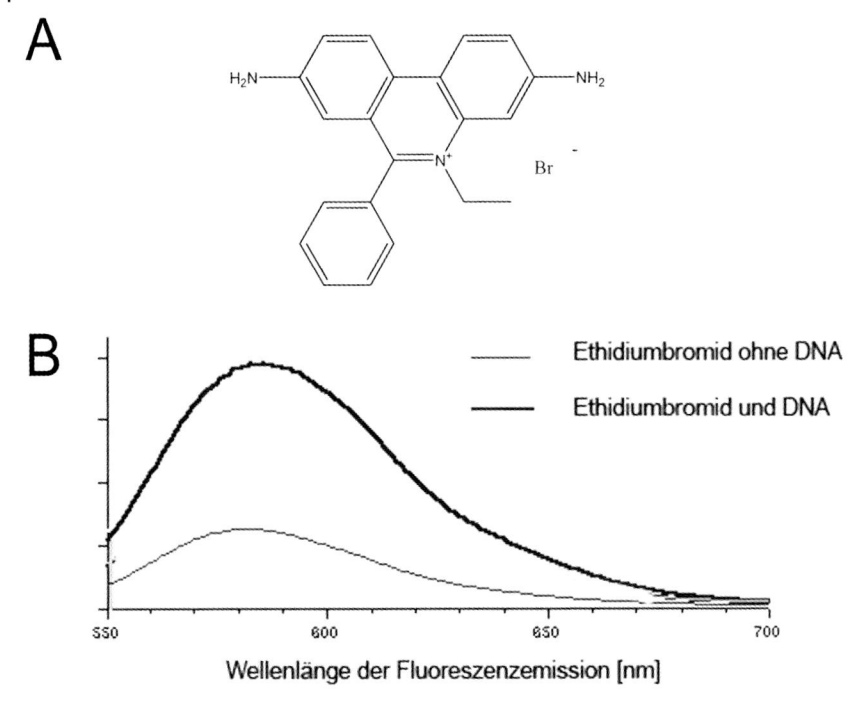

Abb. 2.27 Eigenschaften von Ethidiumbromid. **A:** Strukturformel. **B:** Emissionspektren in Abwesenheit und Gegenwart doppelsträngiger DNA.

2.5 Schwingungsspektroskopie

■ *Die spektroskopische Untersuchung von Molekülschwingungen ist einerseits ein klassisches Feld der physikalischen Chemie, andererseits eine bewährte Methode zur Reinheits- und Identitätsprüfung. In diesem Kapitel werden zunächst die verschiedenen Schwingungsarten und -geometrien erörtert, bevor zur Erklärung der Verhältnisse in Molekülschwingungen die Modelle des harmonischen und anharmonischen Oszillators in ihrer klassischen und quantenmechanischen Version eingeführt werden. Nach einer kurzen Erläuterung des Aufbaus eines IR-Spektrometers werden IR-Transmissionsspektren und ihre Auswertung diskutiert. Die Boltzmann-Verteilung wird eingeführt vor dem Hintergrund, dass im Infrarotbereich bei Raumtemperatur bereits einige angeregte Schwingungsniveaus besetzt sind. Einem Anwendungsbeispiel folgt eine kurze Ausführung über Raman-Spektroskopie, da diese in mehrfacher Hinsicht die Absorptionsspektroskopie im IR-Bereich komplementiert.*

2.5.1
Allgemeines zur Schwingungsspektroskopie

Die Bindungen zwischen Atomen in einem Molekül sind nicht starr, sondern erlauben Bewegungen der einzelnen Atome in unterschiedlichen Richtungen. Diese Bewegungen sind nicht beliebig, sondern in ihrer Freiheit durch die Bindungen wie durch elastische Federn eingeschränkt, und die Bewegungen mehrerer Atome können wegen der Bindungen miteinander synchron oder asynchron verlaufen. Um die Regeln zu verstehen, nach denen die Bindungen diese Bewegungen koordinieren, werden wir zunächst einige Betrachtungen zu Freiheitsgraden im dreidimensionalen Raum anstellen. Die beste makroskopische Analogie zu chemischen Bindungen sind elastische Federn. Daher kann man sich der Beschreibung eines Moleküls mit schwingenden Atomen einigermaßen anschaulich nähern, indem man zwei makroskopische Kugeln betrachtet, deren Freiheitsgrade durch eine elastische Feder eingeschränkt sind. Diese Betrachtung mündet in das klassische Modell des harmonischen Oszillators, welches in der Physik auf sehr viele Probleme angewandt werden kann und deswegen von zentraler Bedeutung ist. Bei der Betrachtung von submikroskopischen Systemen wie Molekülen verlieren einige der klassischen Schlussfolgerungen aus dem Modell des harmonischen Oszillators an Logik und müssen durch Konzepte aus der Quantenphysik ersetzt werden, um ein akkurateres Modell zu erhalten. Eine weitere Verbesserung des Modells berücksichtigt Abweichungen vom perfekt harmonischen Oszillator, welche bei genauerer Betrachtung der Unterschiede zwischen elastischer Feder und chemischer Bindung offensichtlich werden. Das resultierende Modell des anharmonischen Oszillators ist ein gut geeignetes Arbeitsmodell, um die Konzepte der Schwingungsspektroskopie mit einem Mindestmaß an Anschaulichkeit und Intuition verstehen zu können. Noch weiter verbesserte Modelle, die beispielsweise die Energien von Schwingungsniveaus exakter berechnen können, beinhalten deutlich kompliziertere quantenmechanische Konzepte. Daher sind sie für den Spezialisten wertvoll, im Rahmen allgemeiner bioanalytischer Betrachtungen aber nicht sinnvoll.

Molekülschwingungen haben Energieinhalte in den Größenordnungen von 1 bis 100 kJ/mol. Diese liegen deutlich niedriger als die Energien, die zur Anregung von Elektronen in Molekülorbitalen notwendig sind, jedoch sind sich die Energien noch ähnlich genug, dass es gelegentlich zu Überschneidungen kommt. Während elektronische Anregungen meist dem UV-VIS-Bereich des elektromagnetischen Spektrums zugeordnet sind, können Schwingungen durch Licht des angrenzenden Infrarot-Bereiches angeregt werden. Die beiden Bereiche sollten als zusammenhängend verstanden werden, da elektronische Anregungen gleichzeitig auch Schwingungen anregen können. Außerdem können in UV-Spektren, z. B. von Polyenen und Aromaten, gelegentlich auch Schwingungsbanden aufgelöst werden. Am unteren Ende des Infrarot-Bereiches liegen die Mikrowellen, deren Energie Rotationen anregen kann. Auch hier überlappen sich die Energiebereiche etwas, und bei der Absorption von Infrarotlicht kann es zur kombinierten Anregung von Schwingungen und Rotationen kommen. Wegen der relativ geringen Bedeutung für die moderne Bioanalytik wird die Rotationsspektroskopie hier jedoch nicht weiter besprochen.

Schwingungen können außer durch Photonenabsorption auch bei Stößen mit anderen Teilchen an- oder abgeregt werden. Wenn dieses andere Teilchen ein Photon ist, befinden wir uns im Bereich der Raman-Spektroskopie. Diese Art Spektroskopie wird wegen der vielen Gemeinsamkeiten zusammen mit der Infrarot-Absorptionsspektroskopie diskutiert, obwohl es sich um Streuungs- nicht aber um Absorptionsphänomene handelt. Zu diesen Gemeinsamkeiten gehören die im Folgenden untersuchten Schwingungsmoden.

2.5.2
Freiheitsgrade

Ein einzelnes Teilchen, z. B. ein Atom, kann sich im Raum in mehreren voneinander unabhängigen Richtungen bewegen. Die voneinander unabhängigen Richtungen werden etwas allgemeiner als Dimensionen bezeichnet. Im dreidimensionalen Raum des kartesischen Koordinatensystems gibt es also die x-, y- und die z-Dimension. Unabhängig voneinander bedeutet, dass eine Bewegung in einer Dimension, also z. B. in der x-Richtung, die Koordinaten der anderen, d. h. die Werte auf den y- und z-Achsen, unverändert lässt. Ein Teilchen mit den Koordinaten (x=0, y=0, z=0), das sich in der x-Koordinate um +1 nach (1,0,0) bewegt, erfüllt diese Bedingung. Es fällt auf, dass die drei Dimensionen in 90° Winkeln, also senkrecht zueinander stehen. Dies kann auch in einem zweidimensionalen System intuitiv verstanden werden. Wenn man zu einem zweidimensionalen x-y-System als dritte Koordinate nicht die übliche senkrechte z-Achse hinzufügt, sondern beispielsweise versucht, die Winkelhalbierende zwischen der x- und der y-Achse als dritte Dimension zu benutzen, stellt man fest, dass diese nicht von den anderen unabhängig ist. Eine Bewegung auf der Winkelhalbierenden verändert auch die x- und y-Koordinaten. Die Winkelhalbierende ist keine „neue" Dimension, weil sie nicht senkrecht auf allen anderen Dimensionen steht.

Senkrechte Koordinaten werden in der Mathematik als orthogonal bezeichnet. Aus dieser Perspektive bedeutet orthogonal genau das Gleiche wie oben erklärt, es ist jedoch nicht auf zwei oder drei Dimensionen beschränkt – eine Senkrechte in vier Dimensionen ist allerdings für das Gehirn schwer vorstellbar.

Das kartesische System ist nicht das einzige dreidimensionale Koordinatensystem, mit dem sich räumliche Anordnungen beschreiben lassen, es ist nur das, was sich die meisten Menschen am einfachsten vorstellen können. Kugelkoordinaten können ebenfalls dreidimensionale Gebilde akkurat beschreiben. Sie sind für einige Sachverhalte komplizierter als die kartesischen Koordinaten, andere – wie etwa Rotationen – können sie viel besser beschreiben.

Die Anzahl der zueinander orthogonalen Koordinaten, in denen sich ein Teilchen bewegen kann ist die Anzahl seiner Freiheitsgrade. Ein einzelnes Atom hat also im dreidimensionalen Raum drei Freiheitsgrade, entsprechend der Bewegung in die x-, y- oder z-Richtung. Bewegungen des Schwerpunktes eines Gebildes in einer dieser Dimensionen bezeichnet man als Translation. Ein zweites Atom im selben Raum hat ebenfalls drei Freiheitsgrade. Wenn die Atome nicht miteinander in Wechselwirkung treten, haben die Atome zusammen sechs Freiheitsgrade der Translation. Dies lässt sich auf beliebig viele Atome erweitern. Demnach ist die Anzahl F der Translationsfreiheitsgrade von N unabhängigen Atomen gleich $3N$ (Abb. 2.28 A). Ein Atom wird dabei als Massepunkt ohne Ausdehnung betrachtet – es kann also nicht rotieren, weil es ohne Hebelweg kein Drehmoment haben kann.

Wenn zwei Atome miteinander wechselwirken, d. h. eine Bindung eingehen, bewegen sie sich nicht mehr unabhängig voneinander. Für die Zeitdauer der Wechselwirkung bilden sie ein Molekül, und es gibt nicht mehr sechs Freiheitsgrade der Translation. Stattdessen gibt es einen gemeinsamen Schwerpunkt der Atome, welcher drei Freiheitsgrade der Translation hat. Ähnlich wie die Energie unterliegt die Anzahl der Freiheitsgrade einem Erhaltungssatz. Freiheitsgrade eines Systems können nicht erzeugt oder vernichtet, sondern nur umgewandelt werden. In was sind also die fehlenden drei Freiheitsgrade umgewandelt? Wenn man sich die chemische Bindung wie eine elastische Feder vorstellt, erkennt man zwei neue Arten von Freiheitsgraden (Abb. 2.28 B,C und D). Zunächst kann das Molekül um eine Achse rotieren, die senkrecht zur Bindungsachse durch den Schwerpunkt verläuft. Bei einem zweiatomigen Molekül gibt es zwei aufeinander senkrecht (!) stehende Rotationsachsen, welche zusammen zwei Freiheitsgraden der Rotation entsprechen. Derartige Schwingungen und Rotationen, die sich durch geometrische Symmetrieoperationen ineinander überführen lassen, entsprechen Energieniveaus von identischer Höhe. Man bezeichnet sie als degeneriert oder entartet (sie bilden *nicht* jede für sich eine eigene Art). Ebenso wie Atome keine Rotationsfreiheitsgrade haben, kann das zweiatomige Molekül nicht um eine Achse rotieren, die entlang der Bindungsachse verläuft, da es kein Drehmoment haben kann. Demnach sind von den ursprünglichen sechs Freiheitsgraden fünf zugeordnet. Der letzte ist ein Schwingungsfreiheitsgrad. Wie in Abb. 2.28 D gezeigt, verläuft die Richtung der Schwingung genau entlang der Bindungsachse. Dabei bewegen sich beide Atome synchron voneinander weg oder aufeinander zu, aber immer sind ihre Vektoren 180° entgegengesetzt. Dies erscheint zwingend logisch, ist aber nur für ein zweiatomiges Molekül intuitiv einfach zu erfassen. Die Schwingungskoordinaten für mehratomige Moleküle sind kompliziert und nur mit entsprechenden mathematischen Hilfsmitteln zu erfassen. Wichtig ist, sich am zweiatomigen Molekül die Orthogonalität der Freiheitsgrade klar zu machen. Das Molekül kann zur Schwingung angeregt werden, ohne dass bei der Molekülschwingung eine Translation betroffen wäre, denn der Schwerpunkt wird durch die Schwingung nicht durch den Raum bewegt. Man kann sich den Vorgang der Anregung behelfsmäßig so vorstellen, dass man beide Atome anfasst und sie gleichmäßig stark entlang der x-Achse auseinander zieht. Wenn man versuchen würde, in einem zweiatomigen Molekül eine Schwingung anders zu erzeugen als oben beschrieben, etwa durch Auseinanderziehen der Atome parallel zur x-z-Diagonalen, erhielte man eine Überlagerung von Rotation und Schwingung, weil die angreifenden Kräfte nicht auf einer Linie mit dem Massenschwerpunkt sind, und somit ein Drehmoment erzeugen (Abb. 2.28 E).

Die Orthogonalität der Koordinaten des Schwingungsfreiheitsgrades entlang der Bindungsachse bedeutet also, dass das Molekül zur Schwingung angeregt werden kann, ohne dass bei der Molekülschwingung z. B. eine Rotation betroffen ist. Man kann demnach eine Rotation und die Schwingung getrennt anregen. Die beiden Atome würden dann Bewegungen im dreidimensionalen Raum ausführen, die we-

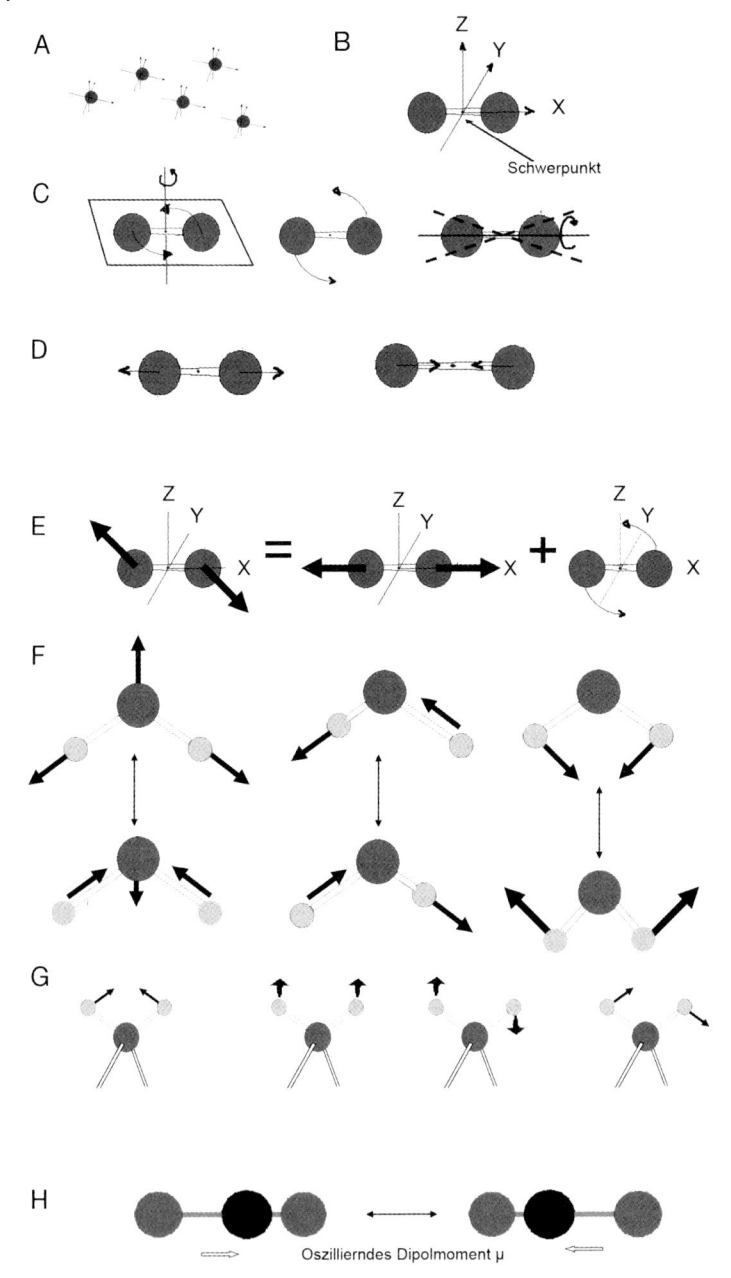

Abb. 2.28 **A:** 3N Freiheitsgrade von N unabhängigen Atomen. **B:** Die Translationsfreiheitsgrade eines zweiatomigen Moleküls setzen am Schwerpunkt an. **C:** Die zwei entarteten Rotationsfreiheitsgrade eines 2-atomigen Moleküls. Die Rotation um die Längsachse (rechts) entspricht mangels Drehmoment keinem Freiheitsgrad. **D:** Schwingungsfreiheitsgrad eines 2-atomigen Moleküls. **E:** Kombinierte Anregung von Schwingung und Rotation. **F:** Schwingungsmodi des Wassermoleküls. **G:** Weitere Schwingungsmodi. **H:** Assymmetrische Streckschwingung von CO_2 erzeugt ein transientes Dipolmoment.

gen der Überlagerung beider Freiheitsgrade im kartesischen Koordinatensystem sehr kompliziert aussehen würden. Wenn man jedoch die senkrecht aufeinander stehenden Koordinaten für Schwingung und Rotation separat betrachtet, kann die Gesamtbewegung übersichtlich als Überlagerung der Einzelbewegungen dargestellt werden.

Grundsätzlich lässt sich die Anzahl der Schwingungsfreiheitsgrade für N-atomige Moleküle in ähnlicher Weise ableiten. Wegen der Erhaltung der Freiheitsgrade stehen immer $3N$-Freiheitsgrade zur Verfügung, von denen drei auf die Translation und zwei oder drei auf die Rotation entfallen. Der Rest entfällt auf die Schwingungsfreiheitsgrade. Bei linearen Molekülen, deren Bindungsachsen alle übereinstimmen, gibt es, wie schon erläutert, nur zwei Rotationsfreiheitsgrade, bei allen anderen Molekülen gibt es drei. Daraus ergibt sich für die Zahl Freiheitsgrade F in Abhängigkeit der Atomzahl:

$$F = 3N - 6 \text{ für nicht lineare Moleküle}$$
$$F = 3N - 5 \text{ für lineare Moleküle}$$
(2.31)

Die entsprechenden Schwingungsmoden werden wegen ihrer Orthogonalität Normalmoden genannt. Lineare Moleküle bilden einen seltenen Spezialfall, der außer allen zweiatomigen Molekülen nur wenige höheratomige Moleküle beinhaltet, etwa Acetylen (H–C≡C–H) oder Kohlendioxid (O=C=O). Man beachte, dass Moleküle mit zentralen Atomen, die sp^2 oder sp^3 hybridisiert sind, nicht linear sind, da es Bindungswinkel ungleich 180° gibt, wie z. B. im Wassermolekül.

2.5.3
Geometrie der Schwingungen und symmetriebedingte Auswahlregeln

Am Beispiel des Wassers lassen sich die Vorteile von Schwingungs- und Rotationskoordinaten gut erklären. Wasser hat 3 Atome und, da es linear ist, $3N-6=3$ normale Schwingungsmoden. Diese bestehen, wie in Abb. 2.28 F gezeigt, aus einer symmetrischen Streckschwingung, einer asymmetrischen Streckschwingung und einer Biegeschwingung in der Molekülebene, die auf Englisch auch als „in plane scisoring" bezeichnet wird. Die symmetrische Streckschwingung besteht aus einer synchronen Dehnung und Kontraktion beider Bindungen zwischen Sauerstoff und Wasserstoff. Die Betrachtung vom Schwerpunkt des Moleküls aus ist etwas komplizierter. Von hier aus gesehen, bewegt sich das Sauerstoffatom nach oben, und die Wasserstoffatome jeweils diagonal nach außen, wobei der Bindungswinkel unverändert bleibt. Die Ähnlichkeit mit der Schwingung des zweiatomigen Moleküls wird deutlich, wenn man die Bewegung des Schwerpunktes beider Wasserstoffatome betrachtet. Er bewegt sich relativ zum Sauerstoffatom etwa so, wie das Wasserstoffatom in einem HCl-Molekül. Ähnlich wie das HCl-Molekül hat auch das Wasser durch die hohe Elektronegativität des Sauerstoffs einen permanenten Dipol, dessen positives Ende durch besagten Schwerpunkt beider Wasserstoffatome verläuft. Durch die symmetrische Streckschwingung verändert sich nicht die Lage, wohl aber der Betrag des Dipols, daher handelt es sich um einen oszillierenden Dipol (siehe Abschnitt 2.2.3).

Bei der anharmonischen Streckschwingung bleibt der Bindungswinkel ebenfalls unverändert. Im selben Maße wie eine der Bindungen gestaucht wird, wird die jeweils andere gestreckt. Der Sauerstoff bewegt sich parallel zur Papierebene, wie in Abb. 2.28 F gezeigt, zur Seite der sich verkürzenden Bindung. Da sich der Schwerpunkt der Wasserstoffatome aus der Winkelhalbierenden heraus bewegt, verändert sich, im Gegensatz zur symmetrischen Streckschwingung, die Lage des Dipolvektors. Auch dies ist ein oszillierender Dipol. Da ein Wassermolekül nur einen Bindungswinkel hat, ist die dritte Normalschwingung des Wassers die einzige, in der sich die Bindungswinkel verändern. Ähnlich wie die Streckschwingung eines zweiatomigen Moleküls ist sie sozusagen erzwungenermaßen symmetrisch, d. h. der Versuch in Gedanken eine Schwingung zu konstruieren, bei der sich die Bindungen nicht konzertiert aufeinander zu und wieder weg bewegen, resultiert immer in der Überlagerung der symmetrischen Biegeschwingung mit Rotations-, Translations- oder anderen Schwingungsmodi. Die versuchte Konstruktion einer asymmetrischen Biegeschwingung durch die synchrone Auslenkung beider Bindungen in die gleiche Richtung würde z. B. in einer Rotation resultieren, da das Sauerstoffatom nicht fixiert ist. Ebenso würde jede Bewegung der Wasserstoffatome aus der Bindungsebene der drei Moleküle heraus ein Drehmoment beinhalten. Da es nur eine, durch die beiden Bindungen aufgespannte Ebene gibt, bewegt sich diese mit den Wasserstoffmolekülen und diese können nicht aus ihr heraus schwingen. Wird das zentrale Molekül durch Aufspannen anderer Bindungsebenen gewissermaßen fixiert, wie etwa im Methanmolekül, sind noch eine ganze Reihe anderer Schwingungstypen möglich, die in Abb. 2.28 G dargestellt sind. Dazu gehört die oben angesprochene asymmetrische Biegeschwingung, deren Anregung durch die Arretierung des zentralen Atoms jetzt nicht mehr in eine Rotation resultiert. Da es mehrere Bindungsebenen gibt, können die Schwingungen auch deren relative Lagen zueinander verändern, wie z. B. in die „out-of-plane wagging modi".

Folgender Hinweis ist wichtig für das Gesamtverständnis: Die Schwingungskoordinate einer Normalschwingung beinhaltet die simultane und synchrone Bewegung mehrerer Atome im gesamten Molekül, nicht nur zweier Atome entlang einer Bindung. Dies haben wir beim Wassermolekül bereits gesehen, und es gilt entsprechend für andere Moleküle. Wenn z. B. im Methylchlorid ($ClCH_3$) die Streckschwingung zwischen Kohlenstoff und Chlor angeregt ist, schwingen nicht nur diese beiden Atome, sondern synchron dazu auch die Wasserstoffatome. Trotzdem gibt es eine eigene Streckschwingung der Wasserstoffmoleküle. Da sich ähnliche Bewegungen in verschiedenen Schwingungen finden, kann es passieren, dass die Schwingungskoordinaten nicht mehr streng orthogonal zueinander sind, und dass daher mehrere Schwingungen zusammen angeregt werden und Energie miteinander austauschen. Man spricht dann von Kopplung. Insgesamt wird die Vielzahl der Schwingungen bei steigender Atomzahl schnell unübersichtlich. Zur Konstruktion ihrer Koordinaten finden Symmetrieoperationen Anwendung. Grundsätzlich stellen zwei Schwingungen, die sich durch Symmetrieoperationen ineinander überführen lassen, zwar echte Normalmoden dar, und tragen damit beide zu den $3N-6$ Moden bei, ihre Energie ist jedoch gleich und man kann sie daher im Spektrum nicht voneinander unterscheiden. Da die Theorie der Symmetrie zu komplex ist, kann sie hier aus Platzgründen nicht weiter erläutert werden. Stattdessen werden die erwarteten und tatsächlich beobachteten Schwingungen des Kohlendioxids besprochen.

Kohlendioxid ist ein lineares Molekül mit einem sp-hybridisierten zentralen Kohlenstoffatom. Wegen seiner Linearität hat es vier verschiedene Normalmodi. Die symmetrische und die asymmetrische Streckschwingung sind denen des Wassers ähnlich, nur dass der Bindungswinkel 180° beträgt. Es existieren weiterhin zwei symmetrische Biegeschwingungen, die diesen Winkel ändern. Beide können durch Drehung um 90° ineinander überführt werden, es handelt sich also um entartete Moden. Tatsächlich koppeln diese Moden aber miteinander und erzeugen durch Aufspaltung zwei verschiedene Spektrallinien.

Die Bedingung für die Absorption eines Photons, dass ein Molekül einen oszillierenden Dipol aufweisen muss (siehe Abschnitt 2.2.8), gilt auch für die Schwingungsspektroskopie. Dieser Dipol muss, und das ist beim Beispiel des Kohlendioxids besonders wichtig, nicht permanent sein. Kohlendioxid hat in der Ruhelage zwei polarisierte Bindungen, die entgegengesetzte Dipole vom gleichen Betrag erzeugen, und sich vektoriell zu Null addieren. Demnach ist Kohlendioxid im Mittel unpolar. Dies verändert sich bei der symmetrischen Streckschwingung auch nicht, und diese absorbiert daher auch kein infrarotes Licht. Man bezeichnet sie als nicht IR-aktiv. Wie in Abb. 2.28 H dargestellt, erzeugt die asymmetrische Streckschwingung jedoch einen vorübergehenden Dipol, der auch transient genannt wird. Dieser Dipol verändert sich mit der Frequenz der asymmetrischen Schwingung und erfüllt daher die Bedingung des oszillierenden Dipols. Die asymmetrische Streckschwingung ist also trotz des mittleren Dipols von Null IR-aktiv.

Nicht IR-aktive Schwingungen sind sehr selten, weil Moleküle mit größerer Atomzahl praktisch immer ein von Null verschiedenes Dipolmoment haben. Obwohl für praktische Messungen relativ wenig relevant, ist es aus didaktischen Gründen wichtig, darauf hinzuweisen, dass derartige Schwingungen trotzdem spektroskopisch nachgewiesen werden können. Dies kann mit Hilfe der Raman-Spektroskopie geschehen. Diese Art der Spektroskopie, deren technische Durchführung später im Detail besprochen werden wird, ist keine Absorptionsspektroskopie im eigentlichen Sinn, sondern beruht auf einem besonderen Effekt, dem Raman-Effekt, der bei Streuungsvorgängen auftritt.

Bevor wir die technische Durchführung beider Spektroskopiearten betrachten, werden nun zwei aufeinander aufbauende Modelle für die Schwingungsmechanik in Molekülen besprochen, welche erlauben, die Energieniveaus der verschiedenen Schwingungen relativ gut abzuschätzen.

2.5.4
Harmonischer und anharmonischer Oszillator

Der harmonische Oszillator nimmt als Modell eine zentrale Stellung in der Physik und besonders in der Spektroskopie ein, wo er unter anderem die Eigenschaften oszillierender Dipole beschreibt. Es wird empfohlen, die genauen Ableitungen der nachfolgenden Formeln mit Hilfe eines Physikbuches im Detail nachzuvollziehen. Wer gut mit dem harmonischen Oszillator bekannt ist, kann direkt beim anharmonischen Oszillator einsteigen. Die Schwingungen in Molekülen kann man sich relativ gut im makroskopischen Maßstab veranschaulichen, wenn man sich zwei Atome als Kugeln mit definierten Massen m_1 und m_2 durch eine elastische Feder verbunden vorstellt, die dem Hookschen Gesetz gehorcht. Dieses besagt, dass die Feder auf eine Auslenkung aus der Ruhelage um den Betrag Δr mit einer rücktreibenden Kraft F reagiert, die proportional zur Auslenkung ist (Abb. 2.29). Die entsprechende Proportionalitätskonstante heißt in diesem Fall Federkonstante k.

$$F = -k \cdot \Delta r \tag{2.32}$$

Eine Auslenkung des makroskopischen Systems könnte man erreichen, in dem man die Kugeln in beide Hände nimmt und auseinander zieht. Dabei muss man Energie in das System stecken, welche in der Feder als potentielle Energie gespeichert wird, bis man die Kugeln wieder loslässt. Die gespeicherte, potentielle Energie ist das Integral der Kraft über den Weg, um den man die Kugeln aus der Ruhelage gelenkt hat.

$$E_{pot} = \int F \cdot dr = \int -k \cdot \Delta r \cdot dr = \frac{1}{2} k \cdot \Delta r^2 \tag{2.33}$$

Die Auslenkung kann auch negativ sein, wenn die Kugeln zusammengedrückt werden. Aus Gl. (2.33) geht der Verlauf der in der Feder gespeicherten potentiellen Energie in Abhängigkeit der Auslenkung hervor: Es handelt sich um eine Parabel, wie in Abb. 2.29 B dargestellt. Die rücktreibende Kraft wirkt laut Definition der Auslenkung entgegen. Die Beschleunigung durch die rücktreibende Kraft hält an, bis die Kugeln $\Delta r=0$ erreicht haben. Die potentielle Energie, welche laut Gl. (2.33) bei kleineren Δr Werten abnimmt, wird kontinuierlich in kinetische Energie umgewandelt, da die Geschwindigkeit der Kugelmassen steigt. Bei $\Delta r=0$ ist die potentielle komplett in kinetische Energie umgewandelt und die Geschwindigkeit der sich bewegenden Kugeln maximal. Die Kugelmassen bleiben am Punkt der Ruhelage also nicht stehen, sondern werden in die entgegengesetzt Richtung aus der Ruhelage ausgelenkt. Dies bewirkt wiederum eine rückstellende Kraft und die kinetische Energie wird langsam wieder in potentielle Energie umgewandelt, bis ein Umkehrpunkt erreicht wird, an dem wieder, wie am Anfang, alle Energie als potentielle Energie in der Streckung bzw. Stauchung der Feder steckt.

Bei diesem Modell wird vorausgesetzt, dass keine Schwerkraft auf die beiden Massen m_1 und m_2 einwirkt, und dass bei der Umsetzung von potentieller in kinetische Energie keine Reibungsverluste stattfinden. Daher resultiert die periodische Umwandlung der Energiesorten in einer gleichförmigen Pendel- oder Schwingungsbewegung, die auch als Oszillation bezeichnet wird. Das ganze System wird wegen der sinusförmigen Schwingung als harmonischer Oszillator bezeichnet. Dies trifft nur zu, wenn die rückstellende Kraft tatsächlich bei allen Werten von Δr gleich groß ist, dass heißt, wenn die Federkonstante auch tatsächlich konstant ist. Da dies bei kleinen Auslenkungen von Δr sehr gut zu trifft, beschreibt das Modell des harmonischen Oszillators das Schwingungspotential in der Nähe der Ruheauslenkung sehr gut. Aus der detaillierten Behandlung des harmonischen Oszillators in Lehrbüchern der Physik entnehmen wir die Abhängigkeit der Oszillationsfrequenz ν (Gl. 2.34)

$$\nu = \frac{1}{2\pi}\sqrt{\frac{k}{\mu}} \tag{2.34}$$

Dabei steht μ für die so genannte reduzierte Masse, welche man nach Berücksichtigung des Massenschwerpunktes auf der Schwingungslinie erhält:

$$\frac{1}{\mu} = \frac{1}{m_1} + \frac{1}{m_2} = \frac{m_1 + m_2}{m_1 \cdot m_2}; \quad \mu = \frac{m_1 \cdot m_2}{m_1 + m_2} \tag{2.35}$$

In der klassischen makroskopischen Theorie kann die potentielle Energie eines harmonischen Oszillators jeden beliebigen positiven Betrag inklusive Null annehmen. Dies entspricht der Modellvorstellung, dass man die Massekugeln zur Anregung um jeden beliebigen Betrag von Δr auseinanderziehen oder zusammendrücken kann.

Eine quantenmechanische Betrachtung des harmonischen Oszillators ergibt, dass nur bestimmte Energieniveaus erlaubt sind und damit auch nur Anregungen in bestimmte Werte für Δr. Diese Erkenntnisse entstammen dem Modell einer Wellenfunktion der schwingenden Masseteilchen, welche in einem so genannten Potentialtopf eingesperrt sind (Abb. 2.29 B zeigt den parabolischen Potentialtopf des harmonischen Oszillators). Die Begriffe „erlaubt" und „verboten" kann man sich im Zusammenhang mit einer Wellenfunktion annähernd so vorstellen, das eine Welle mit definierter Frequenz (die der Frequenz des klassischen harmonischen Oszillators entspricht) und Geschwindigkeit sich innerhalb des Potentialtopfs hin und her bewegt. Dabei wird sie an den Wänden des Potentialtopfes reflektiert, das heißt ihre Ausbreitungsrichtung wird in etwa so umgekehrt, wie die Massekugeln ihre Schwingungsrichtung ändern. Wenn die Welle in der Gegenrichtung mit ihren eigenen Maxima der anderer Richtung positiv interferiert, ergibt sich eine stabile Wellenfunktion, die „erlaubt" ist. Bei negativer Interferenz „vernichten" sich die Amplituden gegenseitig, derartige Wellenfunktionen sind nicht erlaubt bzw. „verboten".

Die Bedingung der positiven Interferenz ermöglicht eine Berechnung der erlaubten Wellenfunktionen und der dazugehörigen Energien. Man findet, dass sich alle erlaubten Energieniveaus des harmonischen Oszillators um ganzzahlige Vielfache eines bestimmten Betrages nach folgender Formel unterscheiden.

$$E_v = h \cdot \nu \left(v + \frac{1}{2}\right) \tag{2.36}$$

Dabei bezeichnet v die Schwingungsquantenzahl und h das Plancksche Wirkungsquantum. Diese Berechnungen bedeuten den Übergang von einem makroskopischen, intuitiv relativ leicht verständlichen Modell, zur Quantenmechanik mit ihrem schwierigen Konzept der Wellenfunktion. Der Verlust an Anschaulichkeit wird jedoch gegen eine deutlich erhöhte Vorhersagekraft des neuen Modells eingetauscht.

Die Quantenmechanik sagt interessanterweise eine so genannte Nullpunktsenergie bei der Schwingungsquantenzahl $v=0$ von $E_v = 1/2\ h\cdot v$ voraus. Dies bedeutet, dass selbst am absoluten Nullpunkt alle Moleküle Schwingungen ausführen, im Gegensatz zum klassischen harmonischen Oszillator, welcher vollständig still stehen kann, etwa wie am Anfang unserer Betrachtungen.

Die vermutlich wichtigste Vorhersage ist, dass Energie den Schwingungen nur in diskreten Portionen, also in Quanten, zugeführt werden kann. Weitere Berechnungen führen zu Auswahlregeln, welche besagen, dass für gequantelte Energieübergänge der IR-Absorption Veränderungen der Schwingungsquantenzahl v um eins erlaubt und größer eins verboten sind:

Auswahlregeln des harmonischen Oszillators:

$$\Delta v = 1 : erlaubt; \quad \Delta v < 1 : verboten \qquad (2.37)$$

Derartige Aussagen der Quantenmechanik sind statistische Aussagen. Die Wahrscheinlichkeiten, auf denen diese Aussagen beruhen, ergeben sich aus der Berechnung von Überlappungsintegralen der am Übergang beteiligten Wellenfunktionen, nämlich der Wellenfunktionen des Grundzustandes, des angeregten Zustandes und des anregenden Photons. Die Überlappungsintegrale sind ein Maß dafür, wie stark die drei Wellenfunktionen konstruktive Interferenz erzeugen und sind damit proportional zur Übergangswahrscheinlichkeit.

Für erlaubte Schwingungsübergänge ergeben sich Wahrscheinlichkeiten über Null, während sie für verbotene Übergänge Null oder fast gleich Null sind. Wie verbotene elektronische Übergänge werden auch verbotene Schwingungsübergänge gelegentlich beobachtet, insbesondere, wenn die Modelle, die zur Berechnung der Wellenfunktionen herangezogen wurden, viele grobe Näherungen enthalten. Die Folgen solcher Näherungen können am Modell des anharmonischen Oszillators veranschaulicht werden.

Wie erwähnt, beschreibt das Potential des harmonischen Oszillators die Situation bei niedrigen Werten für v recht gut. Für höher angeregte Schwingungszustände liefert es jedoch schlechte Vorhersagen, denn große Streckungen oder Stauchungen der Bindung, d. h. große Werte von Δr werden nicht anders im parabelförmigen Potentialtopf behandelt als kleine, weil die rücktreibende Kraft für alle Werte von Δr als konstant angenommen wird. Offensichtlich kann aber eine chemische Bindung nicht beliebig gestaucht, insbesondere aber nicht beliebig gestreckt werden: Bei zu großer Entfernung existiert keine effektive Wechselwirkung zwischen den Atomen mehr, d. h. sie sind dissoziiert. Dies kann man sich am Massenkugel/Feder Modell so vorstellen, dass die Feder bei Überstreckung quasi ausleiert. Eine entsprechende Verbesserung des Modells, bei der die Abhängigkeit der Federkonstanten von der Höhe der Auslenkung aus der Ruhelage Δr berücksichtigt wird, führt zum Modell des anharmonischen Oszillators, dessen Potentialverlauf in Abb. 2.29 C dargestellt ist. Er entspricht für kleine Werte dem des harmonischen Oszillators, flacht jedoch für hohe positive Werte von Δr, d. h. starke Streckungen, ab. Die Schwingungsniveaus sind daher anfangs äquidistant und folgen bei höherer Anregung immer dichter aufeinander, bis sie schließlich überlappen und ein Kontinuum bilden. Damit lässt sich nun auch die Dissoziati-

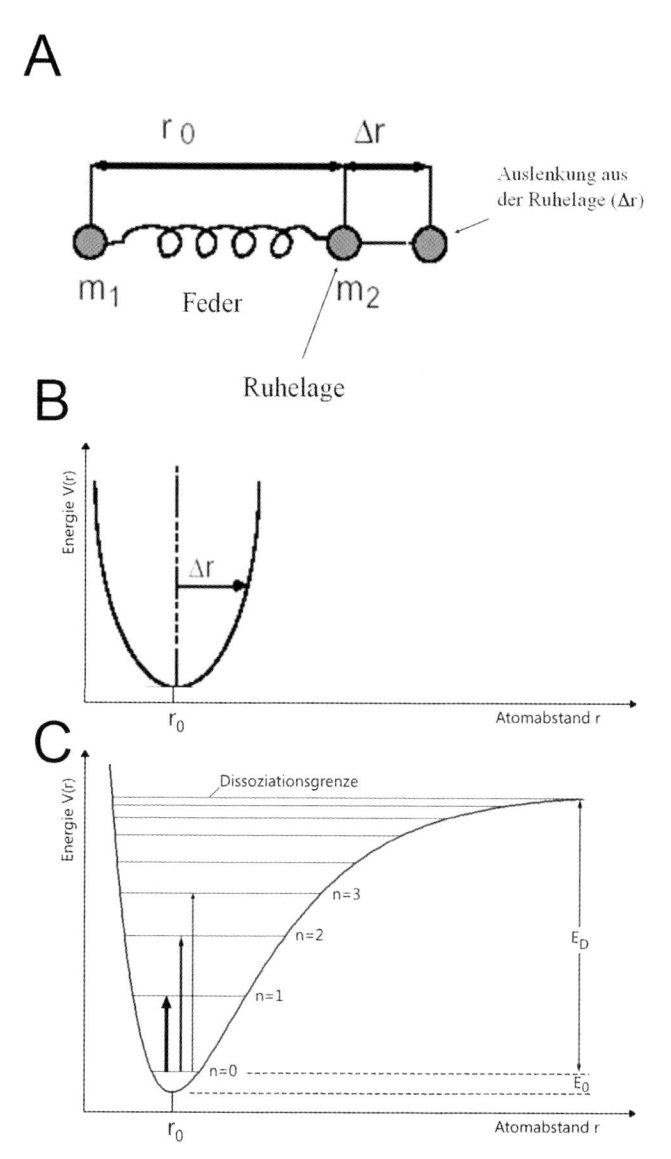

Abb. 2.29 A: Modell des harmonischen Oszillators. **B:** Potentialverlauf im harmonischen Oszillator. **C:** Potentialverlauf im anharmonischen Oszillator.

on von Molekülen erklären. Die Tiefe des Potentialtopfs, gemessen von der Nullpunktsenergie bis zur Dissoziationsstärke, entspricht der Bindungsenergie der chemischen Bindung zwischen beiden Atomen und kann statt durch eine schnelle Abfolge von vielen Schwingungsanregungen durch ein einzelnes Photon zugeführt werden, dessen Energie dann meist im UV-VIS-Bereich liegt. In diesem Fall würde es sich, wie bereits bei der UV-VIS-Spektroskopie diskutiert (siehe Abschnitt 2.3.3), z. B. um die Anregung eines Elektrons aus einem σ-Orbital in ein σ*-Orbital handeln.

Bei der kombinierten Anregung von elektronischen und Schwingungszuständen, wie sie im Zusammenhang mit der Entstehung von Fluoreszenz anhand des Jablonski Termschemas diskutiert wurde, gilt das Franck-Condon-Prinzip. Elektronische Anregung führt in der Regel zu einer Änderung der Bindungsstärke, was im Oszillatormodell Veränderungen sowohl der Federkonstanten k als auch der mittleren Atomabstände bewirkt. Nach dem Franck-Condon Prinzip ist der elektronische Übergang deutlich schneller als die Atome auf die neue elektronische Umgebung reagieren können. Dies hat Auswirkung auf die Übergangsintegrale und damit auf die Wahrscheinlichkeiten, mit der die Schwingungsniveaus im elektronisch angeregten Zustand mitangeregt werden.

2.5.5
Geräteaufbau und Absorptionsspektren im IR-Bereich

Da es sich bei IR-Strahlung um Wärmestrahlung handelt, kann sie aus einer Glühquelle erzeugt werden. So genannte Nernst-Stifte aus Zirkonoxid dienen häufig als Strahlungsquellen in IR-Spektrometern. Diese sind in der Regel als Zweistrahlphotometer konzipiert, d. h. der Strahl der Lampe wird geteilt, und ein Teil dient als Referenzstrahl, während der andere durch eine Probe geleitet wird. Nach dem Durchgang durch die Probe wird eine Wellenlänge durch einen Monochromator (in der Regel eine Gitter) selektiert. Das Intensitätsverhältnis zwischen Referenzstrahl (I_0)- und Probenstrahl (I) entspricht der Transmission, welche direkt im Spektrum aufgetragen wird. Als Detektor dient in der Regel ein Thermoelement.

Für ein Spektrum des infraroten Bereichs, abkürzend auch als IR-Spektrum bezeichnet, braucht man mit einem konventionellen IR-Spektrometer ungefähr zwischen 1 mg und 15 mg Substanz. Da praktisch alle organischen Substanzen sowie Glas im IR Bereich absorbieren, sind sie nicht als Küvettenmaterial geeignet. Stattdessen finden Alkalihalogenide, die im infraroten Bereich nicht absorbieren, als optische Fenster Anwendung. Küvetten zur Vermessung von Flüssigkeiten haben zwei Fenster aus Kochsalz-Kristallen. Je nach Aggregatzustand des Analyten wird in der Gasphase, in Lösung, in flüssiger Phase als dünner Film oder Suspension bzw. Paraffinölverreibung zwischen Kochsalz-Scheiben oder in festem Zustand als Kaliumbromid-Pressling vermessen. Wegen der besonderen Anforderungen an die spektroskopischen Eigenschaften des Küvettenmaterials sind Küvetten mit präzisen Weglängen technisch schwierig zu realisieren und teuer. Quantifizierungen mit Hilfe von IR-Spektroskopie nach dem Lambert-Beerschen Gesetz ist experimentell aufwendiger als in der UV-VIS-Spektroskopie.

Infrarotspektren werden häufig zur eindeutigen Identifizierung und zur Reinheitsprüfung von organischen Analyten, insbesondere von Wirkstoffen eingesetzt. Bekannte Stoffe können so sehr sicher durch Vergleich mit großen Bibliotheken von Musterspektren identifiziert werden.

Alternativ zu konventionellen Geräten findet die FT-IR-Technik Anwendung, welche deutlich weniger Substanz erfordert. Besonders effizient zur Identitätsprüfung ist dabei die Kombination von Gaschromatographie mit automatisierter Probenaufgabe und computergestützter FT-IR.

Der Infrarot-Bereich des elektromagnetischen Spektrums findet sich bei Wellenlängen zwischen 0,8 µm und 500 µm. Aus historischen Gründen werden IR-Spektren nicht mit der Wellenlänge λ auf der x-Achse annotiert, sondern mit der Wellenzahl $\bar{v}$ (vergleiche Gl. 2.7). Das gesamte IR-Spektrum findet sich demnach zwischen 20 cm^{-1} und 12500 cm^{-1} und wird grob in drei Abschnitte unterteilt. Der nahe IR-Bereich grenzt an den VIS-Bereich des elektromagnetischen Spektrums und erstreckt sich von 12500 cm^{-1} bis 4000 cm^{-1}. Daran schließt sich der so genannte „normale" IR-Bereich von 4000 cm^{-1} bis 200 cm^{-1} an, in dem der größte Teil der Routinespektren aufgezeichnet wird. Viele Geräte vermessen einen Standardbereich von 4000 cm^{-1} bis 700 cm^{-1}. Im „fernen" IR-Bereich von 200 cm^{-1} bis 20 cm^{-1} werden hauptsächlich Rotationen spektroskopiert. Auf der y-Achse wird nicht wie im UV-Spektrum die Absorption aufgetragen, sondern die Transmission $T=I/I_0$ (vergleiche Abschnitt 2.2.9). Daher sind Peaks nicht als Absorptionen von unten nach oben, sondern als verringerte Transmission von oben nach unten zu erkennen.

2.5.6
Teilbereich des IR-Spektrums, Konzept der lokalisierten Schwingung und Einfluss der Masse

Spektren im Normalbereich von 700 cm^{-1} bis 4000 cm^{-1} werden weiter unterteilt, entsprechend der Natur der jeweils absorbierenden Schwingungen. Entsprechend Gl. (2.34) und (2.35) wird die Schwingungsfrequenz und damit die Lage der entsprechenden Absorptionsbanden im Spektrum von der Federkonstanten k und der reduzierten Masse μ bestimmt. Federkonstanten für Deformationsschwingungen sind generell kleiner als für Streckschwingungen, daher finden sich die entsprechenden Deformationsbanden praktisch nur im rechten Teil des Spektrums bei Energien unterhalb 1500 cm^{-1}. Da es in diesem Bereich generell zur Überlagerung vieler Deformationsbanden kommt, ist dieser Bereich schwierig zu interpretieren und daher für die Strukturaufklärung völlig unbekannter Analyte wenig attraktiv. Andererseits ist die Überlagerung der diversen Banden in diesem Bereich sehr charakteristisch für jeden einzelnen Analyten. Daher wird dieser so genannte Fingerprint-Bereich häufig zur Identifizierung von Analyten durch Vergleich mit Musterspektren verwendet. Oberhalb von 1500 cm^{-1} findet man die Streck- oder Valenzschwingungen. Die hier auftretenden Banden sind eher charakteristisch für einzelne funktionelle Gruppen als für ganze Moleküle, daher kann dieser Bereich Beiträge zur Strukturaufklärung unbekannter Analyte liefern. Man sollte sich jedoch bewusst sein, dass sich diese Beiträge selbst bei sorgfältiger Interpretation im Wesentlichen auf die Bestätigung der Anwesenheit einzelner funktioneller Gruppen beschränken. Charakteristische Valenzschwingungsbanden erzeugen Carbonylgruppen, Dreifach- und kumulierte Doppelbindungen, C=C Doppelbindungen in Alkenen und Aromaten und insbesondere dissoziierbare Wasserstoffbindungen (N–H, O–H) welche oberhalb von 3000 cm^{-1} häufig breite Absorptionen erzeugen. Verunreinigungen durch Wasser sind hier durch den charakteristischen „Wasserbauch" zu erkennen. In der Reihenfolge aufsteigender Energie findet man Einfachbindungen von Kohlenstoff (C–C), Doppelbindungen (C=C, C=N, C=O, N=O) und Dreifachbindungen (C≡C, C≡N). Diese Reihenfolge ist einfach mit der zunehmender Bindungsstärke von Mehrfachbindungen bei ansonsten vergleichbarer Masse der beteiligten Atome zu erklären. Streckschwingungen von Wasserstoff (C–H, N–H, O–H) finden sich bei noch höheren Energien. In diesem Fall überwiegt der Einfluss der reduzierten Masse den der Bindungsstärke, so dass zwischen einer C–C und einer C–H Einfachbindung immerhin etwa 1500 cm^{-1} liegen.

2.5.7
Anwendungsbeispiel

Der Nachweis funktioneller Gruppen im IR-Spektrum dient routinemäßig der Bestätigung eines Strukturvorschlages. In Abb. 2.30 A ist das IR-Spektrum eines Coumarinderivates abgebildet, welches einige Strukturelemente enthält, die im Spektrum relativ deutlich zugeordnet werden können. Dazu gehören insbesondere die C–H und N–H Streckschwingungen oberhalb von 3000 cm^{-1}, sowie die C=O und C=C Schwingungen zwischen 1500 und 1800 cm^{-1}. Der Fingerprint-Bereich unterhalb 1500 cm^{-1} zeigt die charakteristische Überlagerung vieler Biege- oder Deformationsschwingungen unter anderem aus dem aromatischen Grundkörper des Moleküls.

Abbildung 2.30 B zeigt die Infrarotspektren von Chloroform und Deuterochloroform, in denen der Einfluss der Isotopensubstitution auf die reduzierte Masse und damit auf die Schwingungsfrequenzen deutlich zu sehen ist. Besonders stark verschoben sind die C–H Streck- und Biegeschwingungen, weil sie direkt ein Atom enthalten, dessen Masse durch den Isotopentausch verdoppelt wurde. Dies führt annähernd zu einer Verdoppelung der reduzierten Masse (Gl. 2.35) und zu einer Veränderung der Frequenz (und damit auch der Wellenzahl) um etwa den Faktor $\sqrt{\frac{\mu_{C-H}}{\mu_{C-D}}} \cong \sqrt{0{,}5} \cong 0{,}7$. Dies entspricht sehr gut der Verschiebung der C–H Schwingung bei 3010 cm^{-1} zu 2130 cm^{-1} der C–D Schwingung, wie in Abb. 2.30 B zu sehen. Die C–H Deformationsschwingung verschiebt sich entsprechend von 1240 cm^{-1} nach 920 cm^{-1}.

Interessanterweise ist der Einfluss auf die C–Cl Streckschwingung bei etwa 800 cm^{-1} sichtbar, aber nicht sehr groß. Die Tatsache, dass die Isotopensubstitution überhaupt einen Einfluss auf eine Schwingungsbande hat, führt uns zu den Betrachtungen der Schwingungskoordinaten zurück, die eingangs diskutiert wurden. Es ist wichtig zu betonen, dass die Schwingungskoordinate eines Normalmodus eine, wenn auch möglicherweise kleine, Bewegung aller Atome des Moleküls beinhaltet, und nicht nur der beiden Atome, welche durch die gerade betrachtete Bindung verbunden und spektroskopiert werden. Darum üben alle Atome eines Moleküls einen Einfluss auf die genaue Form und Lage einer Schwingungsbande aus. Dies bedingt sowohl, dass IR-Spektren besonders charakteristisch und damit zur Identifizierung durch Vergleich geeignet sind, als auch die begrenzten Möglichkeiten zur vollständigen Strukturaufklärung. Die Bezeichnung der Bande bei 800 cm^{-1} im Spektrum des Chloroforms als C–Cl Streckschwingung ist also nicht ganz akkurat,

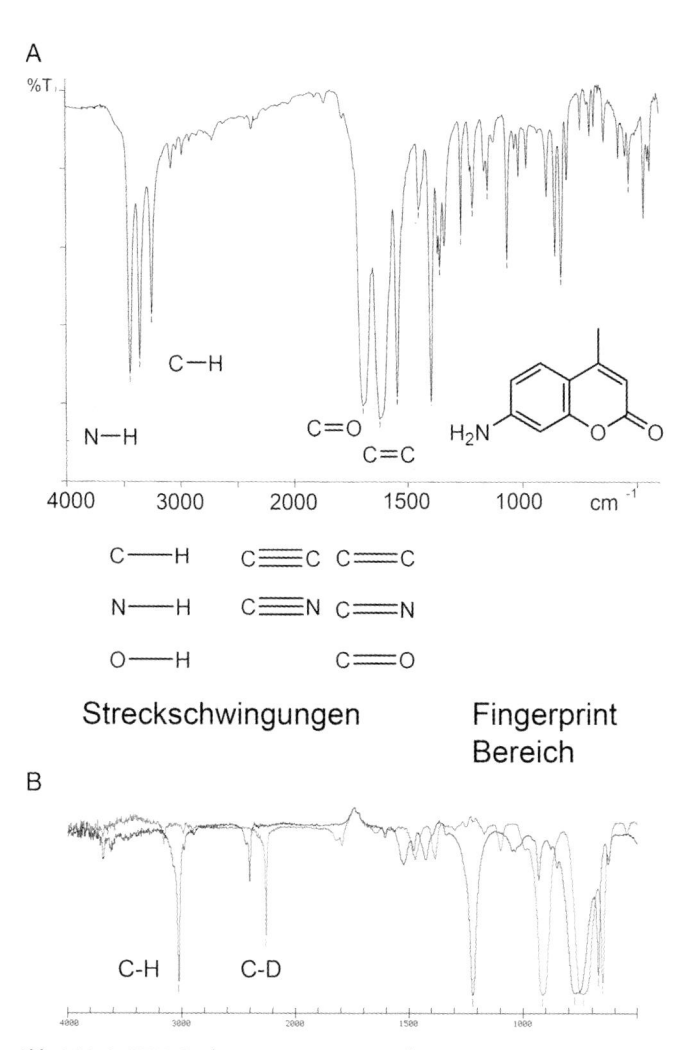

Abb. 2.30 A: FT-IR-Spektrum eines Coumarinderivates. **B:** Infrarotspektrum von Chloroform und Deuterochloroform (mit freundlicher Genehmigung von Prof. Craig Merlic).

sondern eine Reduktion auf den wesentlichen Aspekt einer Normalschwingung des Chloroforms, deren Schwingungskoordinate hauptsächlich, aber nicht exklusiv die Stauchung und Dehnung der C–Cl Bindung beinhaltet. Diese Betrachtung findet ihre Entsprechung im Konzept der Molekülorbitale, welches besagt, dass zwei Elektronen, welche den Hauptanteil an einer Bindung zwischen zwei Atomen liefern, sich nicht in einem Orbital befinden, dessen Ausdehnung streng auf die Bindungsachse beschränkt ist. Vielmehr erstrecken sich Molekülorbitale, wie der Name bereits suggeriert, über das ganze Molekül. Daher beeinflusst die lokale Veränderung einer Bindungslänge, wie etwa in einer Schwingung, die elektronischen Eigenschaften des gesamten Orbitals und somit des ganzen Moleküls.

2.5.8
Die Boltzmann-Verteilung

Die bisherigen Betrachtungen von spektroskopischen Übergängen behandelten Populationen so, als befänden sich im Normalfall alle Molekülen im Grundzustand, und ein angeregter Zustand könne nur durch Photonenabsorption und eventuell noch durch besondere chemische Reaktionen bevölkert werden (vergleiche Abschnitt 2.4.3). Diese Annahmen treffen für den UV-VIS-Bereich im Wesentlichen auch zu, weil die Energieniveaus relativ weit auseinander liegen. Angeregte Niveaus von elektronischen Zuständen, Schwingungen, Rotationen und Kernen im Magnetfeld können aber auch thermisch bevölkert werden. Das Verhältnis N_1/N_0 in dem eine Population von Molekülen in Abhängigkeit von der Temperatur zwischen zwei Energieniveaus verteilt ist, wird durch die Boltzmann-Gleichung gegeben.

$$N_1 = N_0 \cdot e^{-\frac{\Delta E}{k \cdot T}} \quad bzw. \quad \frac{N_1}{N_0} = e^{-\frac{\Delta E}{k \cdot T}} \tag{2.38}$$

Diese Formel enthält zwei wichtige Parameter mit gegenläufigen Effekten, die exponentiell in die Verteilung eingehen, nämlich die Energiedifferenz der beiden Niveaus ΔE und die absolute Temperatur T. Während ein großes ΔE eine kleine Anzahl N_1 von Molekülen im Niveau 1 bewirkt, also wenige Moleküle im angeregten Zustand, favorisiert eine hohe Temperatur die thermische Bevölkerung des energetisch höheren Zustands. Man beachte, dass der Ausdruck der Exponentialfunktion nur bei unendlich hoher Temperatur den Wert 1 erreicht und nie darüber hinaus wachsen kann. Also sagt diese Formel vorher, dass der Grundzustand im thermischen Gleichgewicht stets stärker bevölkert ist, als der angeregte Zustand. Für jede Temperatur gibt es eine Energiedifferenz, bei der das Verhältnis N_1/N_0 gleich $1/2$ ist. Aufgrund des Exponentialterms in der Boltzmann-Formel finden sich die größten Veränderungen von N_1/N_0 in der Nähe dieses ΔE Wertes. In Abb. 2.31 ist dieser Bereich bei Raumtemperatur graphisch dargestellt. Es ist zu erkennen, dass für die Spektroskopie gravierende Verschiebungen bei Energiedifferenzen passieren, deren zugehörige Wellenlängen mitten im Infrarotteil des elektromagnetischen Spektrums bei etwa 100 µm liegen. Der Wert für ΔE liegt in der Nähe von $k \cdot T = 4{,}11 \cdot 10^{-21}$ J.

ΔE in Gl. (2.38) bezieht sich auf einzelne Moleküle. Um die Energiedifferenz in kJ/mol auszudrücken, muss im Nenner des Exponentialterms für k (die Boltzmann-Konstante) R eingesetzt werden (R ist die allgemeine Gaskonstante, sie ergibt sich aus der Multiplikation von k mit der Avogadrozahl).

Auch in Bereichen des elektromagnetischen Spektrums, die relativ weit entfernt von diesem Wendepunkt liegen, spielt die Boltzmann-Verteilung noch eine wichtige Rolle für die Intensitäten der beobachteten Übergänge. Da die Energien für Übergänge im UV-VIS-Bereich in der Größenordnung von $2 \cdot 10^{-19}$ bis $2 \cdot 10^{-18}$ J (120 bis 1200 kJ/mol) liegen, existieren dort praktisch keine thermisch angeregten Moleküle, da Moleküle gewöhnlich oberhalb einiger hundert Grad Celsius zerfallen. Bei der Atomemissionsspektroskopie werden jedoch analytisch signifikante

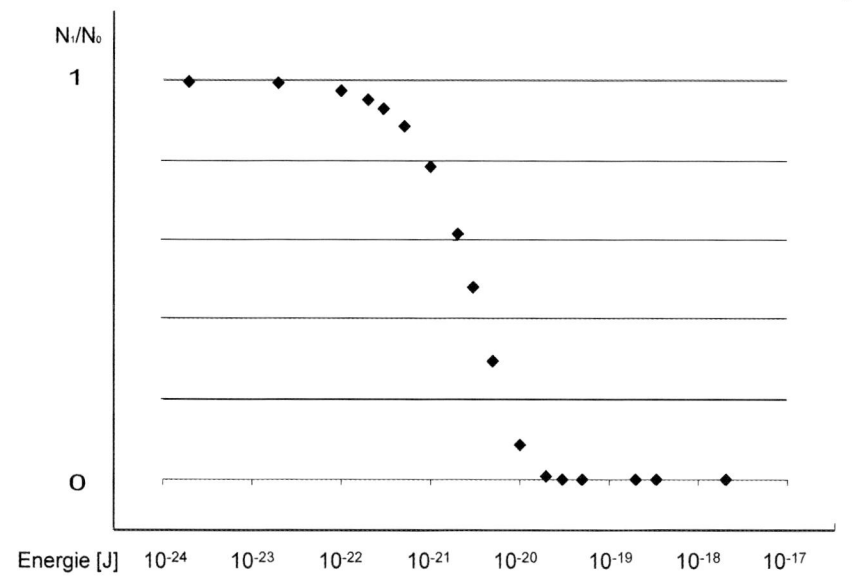

Abb. 2.31 Boltzmann-Verteilung: Die Population des ersten angeregten Zustandes bei Raumtemperatur ist in Abhängigkeit von der Differenz seiner Energie zum Grundzustand dargestellt. Bei $2{,}9 \cdot 10^{-21}$ J (ca. $3 \cdot 10^{12}$ Hz, 100 μm, 1,2 kJ/mol).

Populationen von angeregten Atomen spektroskopiert, da hier mit Temperaturen deutlich oberhalb von 1000 °C gearbeitet wird. Für die Kernspinresonanz hat die Boltzmann-Verteilung eine besondere Bedeutung: Die großen Analytmengen, die für diese Spektroskopie benötigt werden, haben ihren Ursprung in dem fast ausgeglichenen Verhältnis der Populationen N_1 und N_0 (siehe Abschnitt 2.6.3).

2.5.9
Raman-Spektroskopie

Die Auswahlregel für Raman-Spektroskopie lautet, dass die Polarisierbarkeit während der Schwingung oszillieren muss. Die Polarisierbarkeit eines Moleküls ist ein Maß dafür, wie leicht sich die Elektronenhülle in ihrer Gesamtheit durch ein äußeres E-Feld (z. B. eine elektromagnetische Welle) verformen lässt.

Dies ist bei der symmetrischen Streckschwingung des CO_2 eindeutig gegeben: Im voll gestreckten Zustand sind Ausdehnung und Dichte der Elektronenhülle anders als im voll gestauchten Zustand. Bei der asymmetrischen Streckschwingung sind die Elektronenhüllen an beiden Extremen der Schwingung jedoch durch Spiegelung ineinander überführbar und damit vom Betrag her identisch. Diese IR-aktive Schwingung ist daher Raman inaktiv. Im besonderen Fall der punktsymmetrischen Moleküle ergänzen sich die Auswahlregeln von Infrarotabsorptions- und Raman-Spektroskopie exakt. In Molekülen niederer Symmetrie sind Schwingungen meistens sowohl Raman- als auch IR-aktiv. Im Gegensatz zu den Absorptionsspektren der Infrarot-Schwingungsspektroskopie werden Ramanbanden im rechten

Winkel zur Einstrahlrichtung aufgenommen, vergleichbar mit der Fluoreszenzspektroskopie. Die Probe wird mit einem Laserstrahl im sichtbaren Bereich bestrahlt. In der Korpuskel-Betrachtungsweise der klassischen Mechanik finden elastische und unelastische Stöße zwischen den Photonen und den Molekülen statt. Bei den unelastischen Stößen kommt es zu keiner Energieübertragung, die Photonen werden mit unveränderter Wellenzahl gestreut und können als Rayleigh-Strahlung im rechten Winkel beobachtet werden. Bei elastischen Stößen können die Photonen sowohl Energie an die Moleküle abgeben, als auch Energie von ihnen aufnehmen. Diese Energie kann Schwingungen im Analytmolekül anregen oder Energie aus den Schwingungen abziehen. Dies bedeutet, dass außer der Rayleigh-Strahlung auch Strahlung mit höherer und mit niedrigerer Wellenzahl beobachtet wird. Bei der Erklärung der resultierenden Linienspektren versagt jedoch die klassische Betrachtungsweise, und es müssen die Energieniveaus der Quantenmechanik zur Erklärung herangezogen werden. In der quantenmechanischen Betrachtungsweise werden die Moleküle in einen so genannten virtuellen Zustand angehoben, dessen Energie deutlich oberhalb der Dissoziationsgrenze liegt. Der virtuelle Zustand existiert nur für die Zeit dieser Interferenz. Beim Zusammenbruch dieses Zustandes findet die Emission eines Photons statt, wobei das Molekül in einen angeregten Schwingungszustand fallen kann. Generell können quantenmechanische Übergänge nur stattfinden, wenn sich dabei die Dipolmomente vor und nach dem Übergang unterscheiden. Dies ist für permanente oder transiente Dipole bei der symmetrischen Streckschwingung des CO_2 Moleküls nicht der Fall, da das Dipolmoment des Moleküls bei dieser Schwingung in keinem Zustand ungleich Null ist. Der Raman-Effekt basiert darauf, dass das elektrische Feld der Lichtwelle die Elektronenhülle polarisiert und so für die Zeit der Wechselwirkung einen Dipol induziert. Wenn sich während der Schwingung die Polarisierbarkeit ändert, ändert sich auch das induzierte Dipolmoment und die Voraussetzung für einen Übergang ist gegeben.

Wenn bei diesem Vorgang Moleküle aus dem Grundzustand in den ersten angeregten Schwingungszustand übergehen, fehlt der entsprechende Energiebetrag in der Streustrahlung. Dementsprechend werden neben der Rayleigh-Streuung auch Linien beobachtet, deren Energie um den entsprechenden Betrag niedriger liegen. Umgekehrt können Moleküle, die sich im ersten angeregten Schwingungszustand befinden, diese Energie an die Raman-Strahlung abgeben, so dass Linien mit entsprechend höherer Energie quasi an der Rayleigh-Streuung gespiegelt auftreten. Da sich bei Raumtemperatur die Mehrheit aller Moleküle im Schwingungsgrundzustand befindet, ist die daraus resultierende Schwingungsbande entsprechend häufiger. Da sie weniger energiereich ist als die Rayleigh-Strahlung werden die entsprechenden Banden in Analogie zum Stokes-Shift der niederenergetischen Fluoreszenzstrahlung Stokes-Banden genannt, während die höherenergetischen anti-Stokes Banden genannt werden. Beide Typen von Banden sind im Vergleich zur Rayleigh-Streuung sehr schwach. Die Intensität von Raman-Strahlung liegt in der Resonanz-Raman-Spektroskopie deutlich höher, bei der die Energie des eingestrahlten Lichtes einem elektronischen Übergang entspricht. Mit dieser Technik können besonders Metallionen in biologischen Systemen, wie z. B. in Hämoglobin oder metallhaltige Enzyme untersucht werden.

2.6
Kernresonanzspektroskopie – NMR

■ *Kernresonanzspektroskopie beobachtet Übergänge von Atomen mit einem magnetischen Moment in einem äußeren Magnetfeld. Sie wird bei sehr niedrigen Wellenlängen betrieben und ist wegen des damit verbundenen niedrigen Energieeintrages in die Probe nicht destruktiv. Da sie zudem auch nicht invasiv ist, hat sie vielfältig wichtige Anwendungsmöglichkeiten in der Chemie, den Biowissenschaften und der Medizin. Die zugrunde liegende Theorie ist sehr komplex und erlaubt in diesem Rahmen nur eine Darstellung der Grundlagen, die auf die Strukturaufklärung organischer Moleküle abzielt, während auf die Strukturaufklärung von Biomakromolekülen und die abbildenden Techniken aus dem medizinischen Bereich nur kurz eingegangen wird. Die besprochenen physikalischen Grundlagen beinhalten den Kernspin, das resultierende magnetische Moment und dessen quantenmechanisch relevanten Eigenschaften im Magnetfeld. Betrachtungen zur Lage der spektroskopierten Energieniveaus in Abhängigkeit vom externen Magnetfeld erlauben, die Absorptionsfrequenzen zu berechnen. Die relative Unempfindlichkeit der Methode, welche vergleichsweise große Substanzmengen erfordert, wird mit Hilfe der Boltzmann-Verteilung erläutert. Einer Betrachtung der ursprünglichen „continuous wave" und der modernen Fourier-Transformations Aufnahmetechniken folgt die Einführung der drei Parameter chemische Verschiebung, Kopplung und Integralhöhe, welche die prinzipiellen Informationsträger eines NMR-Spektrums sind. Die Strukturaufklärung von organischen Molekülen durch ^{1}H-NMR-Spektroskopie wird am Beispiel einer aromatischen Verbindung ausführlich erläutert. Abschließend werden kurz Saturationstechniken, der Kern-Overhauser-Effekt, und zweidimensionale NMR-Techniken betrachtet.*

2.6.1
Allgemeines und Anwendungsgebiete

Die Kernresonanzspektroskopie, normalerweise abgekürzt NMR nach dem Englischen Nuclear Magnetic Resonance, ist heute die wohl wichtigste Methode zur Strukturaufklärung von Molekülen in der organischen Chemie. Obwohl sie relativ unempfindlich ist, d. h. im Vergleich zu anderen Analysetechniken relativ große Substanzmengen im Bereich einiger Milligramm erfordert, eignet sie sich unter bestimmten Bedingungen auch zur Strukturaufklärung von Biomakromolekülen wie Proteinen und Nukleinsäuren. Ihre besondere Bedeutung liegt im Informationsreichtum der Spektren, welche z. T. hochdetaillierte Analysen von Strukturdetails der Bindungsverhältnisse in Molekülen erlauben. Diese Details können der

Feinstruktur der Absorptionsspektren entnommen werden und gehen unter anderem auf den Einfluss von Elektronendichten in der chemischen Umgebung der Kerne zurück. In der medizinischen Diagnostik haben bildgebende Verfahren besondere Bedeutung erreicht, weil sie nicht-invasiv Details des menschlichen Körpers in drei Dimensionen abbilden können. Diese Techniken, die als Kernspintomographie, MRT (magnetic resonance tomography) oder MRI (magnetic resonance imaging) bekannt sind, werden unter anderem zur Detektion von Tumoren in schwer zugänglichem Gewebe eingesetzt.

Bei der Entwicklung der NMR-Spektroskopie in der Mitte des vorigen Jahrhunderts gab es insbesondere mit der organischen Chemie starke Synergien, die zu großen Fortschritten auf beiden Feldern führten. Da die NMR-Spektroskopie sehr detaillierte Strukturinformation liefert, hat sie schnell die vorher üblichen Methoden der Strukturaufklärung z. B. in der synthetischen Chemie ersetzt, so dass IR-, UV-VIS- und Massenspektroskopie zur Strukturaufklärung nur noch eingesetzt werden, wo mit kleinen Substanzmengen gearbeitet wird, oder NMR-Spektren aus anderen Gründen nicht zugänglich sind. Die Forschung in der NMR-Spektroskopie selber wird heute als eigene Disziplin gesehen, welche einen hohen Spezialisierungsgrad erfordert. Routinemessungen, wie sie in jedem chemischen Institut üblich sind, können aber von Naturwissenschaftlern nach entsprechender Zusatzausbildung durchgeführt werden.

2.6.2
Physikalische Grundlagen

NMR-Spektroskopie ist eine Absorptionsspektroskopie, bei der die untersuchten Energieniveaus so eng zusammenliegen, dass die Absorption von Radiowellen mit einer Energie von weniger als 1J/mol zur Anregung ausreicht. Die Energieniveaus selber existieren nur bei Anwesenheit eines starken magnetischen Feldes, in dem sich die zu untersuchenden Atomkerne wie kleine Stabmagnete ausrichten. Als makroskopische Veranschaulichung kann man sich einen kleinen Magneten in einem Feld vorstellen, das zwischen zwei größeren Magneten entsteht, deren magnetische Nord- bzw. Südpole aufeinander zeigen (Abb. 2.32 A). Der kleine Stabmagnet wird sich bevorzugt mit seinem Nordpol zum Südpol des Feldes ausrichten, um in eine energiearme Position zu gelangen. Diese Ausrichtung parallel zum Feld entspricht daher einem Grundzustand, den man durch Drehen des Magneten Energie zuführen kann, und zwar maximal so lange, bis der Nordpol des Stabmagneten auf den Nordpol des Feldes zeigt, so dass der Stabmagnet antiparallel zum Feld ausgerichtet ist. Während man eine solche Energiezufuhr an einem makroskopischen Stabmagneten durch mechanisches Drehen z. B. mit der Hand durchführen könnte, geschieht dies in atomaren Dimensionen durch Absorption von Radiowellen.

Um von diesem simplen Modell die Entstehung auswertbarer Absorptionsspektren erklären zu können, müssen wir das quantenmechanische Verhalten von Atomkernen im Magnetfeld berücksichtigen und die Energie eines Magneten im Feld berechnen, um daraus die Frequenz der einzustrahlenden Wellen abschätzen zu können.

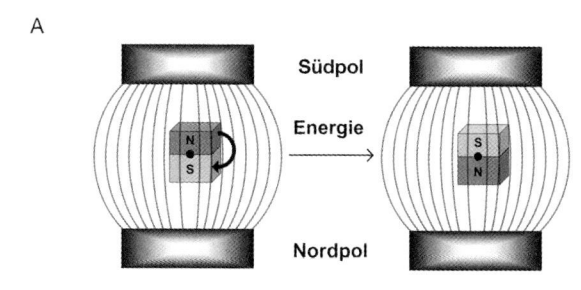

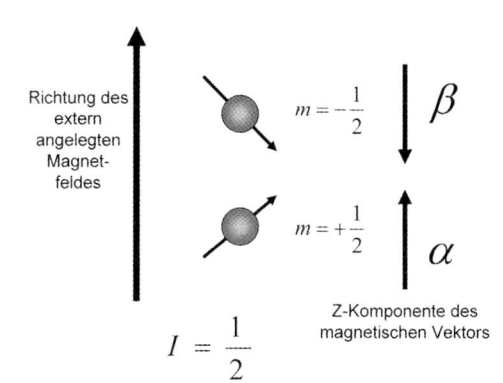

Abb. 2.32 A: Orientierung eines makroskopischen Stabmagneten parallel und antiparallel zu einem äußeren Magnetfeld. **B:** Räumlich gequantelte Orientierungen eines Atomkerns mit dem Spin $1/2$ zum äußeren Magnetfeld. Zustände α und β. **C:** Graphische Darstellung der Abhängigkeit der Energieniveaus vom angelegten Feld H_0. **D:** Einfache Darstellung der Spinübergänge bei Einstrahlung der Resonanzfrequenz; induzierte Absorption, induzierte Emission, Normalzustand eines Ensembles, gesättigter Zustand, Inversionszustand. In B und C sind alle Vektorkomponenten von μ dargestellt, während in D nur die μ_z-Komponente abgebildet ist.

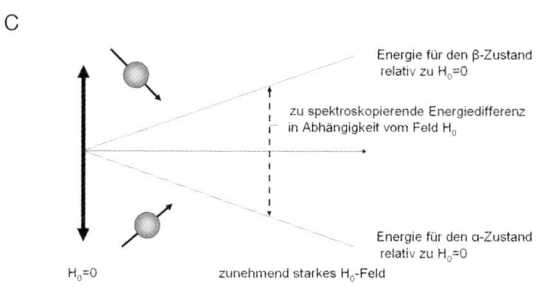

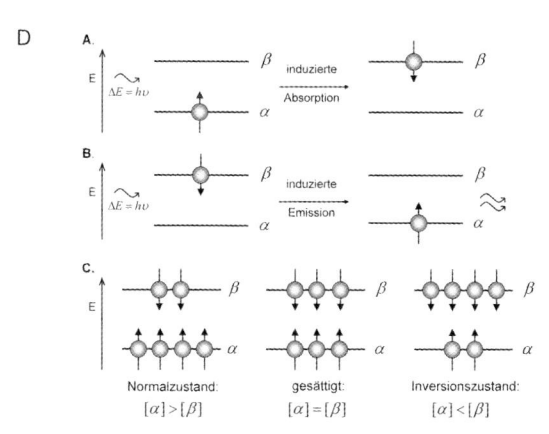

Die Existenz eines Kernspins P, der auch als Eigendrehimpuls bezeichnet wird, bildet die Voraussetzung für die Untersuchung eines Atoms durch NMR. Ein Eigendrehimpuls eines Kernes mit einem Wert ungleich Null ist das quantenmechanische Analogon einer bewegten Ladung und erzeugt daher ein magnetisches Moment, welches bewirkt, dass sich das Atom wie ein kleiner Stabmagnet verhält. Der Eigendrehimpuls P ist gequantelt. Die Kernspin-Quantenzahl I eines Atomkerns kann, je nach Isotop, halb- oder ganzzahlige Werte annehmen.

$$I = 0, \frac{1}{2}, 1, \frac{3}{2}, 2, \frac{5}{2}, \dots \tag{2.39}$$

Die Berechnung von P aus I übernehmen wir ohne Herleitung aus der Quantenmechanik:

$$P = \frac{h}{2\pi}\sqrt{I(I+1)} \tag{2.40}$$

Das magnetische Moment µ eines Nuklids ist durch das magnetogyrische Verhältnis γ, eine nuklidspezifische Proportionalitätskonstante, gegeben.

$$\mu = \gamma \cdot P \tag{2.41}$$

Ohne äußeres Magnetfeld bleibt der Drehimpuls zunächst ohne Bedeutung für die Spektroskopie, da die magnetischen Momente der Kerne keine räumliche Orientierung bevorzugen, d. h. keine Orientierung energetisch niedriger liegt als die anderen. Wenn von außen ein Magnetfeld H angelegt wird, bildet die Achse z des Magnetfelds eine Vorzugsrichtung, an der sich die magnetischen Momente der Atomkerne ähnlich ausrichten, wie oben für Stabmagnete besprochen. Allerdings sind nicht, wie im makroskopischen System, alle Orientierungen relativ zur z-Achse und die damit verbundenen Energieinhalte erlaubt. Vielmehr sind Energieniveaus und die korrellierenden relativen Orientierungen zum Magnetfeld gequantelt. Dies wird als Kern-Zeemann-Effekt bezeichnet. Die Quantelung der Orientierung im Magnetfeld wird durch die Orientierungs- oder magnetische Quantenzahl m beschrieben, die Werte von –I bis +I mit ganzzahligen Abständen einnehmen kann.

$$m = -I, -I+1, -I+2, \dots, I-2, I-1, I \tag{2.42}$$

Spektroskopische Übergänge werden praktisch nur zwischen benachbarten Energieniveaus beobachtet, d. h. für einen Übergang gilt Δm=1. Da viele routinemäßig spektroskopierte Nuklide wie ^{1}H und ^{13}C einen Kernspin I von $^1/_2$ besitzen, sind bei ihnen prinzipiell nur Übergänge zwischen m=I=$^1/_2$ und m=–I=–$^1/_2$ möglich. Wie in Abb. 2.32 B gezeigt, entsprechen diese Werte nicht etwa einer räumlichen Orientierung exakt parallel bzw. exakt antiparallel zum externen Magnetfeld. Die Achse des Kernspins und des magnetischen Moments µ schließt vielmehr einen Winkel mit der z-Achse ein und die Spitze eines angenommenen Kernspinvektors rotiert um die z-Achse (Abb. 2.33 A). Diese Rotation, welche als Präzessionsbewegung charakterisiert wird, ist typisch für ein Objekt mit Drehimpuls, welches sich in einem äußeren Kraftfeld befindet. Die Präzessionsbewegung wird in Lehrbüchern der Physik häufig am analogen Beispiel eines Kreisels im Gravitationsfeld beschrieben. Die Präzessionsbewegung des Kerns geschieht mit unverändertem Winkel und stabiler Frequenz, der so genannten Larmor-Frequenz, welche, wie wir später sehen werden, mit der Frequenz der absorbierten Strahlung korreliert. Eigendrehimpuls P bzw. das magnetische Moment µ können vektoriell zerlegt werden in einen Anteil parallel (bzw. antiparallel) zur z-Achse, und einen x-y-Anteil in der Ebene senkrecht dazu. Während der Präzessionsbewegung bleibt der z-Anteil konstant, während der x-y-Vektor mit der Larmorfrequenz in seiner Ebene rotiert. Dieser letzte Anteil hebt sich im zeitlichen Mittel und in Ensembles von nichtangeregten Proben auf, so dass

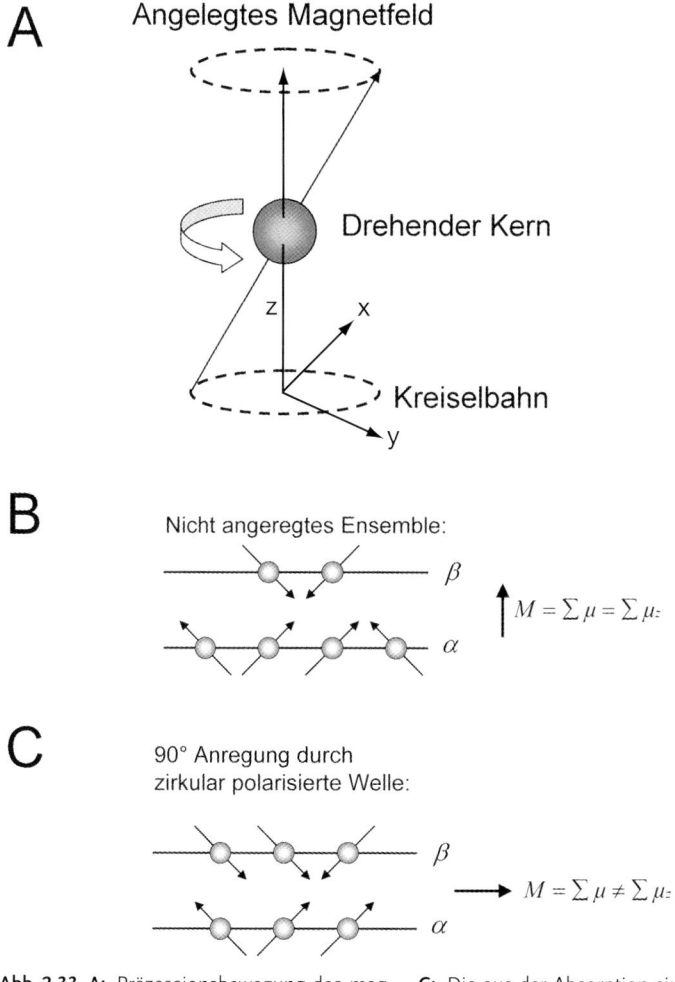

Abb. 2.33 A: Präzessionsbewegung des magnetischen Momentes eines Kernes um die Vorzugsachse z des magnetischen Feldes.
B: Die Summe der Quermagnetisierungen in einem nicht angeregten Ensemble ist Null.
C: Die aus der Absorption eines zirkular polarisierten Strahls resultierende Quermagnetisierung im Ensemble. Die Kerne sind mit dem Vektor ihres magnetischen Momentes µ abgebildet.

solche Ensembles keine makroskopisch messbare x-y-Magnetisierung (Quermagnetisierung) aufweisen (Abb. 2.33 B).

Die obige Aufteilung der Magnetisierung ist aus mehreren Gründen sinnvoll, die im Folgenden genauer erläutert werden. Der z-Anteil ist für ein erstes Verständnis des Absorptionsprozesses in der NMR wichtig, da er die Lage der zu spektroskopierenden Energieniveaus bestimmt und somit Analogien zu anderen spektroskopischen Prozessen klar werden lässt. Mit dem z-Anteil lassen sich die Aufnahmen von NMR-Spektren an einfachen, d. h. in diesem Falle nicht mehr gebräuchlichen, Continous-Wave-Geräten näherungsweise verstehen.

Der x-y-Anteil ist zum Verständnis der Larmorfrequenz und zur detaillierten mechanistischen Veranschaulichung des Absorptionsprozesses wichtig und somit für das Verständnis des Prinzips der FT-NMR-Spektroskopie unerlässlich. Wichtig ist auch, dass das Verhalten beider Komponenten nach einem Absorptionsprozess durch eigene Relaxationszeiten ($T1$ und $T2$) charakterisiert wird.

Zur genaueren Betrachtung der Energieniveaus betrachtet man den z-Anteil des Kernspins, P_Z, entsprechend Gl. (2.43):

$$P_z = m \cdot \frac{h}{2\pi} \tag{2.43}$$

In der klassischen Betrachtung beträgt die Energie eines Stabmagneten im magnetischen Feld:

$$E_M = -\mu \cdot H \tag{2.44}$$

In der Übertragung auf die räumliche Quantelung der Atomkerne im Magnetfeld ergibt dies mit Gl. (2.41) und (2.43) folgendes:

$$E_M = -\gamma \cdot P_Z \cdot H_0 = -\gamma \cdot m \frac{h}{2\pi} H_0 \tag{2.45}$$

Zur Berechnung von Absorptionsspektren interessiert der Energieunterschied zwischen zwei Niveaus, die sich durch ein $\Delta m=1$ unterscheiden. Setzt man also, z. B. für ^1H, in Gl. (2.33) für die beiden erlaubten Orientierungen $m= 1/2$ und $m=-1/2$ ein und zieht die resultierenden Energien voneinander ab, dann erhält man eine Schlüsselaussage in Form von Gl. (2.46).

$$\Delta E_M = -\gamma \cdot \frac{h}{2\pi} H_o \tag{2.46}$$

Der Energieunterschied zwischen den zu spektroskopierenden Niveaus (mit α und β bezeichnet) hängt also sowohl vom magnetogyrischen Verhältnis des beobachteten Nuklids als auch vom anliegenden Magnetfeld ab (Abb. 2.32 C). Die entsprechende Resonanzfrequenz der zu verwendenden Strahlung lässt sich leicht aus der Energie nach $E=h\cdot\nu$ berechnen. Sie wird auch häufig als Kreisfrequenz ω angegeben, die sich von ν lediglich um den Faktor 2π unterscheidet:

$$\nu = \gamma \cdot \frac{1}{2\pi} H_0; \quad \omega = \gamma \cdot H_0 \tag{2.47}$$

An Gl. (2.47) kann man leicht erkennen, dass bei konstantem Magnetfeld für jedes Nuklid eine typische Frequenz existiert, bei der es spektroskopiert wird. Diese Frequenz wird durch die magnetogyrische Konstante γ bestimmt. Bei Wasserstoff ^{1}H und einem Magnetfeld von z. B. 1,41 Tesla ist diese Frequenz 100 MHz. Geräte, die mit einer entsprechenden Feldstärke operieren, werden wegen der vorherrschenden Anwendung von ^{1}H-NMR-Spektroskopie als 100 MHz NMR-Geräte bezeichnet, obwohl die Resonanzfrequenz anderer Kerne im selben Gerät deutlich anders ist. Die Verwendung von Geräten mit etwa 300 MHz (4,23 Tesla) ist derzeit für Routinespektren chemischer Verbindung gebräuchlich, während Geräte mit um die 1000 MHz in etwa die technische und finanzielle Obergrenze markieren. Tabelle 2.6 gibt eine Übersicht über verschiedene Feldstärken und die entsprechenden Resonanzfrequenzen verschiedener Kerne entsprechend Gl. (2.47). Die Verwendung von Geräten mit höherer Feldstärke hat zwei wesentliche Vorteile. Einer dieser Vorteile liegt in der verbesserten Analyse von Kopplungskonstanten und kann deswegen sinnvoller Weise erst nach einer Einführung der chemischen Verschiebung besprochen werden. Der zweite Vorteil liegt in der erhöhten Empfindlichkeit solcher Geräte durch eine Vergrößerung des energetischen Abstandes der zu spektroskopierenden Zustände laut Gl. (2.47), wie sie in Abb. 2.32 C graphisch dargestellt wird. Für eine genauere Erklärung der erhöhten Empfindlichkeit benötigen wir Kenntnisse der induzierten Absorption und Emission sowie der Boltzmann-Verteilung.

Tab. 2.6 Eigenschaften einiger wichtige Nuklide.

Nuklid	γ [rad · T^{-1} · s^{-1}]	Spin	Natürliche Häufigkeit [%]	ν [MHz] bei 2,35 Tesla	ν [MHz] bei 11,25 Tesla
^{1}H	2,68 · 10^8	1/2	> 99,9	100	500
^{2}H	4,11 · 10^7	1	0,0115	15,4	77
^{3}H	2,86 · 10^8	1/2	–	106,7	535,5
^{13}C	6,73 · 10^7	1/2	1,07	25,1	125,5
^{15}N	−2,71 · 10^7	1/2	0,37	10,1	125,5
^{19}F	2,52 · 10^8	1/2	100	94	470
^{31}P	1,08 · 10^8	1/2	100	40,5	202,5

2.6.3
Bedeutung von Absorption und induzierter Emission für die Empfindlichkeit

Wenn eine Probe von Kernen mit Strahlung wechselwirkt, deren Energieinhalt der Energiedifferenz zwischen den Niveaus entspricht, kommt es nicht nur zum Übergang aus dem unteren in das obere Niveau durch Absorption (in diesem Zusammenhang auch induzierte Absorption genannt) sondern auch zum umgekehrten Vorgang, der induzierten Emission (Abb. 2.32 D). Bei der induzierten Emission verursacht ein Photon den Übergang eines Kerns aus dem oberen in das untere Energieniveau unter Aussendung eines weiteren Photons. Die beiden Photonen sind kohärent, d. h. sie schwingen in Phase und sind zirkular polarisiert. Beide induzierte Vorgänge, Absorption und Emission, sind in ihrer Häufigkeit proportional der Besetzung des unteren bzw. oberen Niveaus. Wenn beide Niveaus gleich häufig besetzt sind, wird für jedes absorbierte Photon eines durch induzierte Emission generiert, d. h. makroskopisch ist keine Absorption zu beobachten. Diesen Zustand bezeichnet man als Sättigung.

Die geringe Energiedifferenz zwischen den Niveaus in der NMR-Spektroskopie bewirkt, entsprechend der Boltzmann-Verteilung (Gl. 2.38; siehe Abschnitt 2.5.8) eine nahezu gleiche Besetzung der Niveaus, entspricht also beinahe einer Sättigung. Der Besetzungsunterschied von nur einigen Moleküle in einer Probe mit einer Million Molekülen vergrößert sich laut Gl. (2.38) exponentiell mit der Energiedifferenz. Dementsprechend steigt auch die Empfindlichkeit exponentiell mit der Energiedifferenz und damit mit der Feldstärke H_0.

Laut Gl. (2.45) ist auch das magnetogyrische Verhältnis wichtig für die Empfindlichkeit, mit der ein Nuklid spektroskopiert werden kann. Ein weiterer Punkt ist natürlich die relative Häufigkeit des Nuklids in einer Probe. Bei Nukliden mit geringer natürlicher Häufigkeit (z. B. ^{13}C, ^{15}N) bietet sich an, isotopenangereicherte Proben speziell für NMR-Untersuchungen zu synthetisieren.

Das Ziel z. B. der ^1H-NMR-Spektroskopie ist nicht etwa, die Absorptionsfrequenz von Wasserstoff im Groben zu bestimmen. Vielmehr findet man insbesondere in ^1H-NMR-Spektren Feinstrukturen, aus denen man detaillierte Informationen über Bindungsverhältnisse und Elektronendichte in Molekülen extrahieren kann. Diese Feinstrukturen, welche die Kernresonanzspektroskopie so besonders wichtig gemacht haben, entstehen unter anderem durch den starken Einfluss der Elektronendichte um einen zu untersuchenden Kern. Ihre Interpretation wird später im Detail besprochen werden.

2.6.4
Aufnahmetechniken von NMR-Spektren

Für NMR-Experimente sind zunächst zwei einfache Möglichkeiten vorstellbar, um für eine Probe die Resonanzbedingungen in Gl. (2.47) zu erfüllen. Entweder kann bei einer konstanten eingestrahlten Frequenz das Magnetfeld verändert werden („field sweep") (Abb. 2.32 C) oder bei einem konstanten Magnetfeld kann das Spektrum der eingestrahlte Frequenz wie bei einem klassischen Absorptionsexperiment von unten nach oben durchgefahren werden („frequency sweep"). Mit diesen beiden Methoden, welche als Continous-Wave-Methoden (CW-Methoden) bezeichnet werden, werden die Resonanzbedingungen für unterschiedliche Kerne, des gleichen Nuklids nacheinander abgetastet. Ein einfaches Modell derartig spektroskopierter Übergänge zwischen den Energieniveaus, in dem nur die z-Komponente von μ betrachtet wird, ist in Abb. 2.32 D dargestellt. Für den Neuling, der sich zunächst nur ein generelles Verständnis der Grundlagen der NMR aneignen möchte, besteht hier die Möglichkeit, die folgenden Absätze zu überschlagen und direkt bei Abschnitt 2.6.6 weiterzulesen. Die vermittelten Kenntnisse ermöglichen die Interpretation von Spektren einfacher organischer Verbindungen. Zum Verständnis von zwei- und dreidimensionalen NMR-Techniken, wie sie z. B. in der Strukturaufklärung von Proteinen und Nukleinsäuren eingesetzt werden, ist jedoch ein Verständnis von Quermagnetisierung, Relaxationszeiten und der Fourier-Transformations-NMR-Spektroskopie sowie damit zusammenhängender Techniken wie NOESY oder COSY unerlässlich. Moderne Geräte arbeiten nicht mehr mit CW-Techniken, sondern nur noch mit Fourier-Transformations-Techniken, bei denen alle interessierenden Kerne gleichzeitig spektroskopiert werden. Dazu erzeugt eine im NMR-Gerät senkrecht zum Magnetfeld angeordnete Spule einen kurzen intensiven Puls linear polarisierter elektromagnetischer Strahlung in z-Richtung. Jeden der linear polarisierten Strahlen kann man sich als Überlagerung zweier entgegengesetzt zirkular polarisierter Strahlen vorstellen, deren Ebene bzw. magnetischer Vektor in entgegengesetzten Richtungen in der x-y-Achse rotieren. Durch das Fortschreiten des Strahls in z-Richtung während dieser Rotation erzeugen die beiden Strahlen zwei Spiralen mit entgegengesetzter Händigkeit (vergleiche dazu die Zusammenhänge in der Polarimetrie in Abschnitt 2.2.5, insbesondere Abb. 2.11). Nur einer dieser zirkular polarisierten Strahlen wird absorbiert, sofern seine Frequenz mit der Larmorfrequenz, der Frequenz der Präzession des untersuchten Kernes um die z-Achse, übereinstimmt.

Durch die asymmetrische Absorption eines der beiden zirkular polarisierten Strahlen heben sich im Ensemble die x-y-Anteile der magnetischen Momente nicht mehr vollständig gegenseitig auf. Die magnetischen Vektoren derjenigen Kerne, die mit der Strahlung in Wechselwirkung getreten sind, präzessieren jetzt *synchron*. Die Wechselwirkung kann dabei sowohl induzierte Absorption, als auch induzierte Emission sein. Diese durch die zirkular polarisierte elektromagnetische Welle induzierte Synchronisation erzeugt aus der Summe der absorbierenden Kerne makroskopisch ein Magnetfeld, welches nicht mehr ausschließlich in z-Richtung orientiert ist, sondern dessen Vektor mit der z-Achse einen Winkel Ω einschließt.

Die Projektion des Magnetisierungsvektors auf die x-y-Ebene ist die so genannte Quermagnetisierung. Sie rotiert in dieser Ebene entsprechend der synchronen Präzession der angeregten Kerne. Die Larmorfrequenz dieser Präzession kann mit derselben Spule gemessen werden, die vorher den Puls erzeugt hat. Durch Wechselwirkung mit umgebenden Kernen zerfällt die Synchronisation der Präzession der angeregten Kerne mit einer charakteristischen transversalen Relaxationszeit T_2, welche sich aus dem Abfall der Quermagnetisierung entnehmen lässt, wie in Abb. 2.34 A gezeigt. Da die Quermagnetisierung dieses Signal in der Spule induziert, bezeichnet man eine solche Relexationskurve als FID für Free Induction Decay. Tatsächlich misst die Spule eine Schwingung mit der Frequenz $\Delta\nu$, die sich als Differenz aus Trägerfrequenz des Pulses und Larmorfrequenz ergibt, wobei die Schwingung von einer Relaxationskurve wie in Abb. 2.34 A eingehüllt wird. Bei mehreren Larmorfrequenzen ergeben sich komplizierte Schwebungen. Um den Unterschied zwischen Pulsmaximalfrequenz und Larmorfrequenz eines betrachteten Kernes besser zu verstehen, müssen die Erzeugung und Form des Pulses genauer erläutert werden: Bei dem besagten Puls handelt es sich nicht um monofrequente Strahlung, sondern um ein kontinuierliches Band an Frequenzen, dessen Intensitäten symmetrisch um die Trägerfrequenz ν verteilt sind. Die Breite des Bandes ergibt sich daraus, dass der Puls nur wenige µs kurz ist – wegen des Unschärfeprinzips kann die Energie und damit die Frequenz der erzeugten Strahlung nicht monochromatisch sein. Der Puls zeigt eine Bandbreite, die z. B. alle ^{1}H-Kerne gleichzeitig anregt. Die Dauer des Pulses bestimmt auch den Rotationswinkel Ω und damit die Amplitude des FID-Signals.

Das FID enthält die Information über die Larmorfrequenz der absorbierenden Kerne in Form von $\Delta\nu$, der Differenz zum Pulsmaximum, wie oben ausgeführt. Diese Frequenzinformation des FID kann durch Fourier-Transformation aus der Zeitdomäne in die Frequenzdomäne und in ein Absorptionsspektrum überführt werden. Bei der simultanen Absorption mehrerer Frequenzen aus der Bandbreite des Pulses durch unterschiedliche Kerne überlagern sich die relativ einfachen FIDs der einzelnen Kerne zu einem komplexeren Signal, welches wiederum durch Fourier-Transformation in ein übersichtliches Spektrum umgeformt werden kann. In Abb. 2.34 A ist das FID-Signal eines Gemisches aus CH_2Cl_2, $CHCl_3$ und TMS zu sehen. Darunter (Abb. 2.34 B) ist das durch Fourier-Transformation erhaltene Spektrum abgebildet. Das FID Signal von Acetaldehyd und das entsprechende Spektrum sind darunter zum Vergleich abgebildet. Es können beliebig viele FIDs nacheinander aufgezeichnet und addiert werden. Das kumulative FID-Signal ergibt dann ein Spektrum, dessen Signal/Rauschen-Verhältnis sich mit der Wurzel der Anzahl der FIDs verbessert. Damit lässt sich, wenn man lange Messzeiten in Kauf nimmt, die Empfindlichkeit wesentlich steigern. Wichtig bei dieser Technik ist ein nahezu vollständiges Relaxieren des FIDs, damit das Verhältnis der Intensitäten verschiedener Signale korrekt erfasst wird. Bei ^{1}H-NMR-Spektroskopie sind die Relaxationszeiten nur einige Sekunden lang, so dass eine Integration verschiedener Signale akkurat die Mengenverhältnisse der entsprechenden Kerne in der Probe wiedergibt. Bei der ^{13}C-NMR-Spektroskopie ist dies in der Regel nicht der Fall.

2.6.5
Makroskopische Magnetisierung, Quermagnetisierung und die Relaxationszeiten

Da die obige Beschreibung der Entstehung eines FID-Signals einige wichtige Konzepte vorweggenommen hat, sollen diese hier noch einmal besprochen werden.

Die Effekte der Wechselwirkung einer Probe mit zirkular polarisiertem Licht können, entsprechend der Magnetisierungsvektoren, in zwei Aspekte aufgeteilt werden. Die z-Komponente des magnetischen Momentes eines ^{1}H-Kerns μ_z kann von der elektromagnetischen Welle von der zu H_0 parallelen Orientierung α in die antiparallele Orientierung β überführt werden (Absorption) oder umgekehrt (induzierte Emission; Abb. 2.32 D). Dabei wird Energie zwischen Welle und Kern übertragen. Die Spinpopulation hat am Anfang einen leichten Überschuss an α Kernen, deren makroskopisches magnetisches Moment in Feldrichtung von H_0 zeigt. Durch Absorption und Übergang in die β-Orientierung kann eine so genannte Inversion entstehen, bei der das makroskopische Moment entgegen der Feldrichtung orientiert ist. Einen Puls, dessen Länge eine exakte Umkehrung der makroskopischen Magnetisierung verursacht, bezeichnet man als 180°-Puls. Die Relaxation der makroskopische Magnetisierung in z-Richtung wird als Spin-Gitter Relaxation bezeichnet und ist durch die entsprechende Relaxationszeit $T1$ charakterisiert, welche unter anderem von der Beweglichkeit des Moleküls abhängt. Zu dieser Relaxation tragen eine Reihe von Effekte bei, von denen die Dipol-Dipol-Wechselwirkung mit den umgebenden Molekülen die wichtigste ist. So wie die Wechselwirkung mit

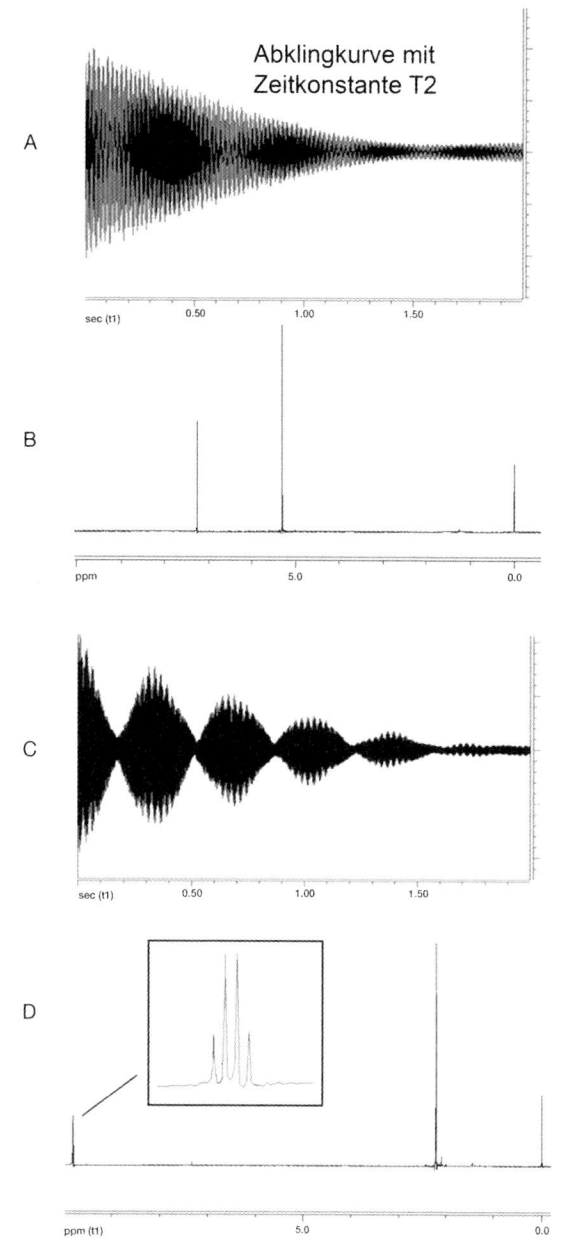

2.6 Kernresonanzspektroskopie – NMR

Abb. 2.34 Entstehung von FT-Spektren. **A:** Abklingkurve der Quermagnetisierung mit der Relaxationszeit T2. **B:** Das zum FID-Signal in A gehörige Spektrum nach Fourier-Transformation in die Frequenzdomäne. **C:** Schwebung durch Interferenz der Protonensignale von Acetaldehyd. **D:** Das zum FID-Signal in C gehörige Spektrum mit Bezeichnung der Begriffe hohes und tiefes Feld, Frequenz, Abschirmung und Entschirmung.

niedriges Feld   hohes Feld
hohe Frequenz   ⟶   niedrige Frequenz
entschirmte Kerne   abgeschirmte Kerne

der Strahlung den Energieinhalt der Spinpopulation verändert hat, wird bei diesen Wechselwirkungen Energie mit den umgebenden Kernen ausgetauscht.

Die magnetische Komponente in der x-y-Ebene eines Kerns kann nur zu einer makroskopischen Quermagnetisierung beitragen, wenn die entsprechenden Komponenten mehrerer anderer Kerne zur gleichen Zeit in die gleiche Richtung weisen. Dies ist nur gegeben, wenn diese Kerne synchron mit der gleichen Larmorfrequenz, d. h. in Phase präzessieren. Diese Synchronität wird durch die Wechselwirkung mit der sich in der x-y-Ebene drehenden Komponente des zirkular polarisierten Lichtes bewirkt. Ein Puls, der nur halb so lang ist wie nötig, um eine Inversion zu erzeugen, führt zu einer Sättigung, d. h. beide Niveaus α und β sind gleich besetzt. Daraus resultiert ein Vektor der makroskopischen Magnetisierung, dessen z-Komponente gleich Null ist, da sich die magnetischen Momente aller Kerne in der z-Richtung aufheben. Die Synchronisation betrifft sowohl Kerne, die durch Absorption vom α- in den β-Zustand übergehen, als auch solche, die durch induzierte Emission vom β- in den α- Zustand übergehen. Die kohärente Präzession von α und β Kernen, deren magnetischen Momente in der z-Achse sich gegenseitig aufheben, bewirkt, dass ihre x-y-Komponenten sich im Mittel nicht zu Null, sondern zu einem Vektor addieren, der mit der Larmorfrequenz in der x-y-Ebene kreist. Ein Puls, der ein relaxiertes System zur Sättigung bringt, resultiert daher in einer Auslenkung des magnetischen Vektors aus Richtung der z-Achse in die x-y-Ebene und damit um einen rechten Winkel. Er wird deswegen als 90°-Puls bezeichnet.

In dem Maße, wie die Phasenkohärenz der Kerne z. B. durch kleine Unterschiede in den Larmorfrequenzen verloren geht, relaxiert die Quermagnetisierung mit einer Relaxationszeit T_2, die daher als Spin-Spin-Relaxationszeit bezeichnet wird. Bei der Spin-Spin-Relaxation wird keine Energie an die Umgebung (das Gitter) übertragen, da die Quermagnetisierung nicht zum Energieinhalt der Kerne im anliegenden Feld H_0 beiträgt.

2.6.6
Die chemische Verschiebung

Die Struktur eines Moleküls, insbesondere die Verteilung der Elektronendichte in der Nähe eines Kerns, beeinflusst dessen Absorptionsverhalten auf charakteristische Weise. Die wesentlichen Parameter, welche detaillierte Rückschlüsse auf die Molekülstruktur erlauben, sind die chemische Verschiebung, die Signalintensität, die Kopplungen der Kerne und die Relaxationsprozesse. Wie bereits vorher, werden diese am Beispiel der ^{1}H-Spektroskopie erläutert und sind dem Prinzip nach, wenn auch nicht in allen Details, auf andere Kerne übertragbar.

Die Elektronen um einen Kern erzeugen ein schwaches lokales magnetisches Feld H_{el}, welches sich dem externen Feld H_0 überlagert und ein effektives Feld H_{eff} erzeugt. Durch den Einfluss von H_{el} wird also die Resonanzbedingung, wie sie in Gl. (2.47) beschrieben wurde, nicht mehr ganz erfüllt, weil die Kerne nicht auf das angelegte, sondern auf das effektive Feld reagieren. Für H_0 muss dort H_{eff} eingesetzt werden.

$$v = \gamma \cdot \frac{1}{2}\pi \cdot He_{ff} = \gamma \cdot \frac{1}{2}\pi \cdot (H_0 - H_{el}) \qquad (2.48)$$

H_0 ist für alle Kerne einer Probe gleich, H_{el} ist jedoch lokal unterschiedlich und erzeugt deswegen Feinstrukturen im Spektrum. Genaue Werte für H_{el} hängen von mehreren Faktoren ab, von denen die meisten gut mit den elektronisch-chemischen Eigenschaften von organischen Molekülen korrelieren, und daher von Chemikern gut erfasst werden. Da die Geometrie der Elektronendichteanordnung dabei eine große Rolle spielt, ist es sinnvoll, die Effekte von σ- und π-Elektronen differenziert zu betrachten, wie in Abb. 2.35 skizziert. Am einfachsten ist der Einfluss von σ-Elektronen abzuschätzen. Solche Elektronen erzeugen ein lokales Feld, welches am Wirkort, d. h. an der Position des Kerns relativ zum lokalen Feld, dem externen Feld entgegen gesetzt ist. Dies bedeutet, dass H_{el} in Gl. (2.48) ein positives Vorzeichen hat. Weil dadurch das effektive Feld kleiner wird als das angelegte Feld, ist der Energieunterschied zwischen den α- und β-Zuständen kleiner und die benötigte Resonanzfrequenz ebenfalls. Dieser Effekt wird Abschirmung genannt. Wie in Abb. 2.35 zu sehen ist, hängen die Vorzeichen von H_{el} von der relativen räumlichen Anordnung von Kern und Elektronendichtewolke bzw. dem daraus resultierenden lokalen magnetischen Feld ab. Ein Ringstrom der π-Elektronen in Aromaten erzeugt ein Feld H_{el}, dessen Richtung der am Ring befindlichen Protonen mit der von H_0 übereinstimmt, und dessen Wert laut Gl. (2.48) daher negativ ist. Dieser Effekt wird als Entschirmung bezeichnet.

Die Summe der durch σ- und π-Elektronen erzeugten Effekte bewirkt, dass H_{el} für in Molekülen vorkommende Wasserstoffatome im (theoretischen) Vergleich zu einem freien Proton insgesamt immer positiv ist. Da H_{el} im Vergleich zu H_0 sehr schwach ist, resultiert die Abschirmung in einem Feld von 2,35 Tesla (100 MHz Gerät), in einem Absorptionssignal, welches zwischen 100 001 000 und 100 000 000 Hz für ^1H-Kerne liegt. Da die Unterschiede sich im Bereich von einem Millionstel der Nominalfrequenz abspielen, würde eine Beschreibung der entsprechenden Signale nach obiger Art umständlich. Die IUPAC (International Union of Pure and Applied Chemistry) hat daher eine Einheit für die Kommunikation beschlossen, welche den Abstand des Signals von der Absorptionsfrequenz eines internen Standards in Hertz berechnet und auf die Messfrequenz normiert. Da die resultierenden Werte erst sechs Stellen nach dem Komma signifikant werden, werden sie zur Vereinfachung mit 10^6 multipliziert. Der resultierende δ-Wert, die so genannte chemische Verschiebung, wird daher, wie in Gl. (2.49) definiert, oft in ppm (parts per million) angegeben, obwohl dieses keine Einheit im eigentlichen Sinn darstellt. Als interner Standard dient Tetramethylsilan (TMS bzw. $(CH_3)_4Si$), welches in der Regel der zu vermessenden Probe beigefügt wird.

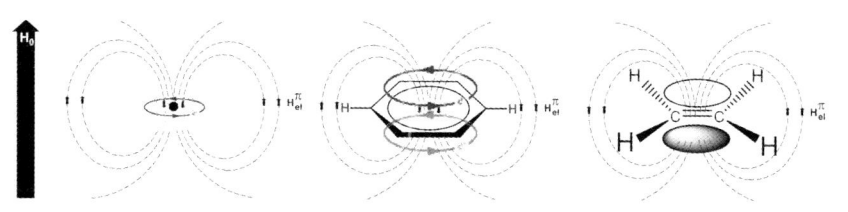

Abb. 2.35 Form und Anisotropie abschirmender Magnetfelder von σ- und π-Elektronen.

$$\delta[ppm] = \frac{(v_{Probe} - v_{TMS})}{v_{Messfrequenz}} \cdot 10^6 \tag{2.49}$$

TMS ist chemisch relativ inert und erzeugt ein einfaches Signal hoher Intensität. Seine routinemäßige Verwendung in Kombination mit der Normierung auf die Messfrequenz erlaubt es, Schwankungen in der Feldstärke auszugleichen. Die Definition der chemischen Verschiebung erlaubt weiterhin einen direkten Vergleich von Signalen, die auf Geräten mit verschiedenen Feldstärken aufgenommen wurden.

Aus historischen Gründen werden ^{1}H-Spektren von rechts nach links wiedergegeben. Diese Konvention stammt von der Verwendung der CW-Techniken, welche einen der Parameter Feld und Frequenz konstant halten, während der andere systematisch variiert wird. Bei einem Field-sweep (konstante Frequenz) wird die Aufzeichnung links bei niedrigem Feld und hohen ppm-Werten begonnen und rechts bei hohem Feld beendet. Signale von Kernen, deren Elektronenverteilung ein schwaches H_{el} erzeugen, d. h. die entschirmt sind (vergleiche Gl. 2.48) erscheinen bereits bei niedrigem Feld. Signale von Kernen, die von einem stark abschirmenden Feld H_{el} umgeben sind, erscheinen dementsprechend erst bei hohem Feld. Bei einem Frequency-sweep entspricht der Bereich des niedrigen Feldes einer hohen Frequenz während Signale niedriger Frequenz denen des hohen Feldes entsprechen. Da diese in Abb. 2.34 veranschaulichten Beziehungen im Jargon des NMR fest verankert sind, ist es wichtig sich so mit ihnen vertraut zu machen, dass man ihre Bedeutung ohne längeres Ableiten zuordnen kann.

Die chemische Verschiebung ist eine charakteristische Größe, deren Wert Hinweise auf die chemische Umgebung eines betrachteten Protons enthält. In Abb. 2.34 sind Signale von $CHCl_3$, CH_2Cl_2 und $(CH_3)_4Si$ (also TMS) zu sehen, deren Lage sich von 7,3 bis 0 ppm erstreckt. Bei diesen Verbindungen ist die chemische Verschiebung hauptsächlich durch die Elektronendichte bedingt und kann mit einem induktiven Effekt der Substituenten an dem Kohlenstoff beschrieben werden, an den auch die Wasserstoffatome gebunden sind. Je mehr elektronegative Substituenten der Kohlenstoff trägt, desto stärker wird sein Wasserstoffatom entschirmt, weil der Effekt des Feldes H_{el}, wie in Abb. 2.35 gezeigt, schwächer wird. Diese relativ einfache Regel lässt sich problemlos auf die meisten gesättigten Verbindungen anwenden. Unsubstituierte Alkane erzeugen Signale bei hohem Feld, während solche mit zwei elektronegativen Substituenten bis etwa 5 bis 6 ppm „tieffeldverschoben" sein können. Das Signal von Chloroform, welches bei 7,3 ppm erscheint, erscheint oft in Proben, welche in Deuterochloroform ($CDCl_3$) gelöst wurden, da dieses Spuren von $CHCl_3$ enthält. Zu beachten ist, das sich induktive Effekte auch an weiter entfernten Kohlenstoffen bemerkbar machen. So erscheint das Signal der Methylgruppe von Acetaldehyd in Abb. 2.36 bei 2,1 ppm, während Methylgruppen in unsubstituierten Alkanen bei etwa 1,1 ppm erscheinen. Die geringe Elektronegativität von Silizium bedingt, dass das Signal von TMS erst bei 0 ppm erscheint.

Der Effekt von π-Elektronen ist aus Gründen der relativen geometrischen Anordnung etwas differenzierter. Mit dem Modell eines Ringstroms, der durch das angelegte Feld H_0 induziert wird, lässt sich die Entstehung des H_{el} Feldes veranschaulichen, dessen Feldlinien im Inneren des Ringes dem externen Feld H_0 entgegen laufen – daher das Minuszeichen in Gl. (2.48). Wasserstoffkerne befinden sich fast

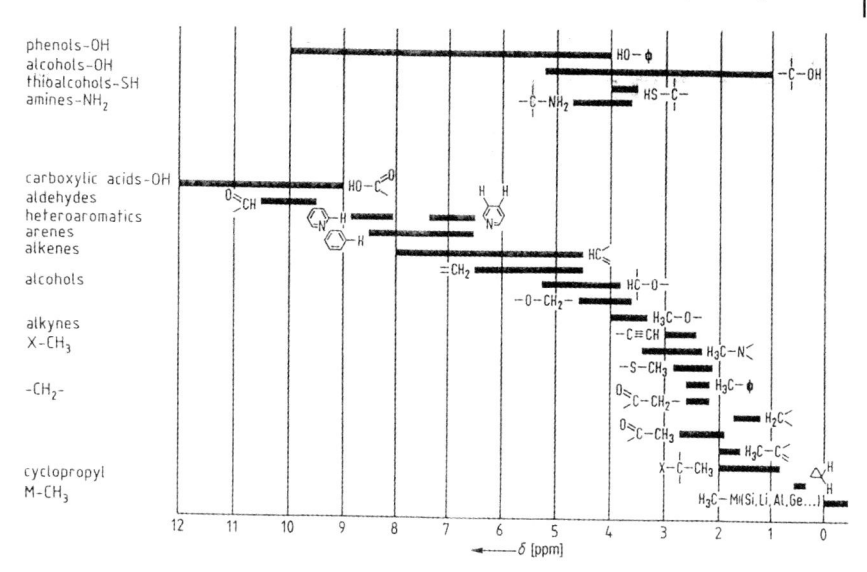

Abb. 2-36 Chemische Verschiebungen. Mit Erlaubnis aus H. Friebolin (2005) „Basic One- and Two-Dimensional-NMR-Spectroscopy", Wiley-VCH, Weinheim.

immer im Inneren von Ringströmen, die von σ-Elektronen erzeugt werden. Die Geometrie der Ringströme von π-Elektronen hängt jedoch davon ab, ob es sich um Doppel- oder Dreifachbindungen oder um aromatische Systeme handelt. Wie in Abb. 2.35 gezeigt, sind die Wasserstoffkerne in diesen Systemen mehr oder weniger direkt auf der Außenseite des Ringstromes angeordnet und erfahren daher ein H_{el}, dessen Feldlinien in die gleiche Richtung zeigen wie H_0, so dass sich deren Beträge addieren – das Vorzeichen von H_{el}^π wird negativ. Der Effekt ist also eine Entschirmung, der zu einer Tieffeldverschiebung von Signalen für Alkene, Aldehyde, Alkine und Aromate führt. Es ist anzumerken, dass solche Kerne immer auch noch eine Abschirmung H_{el}^σ durch ihre σ-Elektronen erfahren.

Die Summe dieser Effekte ist in Abb. 2.36 zu sehen, welche die für verschiedene funktionelle Gruppen charakteristischen ppm-Bereiche aufzeigt. Ähnlich wie sich induktive Effekte auf die Verschiebungen in gesättigten Systemen additiv verhalten, kann man Substituenteneffekte an Aromaten und Alkenen mit Hilfe von Inkrementsystemen in guter Näherung abschätzen. Die Situation in Aromaten ist dabei komplexer Natur, weil sich der Einfluss eines Substituenten am Ring bei allen aromatischen Wasserstoffatomen unterschiedlich manifestiert. Nach der jetzt anstehenden Betrachtung von Kopplungsphänomenen wird dies anhand eines Beispiels ausführlich illustriert werden.

2.6.7
Kopplungen

Bei hoher Auflösung findet man in den Spektren organischer Verbindungen Feinstrukturen, welche auf den gegenseitigen Einfluss der elektromagnetischen Felder benachbarter Kerne zurückgeht. Diese wechselseitige Beeinflussung wird als Kopplung bezeichnet. Ähnlich wie am Beispiel der chemischen Verschiebung erläutert, verändert ein Nachbarkern X das effektive Feld des betrachteten Kerns A durch Addition eines weiteren Feldes, nämlich dem magnetischen Momentes μ des Nachbarkernes X selber.

$$v = \gamma \cdot \frac{1}{2}\pi \cdot He_{ff} = \gamma \cdot \frac{1}{2}\pi \cdot (H_0 - H_{el} \pm H_{Kopplung}) \qquad (2.50)$$

Dabei entscheidet die Orientierung (α oder β) des Nachbarkernes X, ob das effektive Feld abgeschwächt oder verstärkt wird. Da in einer Probe die Kerne ziemlich gleich zwischen den α- und β-Zuständen verteilt sind, geschehen Abschwächung und Verstärkung gleich häufig, was in Gl. (2.50) durch das doppelte Vorzeichen ± ausgedrückt wird. Daher resultiert aus der Kopplung eine Aufspaltung in zwei Signale, die in gleicher Entfernung rechts und links vom Signal des nicht koppelnden Kerns A mit jeweils halber Intensität erscheinen. Die Entfernung zwischen den beiden Signalen ist die Kopplungskonstante J_{AX}, deren Wert in Hz ausgedrückt wird und ein Maß für die Stärke der Kopplung ist. Die Bezeichnung als Konstante trägt der Tatsache Rechnung, dass die Kopplung gegenseitig und gleich stark ist, d. h. in der gerade beschriebenen Situation wird das Signal des Kernes X ebenfalls durch den Kern A um den Wert von J_{AX} aufgespalten (Abb. 2.37).

Zwischen Abschirmung und Kopplung, welche beide das effektive Feld verändern und somit Feinstrukturen im Spektrum erzeugen, besteht ein wichtiger Unterschied im Bezug auf das externe Feld H_0. In gleichem Maße wie das externe Feld

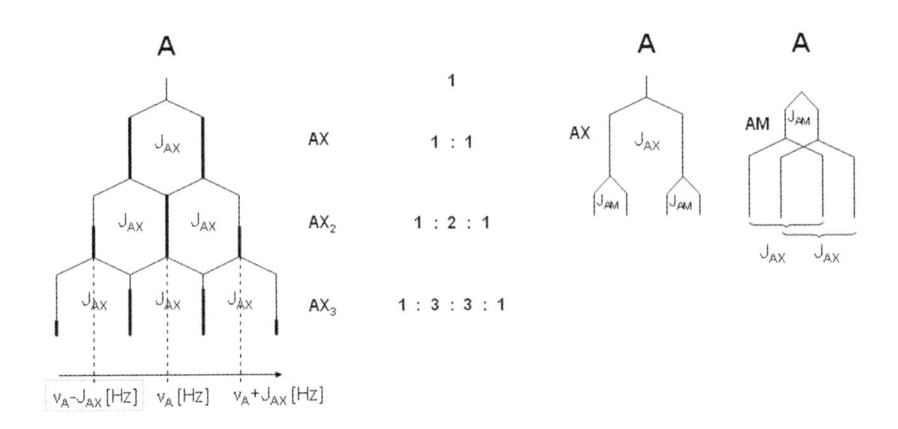

Kopplung in A-X, A-X$_2$ und A-X$_3$-Systemen Pascal'sches Dreieck   Kopplung in AMX-Systemen

Abb. 2.37 Kopplungsaufspaltung in AX, AX$_2$ und AX$_3$ Systemen, Pascalsches Dreieck, und AMX System. Im Diagramm auf der linken Seite sind die Intensitäten in den Aufspaltungsmustern durch die Höhe der dick gezeichneten Linien zu erkennen. Die Verhältnisse dieser Intensitäten können dem Pascalschen Dreieck entnommen werden.

H_0 z. B. beim Übergang von einem 100 MHz Gerät auf ein 300 MHz Gerät steigt, wächst auch der Ringstrom und die davon verursachte Abschirmung H_{el}. Dieser Zusammenhang bildet die Grundlage für die Verwendung der δ-Skala auf allen Geräten verschiedener Feldstärke. Im Gegensatz dazu sind die magnetischen Momente der koppelnden Kerne unabhängig vom externen Feld und die resultierende Kopplungskonstante entspricht bei steigendem Feld kleineren Differenzen der δ-Werte, so dass die Aufspaltungsmuster auf der δ-Skala scheinbar enger zusammenrücken. Der absolute Wert der Kopplungskonstante, ausgedrückt in Hertz, bleibt aber konstant. Zur routinemäßigen Auswertung von NMR-Spektren ist es daher sinnvoll, sich mit der Umrechnung von δ-Werten in Hertz und umgekehrt gut vertraut zu machen.

Kopplungen können durch den Raum oder durch die chemische Bindungen übertragen werden. Transiente Kopplungen, wie sie z. B. in Lösung durch die zufällige Nachbarschaft zweier Protonen entstehen, sind jedoch für jedes Molekül einer Probe anders und können sich auf der Zeitskala des NMR Experiments schnell verändern. Sie erscheinen daher in Routinespektren nicht. Sichtbare Kopplungen stammen in der Regel von chemischen Bindungen, welche auf der NMR-Zeitskala stabil sind.

Aus der Diskussion der chemischen Verschiebung geht hervor, dass mehrere Protonen, die am gleichen Kohlenstoffatom gebunden sind, aufgrund vergleichbarer Abschirmung ähnliche oder sogar identische δ-Werte haben sollten. Dies trifft in erster Näherung auch zu, obwohl in einem statischen Modell die Entfernungen z. B. der drei Wasserstoffe der Methylgruppe von Alanin – einer Aminosäure – sich alle in geometrisch anderer Umgebung befinden. Die unterschiedlichen räumlichen Entfernungen der drei Atome, z. B. zur Aminogruppe, beeinflussen auch die chemische Verschiebung, so dass man bei eingefrorener Konformation drei Signale erhalten würde. Die Methylgruppe rotiert jedoch sehr schnell und die drei Wasserstoffatome erfahren im Mittel identische Einflüsse der umgebenden Magnetfelder der anderen Atome. Derartige Kerne bezeichnet man als chemisch äquivalent, da eine (virtuelle) Substitution z. B. mit einem Halogen zu identischen chemischen Verbindungen führt. Kerne, deren chemische Verschiebung entweder aufgrund von chemischer Äquivalenz oder zufällig gleich sind, werden als isochron bezeichnet. Die im Folgenden verwendeten Gruppenbezeichnung A, B, M, X bezeichnen jeweils Gruppen chemisch äquivalenter Kerne, wobei die Nähe der Buchstaben im Alphabet ein Maß für den Unterschied der jeweiligen chemischen Verschiebungen sein soll. Bei eingehender Betrachtung der Materie sollte auch die Bezeichnung „magnetisch äquivalent" eingeführt und benutzt werden. Die Definition von „magnetisch äquivalent" geht über die von isochron und chemisch äquivalent hinaus und umfasst isochrone Kerne, die nur eine Art von Kopplung (d. h. eine Kopplungskonstante) mit einer Nachbargruppe aufweisen. Eine detaillierte Erläuterung sollte bei vertiefender Beschäftigung mit der NMR-Spektroskopie auch in der weiterführenden Literatur nachgelesen werden. Chemisch äquivalente Kerne, die mit gleichen Buchstaben bezeichnet, aber nicht magnetisch äquivalent sind, werden durch ein Apostroph unterschieden (z. B. A,A'; M,M'; X,X'). Eine wichtige Regel aus der quantenmechanischen Betrachtung der NMR betrifft Spektren erster Ordnung, d. h. Spektren, in denen die Unterschiede chemischer Verschiebungen der koppelnden Kerne deutlich größer als ihre Kopplungskonstanten sind. Die Regel besagt, dass die Kopplungen chemisch äquivalenter Kerne im Spektrum erster Ordnung nicht zu sehen sind. Dies vereinfacht die Spektren stark und bedeutet eine enorme Erleichterung bei der Strukturaufklärung von Molekülen. Geräte höherer Feldstärken erleichtern die Aufnahme von Spektren erster Ordnung, da der auf der δ-Skala konstante Unterschied Δδ zweier Signale in Hertz umgerechnet mit dem externen Feld wächst, während die Kopplungskonstanten gleich bleiben.

Eine weitere wichtige Eigenschaft von chemisch äquivalenten Kernen ist, dass Kopplungen mit ihnen in der Regel gleich stark und die resultierenden Kopplungskonstanten gleich groß sind. Zur Erläuterung erweitern wir das obige A-X-System um zwei weitere X-Kerne, d. h. wir betrachten ein A-X_3-System. A und X stehen für Kerne, deren δ-Werte sich so deutlich unterscheiden, dass ein Spektrum erster Ordnung resultiert. Das Signal der drei X-Kerne erscheint, wie im A-X-System, zum Dublett aufgespalten, allerdings mit dreifach höherer Intensität. Die Intensitäten können akkurat als die Fläche unter den Peaks bestimmt werden. Weil die Stöchiometrie der Kerne, die ein jeweiliges Signal verursachen, ein sehr wichtiger Faktor bei ihrer Zuordnung und der Strukturaufklärung ist, werden ^{1}H-NMR-Spektren routinemäßig integriert. Das Signal des Kerns A im A-X_3-System ist in ein Multiplett aufgespalten. Dieses Multiplett lässt sich rechnerisch konstruieren bzw. analysieren, wenn die Kopplungskonstanten bekannt sind, bzw. aus dem Spektrum entnommen werden können. Dazu wird die Kopplung des Kernes A mit zunächst einem der Kerne X analysiert, wie für das A-X-System beschrieben. Bei Einbeziehung der Kopplung des zweiten Kerns vom Typ X wird jeder der beiden Dublett-Peaks von A ein weiteres Mal in ein Dublett aufgespalten. Da diese Aufspaltung mit der gleichen Kopplungskonstante J_{AX} geschieht, überlappen sich die Dubletts zu einem Triplett, dessen innere Linie von doppelter Intensität ist. Dieses Triplett entspricht der Aufspaltung in einem A-X_2-System. Durch Einbeziehung des dritten Kerns vom Typ X wird wiederum jede dieser Linien in ein Dublett aufgespalten, so dass die Überlagerung des „Dubletts vom Dublett eines Dubletts" letztendlich ein Quartett mit den relativen Intensitäten 1:3:3:1 ergibt und einem δ-Wert ergibt, der als Signalschwerpunkt des Quartett dem des nicht koppelnden Kernes A entspricht. Acetaldehyd, dessen Spektrum in Abb. 2.34 D gezeigt ist, bildet ein solches A-X_3-System. Im Inset ist deutlich die Aufspaltung des Aldehydprotons in ein entsprechendes Quartett zu erkennen. Beim iterativen Überlagern der Duplettlinien folgen die definierten Intensitäten einem Pascalschen Dreieck, wie in Abb. 2.37 gezeigt. Die Kopplung mit einer Methylgruppe erzeugt immer ein Quartett mit der oben erklärten Intensitätsverteilung 1:3:3:1, da deren drei Wasserstoffatome praktisch immer äquivalent sind. Die Aufspaltungsmuster, die durch Kopplung mit mehreren nicht äquivalenten Kernen entstehen (AMX-System), können nach dem gleichen sukzessiven Prinzip abgeleitet werden, wobei es egal ist, welche der unterschiedlichen Kopplungskonstanten zuerst berücksichtigt wird. Die Multiplettstruktur und die Intensitätenverteilung werden in der Regel nicht einfach dem Pascalschen Dreieck zu entnehmen sein.

Neben chemischer Verschiebung und Signalintensität zählen auch Größe und Dynamik von Kopplungen zu den primären Quellen detaillierter Strukturinformation, die durch NMR-Spektroskopie zugänglich sind. Da die Kopplungen über chemische Bindungen übertragen werden, sind die Anzahl, die Art und die Winkel kovalenter Bindungen, welche die koppelnden Kerne trennen, wichtige Parameter für die Größe einer Kopplungskonstante. Die Bindungszahl wird häufig als Index n der Kopplungskonstante in der Form ^nJ vorangestellt. Dementsprechend sind ^1J Kopplungen die stärksten. Sie können mehrere hundert Hertz erreichen, treten aber in der ^{1}H-NMR-Spektroskopie nur selten in Erscheinung: Die Kopplung in H_2 ist im Spektrum nicht sichtbar, weil die Kerne äquivalent sind. Wegen der geringen natürlichen Häufigkeit von ^{13}C (1,1 %) sind die aus einer ^{1}H-^{13}C-Kopplung entstehenden Satellitenpeaks in ^{1}H-Spektren normaler Verbindungen kaum zu sehen. In der ^{13}C-NMR-Spektroskopie tragen die meisten ^{13}C-Atome direkt gebundene ^{1}H-Kerne, aber durch die besondere Aufnahmetechnik werden die Kopplungen in der Regel unterdrückt. Der Informationsgehalt von ^1J-Kopplungen kann z. B. in speziell mit ^{13}C isotopenangereicherten Proben besonders effizient ausgeschöpft werden.

So genannte geminale oder ^2J-Kopplungen, deren Stärke etwa zwischen 0 und 30 Hz liegt, findet man zwischen Wasserstoffatomen, die am selben C-Atom sitzen, aber nur, wenn diese Kerne nicht chemisch äquivalent sind (siehe oben). Daher kann man geminale Kopplungen in CH_2-Gruppen in der Regel nur beobachten, wenn diese diastereotop oder Teil einer rigiden Molekülstruktur sind, z. B. in einem endständigen Alken. Die in der ^{1}H-NMR-Spektroskopie am häufigsten beobachteten Kopplungen sind vicinale oder ^3J-Kopplungen, deren Stärke meist zwischen 0 und 18 Hz liegt. Da die Kopplungen über chemische Bindungen vermittelt werden, sind die resultierenden Signalaufspaltungen nur zu sehen, wenn die Bindungen auf der Zeitskala von NMR-Messungen stabil sind. Dies ist wichtig für die Signale austauschbarer Protonen an Sauerstoff und Stickstoffatomen. In hochreinen Proben von z. B. Karbonsäuren, Alkoholen oder Aminen sind die jeweiligen Bindungen am stabilsten, und die Protonen verursachen meistens scharfe Signale, welche durch vicinale Kopplung mit Wasserstoffatomen an benachbarten Kohlenstoffatomen aufgespalten sein können. Die Anwesenheit kleiner Mengen von Verunreinigungen beschleunigt den Säure- und Base-katalysierten Austausch der Protonen untereinander, so dass dieser Vorgang während der Aufnahme eines Spektrums vielfach abläuft. Daher erfährt ein individueller Kern innerhalb dieser Zeit vicinale Wechselwirkung mit verschiedenen anderen, deren Orientierungen sich aber im Mittel aufheben, so dass die Signalaufspaltung zusammenbricht. Solche austauschbaren Protonen zeigen wegen unterschiedlich starker Ausbildung von Wasserstoffbrücken je nach Lösungsmittel und Verunreinigungsgrad der Probe unterschiedliche chemische Verschiebungen und Signalbreiten. Breite Signale stammen häufig von austauschbaren Protonen und können durch Zugabe eines Überschusses an deuteriertem Wasser identifiziert werden, da der Austausch der Protonen gegen Deuterium ein Verschwinden der entsprechenden Signale bewirkt. Nach diesem Prinzip gemessene Austauschzeiten können Aufschluss über die Stabilität von Wasserstoffbrückenbindungen in Biopolymeren wie z. B. Nukleinsäuren geben.

Die typischen Aufspaltungsmuster in gesättigten Kohlenstoffketten stammen von ^3J-Kopplungen, deren Stärke nach Karplus sehr vom Dihedralwinkel abhängt, den die beiden C–H Bindungen in einer H–C–C–H Teilstruktur bei Sicht entlang der C–C Achse einschließen. Die so genannte Karplus-Kurve, welche die relative Abhängigkeit der Kopplungskonstante von diesem Winkel zeigt, erreicht ein Minimum nahe Null bei 90° und Maxima bei 0° und 180°. Darum können sich die vicinalen Kopplungen in rigiden Molekülstrukturen stark unterscheiden, während ^3J Kopplungen von Kernen, deren C–C Achse frei rotieren kann, einen gemittelten Wert dieser Kurve zeigen und daher untereinander relativ ähnlich sind.

Kopplungen mit n>3 erreichen praktisch nur in rigiden Strukturen einen Wert >1 Hz. In gesättigten Systemen ist dies der Fall, wenn die Bindungen einer ^4J-Kopplung eine stabile W-Konformation annehmen, in der alle Karplus-Winkel optimal sind. In Alkenen und besonders in Aromaten kommt zur Starrheit des Systems der Einfluss der π-Elektronen hinzu, so dass hier je nach Auflösung auch ^5J-Kopplungen beobachtet werden können.

2.6.8
Anwendungsbeispiel: Strukturaufklärung einer unbekannten Verbindung

Im Folgenden soll eine mögliche Vorgehensweise bei der Interpretation eines ^{1}H-Spektrums die Bedeutung der zuvor dargestellt Fakten illustrieren. Abbildung 2.38 zeigt das 350 MHz ^{1}H-Spektrum eines Moleküls, dessen Summenformel aus einer Kombination von Massenspektroskopie und Verbrennungsanalyse mit C_8H_9NO bestimmt wurde. Aus der Summenformel ergibt sich die Anzahl der Doppelbindungsäquivalente U nach der Formel:

$$U = \frac{((2 \cdot C) + N + 2 - H)}{2} \tag{2.51}$$

In Gl. (2.51) sind C, H und N jeweils die Anzahl der entsprechenden Atome in der Summenformel. Daraus ergibt sich für C_8H_9NO ein Wert von $U=5$, was bei der geringen Anzahl an C-Atomen eine aromatische Teilstruktur vermuten lässt. Ein Benzolring entspricht vier Doppelbindungsäquivalenten.

Im Spektrum sind die Intensitäten in Form von Integralen über den Wasserstoffsignalen eingezeichnet. Aus deren jeweiliger Höhe lässt sich die Anwesenheit von vier Protonen im aromatischen Bereich zwischen 6,5 und 7,5 ppm erkennen. Ferner ist ein breites Signal bei etwa 4 ppm und ein scharfes Signal bei 2,5 ppm zu erkennen, deren Intensitäten denen von zwei bzw. drei Wasserstoffatomen entsprechen. Das Signal bei 2,5 ppm zeigt keine Kopplung. Ein derartiges Signal ist sehr typisch und ein leicht zu identifizierendes isoliertes Spinsystem. Da es demnach drei chemisch äquivalenten Wasserstoffatomen entspricht, muss es sich um eine Methylgruppe handeln. Ein Vergleich mit den Daten in Abb. 2.36 zeigt, dass die chemische Verschiebung δ=2,5 mit einer direkten Verbindung an ein aromatisches Gerüst (CH_3–Aryl), mit einer benachbarten Aminofunktion (CH_3–NR_2; R=beliebiger Rest) oder mit einer benachbarten Carbonylfunction (CH_3–CO–R) vereinbar ist. Eine Methoxygruppe (CH_3–O–R) ist wegen deren höheren Tieffeldverschiebung (3 bis 4 ppm) als unwahrscheinlich einzuordnen.

Die Breite des Signals bei 4,4 ppm deutet auf austauschbare Protonen hin. Dies wird durch das Verschwinden des Signals bei Zugabe von D_2O bestätigt. Da es sich laut Integral um zwei Protonen handelt, stammt das Signal wahrscheinlich entwe-

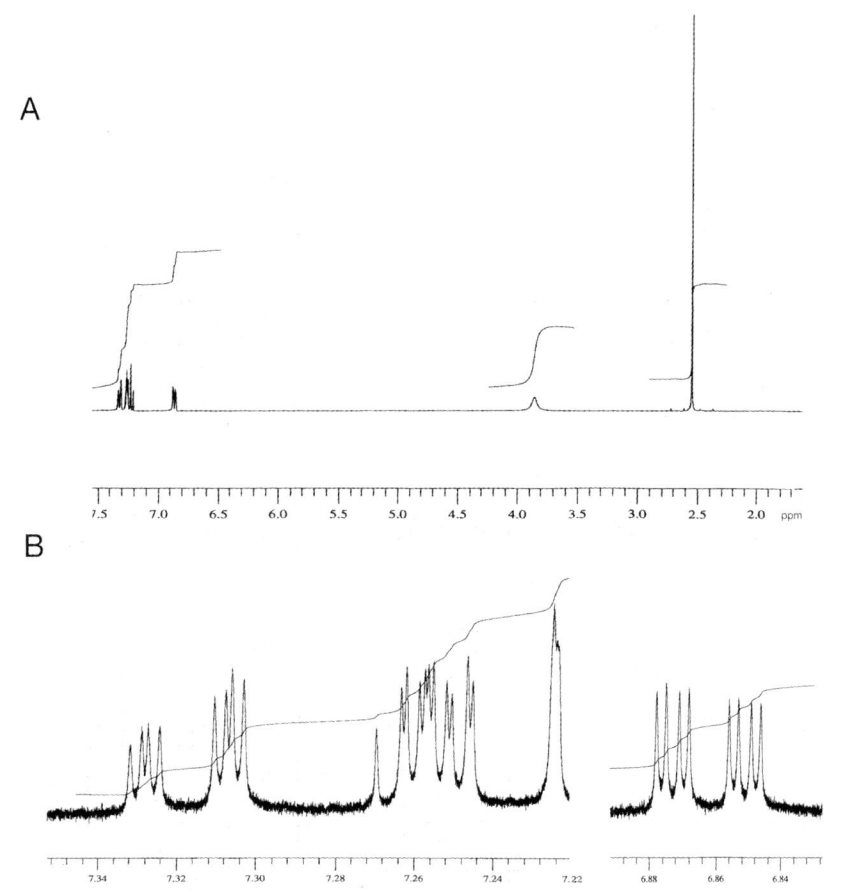

Abb. 2.38 350 MHz ¹H Spektrum einer Verbindung der Summenformel C_8H_9NO. **A:** Komplettes Spektrum von 0 bis 7,5 ppm. **B**: Spreizung der aromatischen Region von 6,5–7,5 ppm. Das Signal bei 7,27 ppm stammt vom Lösungsmittel ($CHCl_3$ Verunreinigung in $CDCl_3$).

der von einer Aminogruppe (–NH$_2$) oder von einer Amidgruppe (–CO–NH$_2$). Diese Möglichkeiten können anhand des Signals selber nicht unterschieden werden.

Die vier Protonen im Bereich 6,5 bis 7,5 ppm sind wegen ihrer Lage und wegen der vielen Doppelbindungsäquivalente mit hoher Wahrscheinlichkeit einem Benzolderivat zuzuordnen. Die Anzahl vier Protonen impliziert, dass das Benzolgerüst zwei Substituenten trägt. Demnach entspräche diese Teilstruktur einer Summenformel C_6H_4. Unter Berücksichtigung der Methylgruppe lässt dies zwei Möglichkeiten der Kombination von Strukturelementen offen, die der Summenformel gerecht werden: entweder $CH_3/CONH_2$ oder CH_3CO/NH_2. Die Carbonylgruppe entspräche in beiden Fällen dem noch fehlenden Doppelbindungsäquivalent. Außerdem bleibt zu klären, in welcher relativen Orientierung die Methyl/Acetyl- und die Amino/Amid-Gruppen am Ring substituiert sind. Dazu werden zwei Informati-

Tab. 2.7 Auszug aus einem Inkrementsystem für Aromate.

Basis 7,26 ppm	ortho	meta	para
$CO-CH_3$	+0,62	+0,14	+0,21
CO_2H	+0,85	+0,18	+0,25
$CONH_2$	+0,61	+0,10	+0,17
NO_2	+0,95	+0,26	+0,38
CH_3	−0,18	−0,1	−0,2
OCH_3	−0.48	−0,09	−0,44
F	−0,26	±0	−0,2
NH_2	−0,75	−0,25	−0,65

onsquellen herangezogen, nämlich die Beeinflussung der chemischen Verschiebung der aromatischen Protonen durch induktive und mesomere Effekte und die charakteristischen Kopplungsmuster. Zunächst deuten die relativ niedrigen ppm-Werte auf die Anwesenheit eines elektronenreichen Substituenten mit starkem mesomeren Effekt hin. Diese Bedingung wird von den in Frage kommenden Substituenten nur von der Aminogruppe erfüllt, welche einen starken negativen Shift in ortho- und para-ständigen H-Atomen verursacht. Demnach wäre der verbleibende Substituent ein Acetylrest. Diese Vermutung muss später durch Detailanalyse mit Hilfe des Inkrementsystems erhärtet werden.

Prinzipiell sind drei Anordnungen beider Substituenten am Ring denkbar, die sich durch die Anzahl isochroner aromatischer Wasserstoffatome zwischen den Substituenten unterscheiden, und als ortho-, meta- und para-disubstituiert bezeichnet werden.

Unter Zuhilfenahme eines Inkrementsystems, wie es in Auszügen in Tab. 2.7 wiedergegeben ist, lässt sich für ein hypothetisches Substitutionsmuster die chemische Verschiebung für jedes aromatische Proton einzeln abschätzen. Bei der Analyse fällt sofort auf, dass es bei der para-Substitution nur zwei Arten von chemisch äquivalenten Protonen gibt, im Falle von ortho- und meta-Substitution jedoch vier. Beim Betrachten des gespreizten Spektrums der aromatischen Region in Abb. 2.38 B sind unschwer vier verschiedene Signale erkennbar, so dass die para-Substitution bereits ausgeschlossen werden kann. Eine Abschätzung der chemischen Verschiebungen für hypothetische meta- bzw. ortho-Substitutionsmuster nach einem Inkrementsystem für aromatische Protonen ist in Tab. 2.8 gegeben. In Tab. 2.8 können auch die dem Spektrum entnommenen Kopplungen mit den theoretisch erwarteten verglichen werden. In Tab. 2.8 ist eine gute Übereinstimmung der berechneten chemischen Verschiebungen einer meta-Substitution mit dem Spektrum zu erkennen. Dies bestätigt zunächst die Identifikation der Substituenten als Amin/Acetyl-Kombination. Die meta-Substitution als wahrscheinliche Struktur muss jetzt noch durch Analyse des Aufspaltungsmusters bestätigt werden.

Abbildung 2.39 zeigt charakteristische Aufspaltungsmuster der drei prinzipiell möglichen Substitutionsmuster für disubstituierte Aromate, unter der nicht immer gültigen Annahme, dass es sich um ein Spektrum erster Ordnung handelt.

Tab. 2.8 Vergleich von chemischen Verschiebungen und Kopplungskonstanten aus dem Spektrum von C_8H_9NO mit Vorhersagen aufgrund von Inkrementsystem und Kopplungsmusteranalyse. In der linken Spalte sind die chemischen Verschiebungen und die Kopplungskonstanten aufgeführt, die dem Spektrum in Abb. 2–38 entnommen wurden. In den drei Blöcken rechts davon finden sich die theoretisch erwarteten Werte für drei mögliche Strukturvorschläge I, II und III entsprechend para-, meta- und ortho-Disubstitutionsmuster. In der linken Spalte jeden Strukturvorschlages finden sich die erwarteten Signale für Wasserstoffatome am aromatischen Ring, sowie ihre relative Stellung zu beiden Substituenten. In der benachbarten Spalte ist für jedes Signal die erwartete chemische Verschiebung laut dem Inkrementsystem in Tab. 2.7 verzeichnet. Bei den Strukturvorschlägen II und III ist eine weitere Spalte angefügt, welche die Anzahl der erwarteten Kopplung sowie die respektive Anzahl der Bindungen über die diese Kopplungen vermittelt werden, aufgelistet werden.

Daten aus NMR-Spektrum	Strukturvorschlag I Para NH_2/$COCH_3$	δ [ppm]	Strukturvorschlag II Meta NH_2/$COCH_3$	δ [ppm]	J	Strukturvorschlag III Ortho NH_2/$COCH_3$	δ [ppm]	J
δ=7,26; J = 2,5 Hz, 1,6 Hz 0,5 Hz;	H1,H1' o-$COCH_3$ m-NH_2	7,26 +0,62 –0,25 =7,63	H1 o-$COCH_3$ o-NH_2	7,26 +0,62 –0,75 =7,13	$^4J_{H1-H2}$ $^4J_{H1-H4}$ $^5J_{H1-H3}$	H1 o-$COCH_3$ m-NH_2	7,26 +0,62 –0,25 =7,63	$^3J_{H1-H2}$ $^4J_{H1-H3}$ $^5J_{H1-H4}$
δ=7,32; J = 7,6 Hz, 1,6 Hz 1,1 Hz;	H2,H2' o-NH_2 m-OCH_3	7,26 –0,75 +0,14 =6,63	H2 o-$COCH_3$ p-NH_2	7,26 +0,62 –0,65 =7,23	$^3J_{H2-H3}$ $^4J_{H1-H2}$ $^4J_{H3-H4}$	H2 o-$COCH_3$ p-NH_2	7,26 +0,14 –0,65 =6,75	$^3J_{H1-H2}$ $^4J_{H2-H4}$ $^3J_{H2-H3}$
δ=7,22; J = 7,6 Hz 7,9 Hz 0,5 Hz			H3 m-OCH_3 m-NH_2	7,26 +0,14 –0,25 =7,15	$^3J_{H2-H3}$ $^3J_{H3-H4}$ $^5J_{H1-H3}$	H3 p-$COCH_3$ m-NH_2	7,26 +0,21 –0,25 =7,22	$^3J_{H2-H3}$ $^4J_{H1-H3}$ $^3J_{H3-H4}$
δ=6,86; J = 7,9 Hz 2,5 Hz 1,1 Hz			H4 p-$COCH_3$ o-NH_2	7,26 +0,21 –0,75 =6,72	$^3J_{H1-H2}$ $^4J_{H1-H3}$ $^4J_{H1-H4}$	H4 m-$COCH_3$ o-NH_2	7,26 +0,14 –0,75 =6,65	$^3J_{H3-H4}$ $^4J_{H2-H3}$ $^5J_{H1-H4}$

Das einfachste Aufspaltungsmuster entsteht bei einer para-Stellung der beiden Substituenten, bei der wie oben erwähnt, zwei Gruppen chemisch äquivalenter Protonen existieren, die wir mit A und M bezeichnen.

Jedes Proton erfährt nur genau eine vicinale ^3J-Kopplung im Bereich von 7 bis 8 Hz und eine ^5J-Kopplung von 1 Hz oder weniger mit dem Wasserstoff in para-Stellung. Obwohl beide Arten von Protonen chemisch äquivalent sind, d. h. bei einer Substitution zur gleichen Verbindung führen würden, sind die Protonen nicht magnetisch äquivalent, da sie mehr als nur eine Art von Kopplung mit der Nachbargruppe aufweisen. Es handelt sich hier daher um ein A,A'; M,M' System. Die Signale der A-Gruppe sind dabei zunächst durch die ^3J-Kopplung stark und dann durch die ^5J-Kopplung noch einmal schwach aufgespalten. Das gleiche lässt sich für die M-Gruppe ableiten, immer vorausgesetzt, dass die chemischen Verschiebungen von A und M sich nicht so ähnlich sind, dass es sich um Spektren höherer Ordnung handelt.

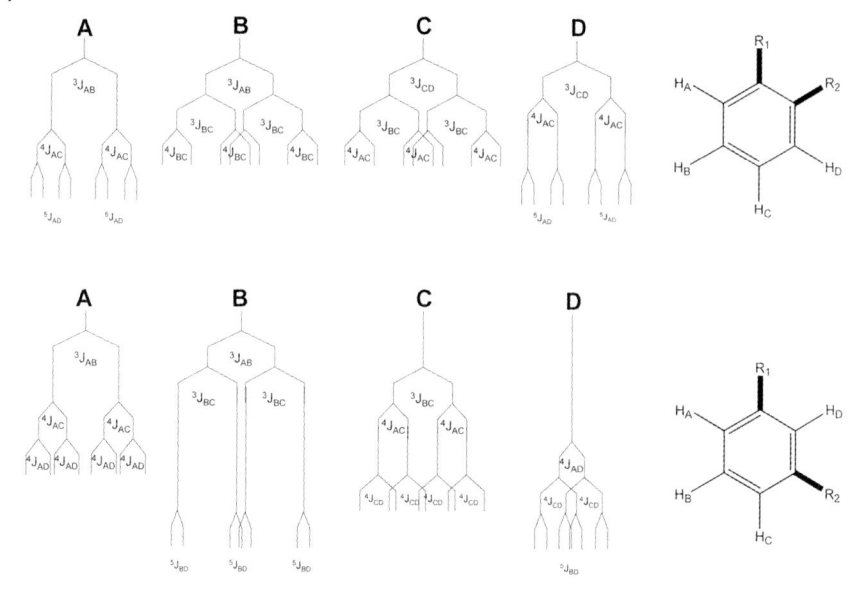

Abb. 2.39 Kopplungsmuster bei disubstituierten Aromaten. Prinzipiell ergeben ortho- meta- und para-Substitution unterschiedliche charakteristische Aufspaltungsmuster. Die chemische Verschiebung der einzelnen Protonen hängt stark von der Natur der Substituenten ab.

Nachdem sich eine para-Anordnung der Substituenten leicht erkennen bzw. ausschließen lässt, bleibt jetzt noch zwischen meta- und ortho-Substitution zu unterscheiden. Erster Anhaltspunkt ist dabei die Zahl der vicinalen Kopplungen, da sie die stärkste und damit am leichtesten erkennbare Aufspaltung verursachen. Bei der Anordnung in ortho-Stellung haben alle Protonen mindestens eine ^{3}J-Kopplung und die mittleren beiden haben derer zwei. Obwohl diese Kopplungen prinzipiell verschieden sind, erzeugen die kombinierten ^{3}J-Kopplungen bei ähnlicher Stärke häufig eine Überlagerung von Dubletts, die bei oberflächlicher Betrachtung einem Triplett gleicht und als Pseudotriplett angesprochen werden könnte. Ein derartiges Pseudotriplett ist für das erfahrenen Auge in Abb. 2.38 B bei δ = 7,22 zu sehen (ein Teil des Aufspaltungsmusters überlagert sich fast mit dem benachbarten Muster bei δ = 7,22), ein weiteres kann allerdings nicht identifiziert werden. Um ein ortho-Disubstitutionsmuster zu identifizieren, sollten außer den drei vicinalen auch noch zwei ^{4}J-Kopplungen und eine ^{5}J-Kopplung zugeordnet werden. Da ^{5}J-Kopplungen häufig unter 1 Hz liegen, sind die entsprechenden Aufspaltungen meist nur in Spektren zu erkennen, die bei hohen Feldstärken aufgenommen wurden. Nachdem nicht die für ein ortho-Disubstitutionsmuster typischen Aufspaltungen gefunden werden können, bleibt per Ausschluss ein meta-Disubstitutionsmuster, wie es schon durch die Inkrementanalyse favorisiert worden war.

Bei einem meta-Disubstitutionsmuster werden nur zwei vicinale, aber drei ^{4}J-Kopplungen und ebenfalls eine ^{5}J-Kopplung erwartet. Charakteristisch ist das isolierte Proton zwischen den beiden Substituenten, welches keine vicinale, aber dafür zwei ^{4}J- und eine ^{5}J-Kopplung erfährt. Im vorliegenden Spektrum erzeugt dieses Proton ein kompliziertes Signal bei 7,26 ppm. Ebenfalls charakteristisch ist das gegenüberliegende Proton, welches bei 7,22 ppm durch zwei ähnliche vicinale Kopplungen ein Pseudotriplett erzeugt, dessen Peaks noch einmal durch die ^{5}J-Kopplung schwach aufgespalten sind. Die beiden verbleibenden Protonen bei 6,86 ppm und 7,32 ppm haben durch eine vergleichbare Kombination einer vicinalen mit zwei ^{4}J-Kopplungen sehr ähnliche Aufspaltungsmuster, so dass für eine exakte Zuordnung das oben erklärte Inkrementsystem benutzt werden muss.

2.6.9
Weiterführende Techniken: Entkopplung, NOE und zweidimensionales NMR

Wenn man in einem Spinsystem AM den Übergang des Kerns A durch dauerhaftes und intensives Einstrahlen bei der Resonanzfrequenz von A sättigt, bewirkt dies, dass individuelle Kerne A durch rasche Abfolge von induzierter Absorption und induzierter Emission im Zeitrahmen des Experimentes viele Reorientierungen bezüglich des externen Feldes unterlaufen. Ähnlich wie beim schnellen Austausch azider Protonen ist die Folge, dass der Kern M die Wechselwirkung mit A nicht aus einer definierten Orientierung des Partners erfährt, sondern dass sich die Effekte vieler verschiedener Orientierungen zu Null addieren. Die Kopplung bricht zusammen und das Signal von M erscheint als Singulett. Indem man nacheinander bei allen Absorptionsfrequenzen eines Spektrums entkoppelt, kann man so Kopplungen identifizieren, die z. B. anhand der Größe von Kopplungskonstanten nicht eindeutig zuzuordnen sind. Besonders eindeutig sind Signalveränderungen aufgrund von Entkopplung durch die Subtraktion der Spektren zu sehen. Allerdings funktioniert diese Technik nur für Kopplungen zwischen Kernen, deren Signale im Spektrum genügend weit entfernt liegen, um eine selektive Entkopplung zu ermöglichen. Die zweidimensionale COSY-Technik (abgeleitet von *COrrelation SpectroscopY*) kann ähnliches in einem einzigen Experiment leisten. Sie wird uns zusammen mit der NOESY-Technik nach der Einführung des Kern-Overhauser-Effekts noch einmal kurz begegnen.

Magnetische Kerne können außer durch Kopplung über chemische Bindungen auch ohne Kopplung durch den Raum miteinander in Wechselwirkung treten. Über eine Dipol-Dipol-Wechselwirkung zwischen den Kernen B und M, deren Stärke mit der sechsten Potenz des Abstandes fällt, kann Anregungsenergie zwischen den Kernen B und M in beide Richtungen übertragen werden. Da dies die Relaxationszeiten T_1 der beiden Kerne beeinflusst, wird bei der Entkopplung des Kernes B eine Veränderung der Signalintensität des Signals von M beobachtet. Diese Signalveränderung bzw. der zugrunde liegende Mechanismus wird als Kern-Overhauser-Effekt (NOE für *Nuclear Overhauser Effect*) bezeichnet. Größe und Vorzeichen des NOE hängen unter anderem von den magnetogyrischen Verhältnissen der beteiligten Kerne, sowie von der Molekülgröße ab. Bei NOEs zwischen Wasserstoffkernen verändert sich die Intensität um maximal 50 %. Wegen der geringen natürlichen Häufigkeit (1,1 %) von ^{13}C und der damit verbundenen geringen Empfindlichkeit von ^{13}C-NMR findet hier eine ^{1}H-Breitband-Entkopplung routinemäßige Anwendung. Als Folge der Entkopplung sind in ^{13}C-Spektren in der

Regel keine Kopplungen mit ^{1}H-Kernen zu sehen, aber NOEs von bis zu 200 % bewirken dabei eine deutliche Steigerung der Signalintensität.

Als zweidimensional werden in der Regel solche NMR-Spektren bezeichnet, bei denen in einem kartesischen Koordinatensystem entlang der x- und y-Achsen chemische Verschiebungen und in der z-Dimension Intensitäten aufgetragen sind. Peaks außerhalb der Diagonalen zeigen dabei Wechselwirkungen zwischen den Kernen an, deren jeweilige Signale als Projektionen auf den x-und y-Achsen zu finden sind. In einem ^{1}H-^{13}C-COSY Spektrum kann demnach ein solcher Peak eine Kopplung zwischen einem Proton und einem C-Atom identifizieren. Ein ^{1}H-^{1}H-NOESY Spektrum nutzt systematisch den NOE zur Identifizierung von Protonen, die sich in räumlicher Nähe (unterhalb etwa 4 Å) zueinander befinden. Die Aufnahme von NOESY- und COSY-Spektren erfolgt durch komplexe Abfolgen von Pulsen und Pausen verschiedener Länge und kann im Rahmen dieser Darstellung nicht weiter erläutert werden.

Die bisherigen Ausführungen zur NMR-Spektroskopie haben einen Einblick in die Leistungsfähigkeit im Bereich der Strukturaufklärung kleiner und mittelgroßer Moleküle gegeben. Aus Sicht der Biowissenschaften sind diese Anwendungen im Bereich der Naturstoffchemie und der Wirkstoff-Forschung von Bedeutung. In Molekularbiologie und Strukturbiologie haben NMR-basierte Methoden zur Strukturaufklärung viel Beachtung gefunden. Dreidimensionale Modelle von Makromolekülen – etwa Proteinen oder Nukleinsäuren – können mit Hilfe von Techniken erstellt werden, die auf den bisher vorgestellten Grundlagen aufbauen. Insbesondere die Untersuchung von NOEs erlaubt Aussagen über die räumliche Nähe einzelner funktioneller Gruppen im Makromolekül zu machen. Aus einer großen Zahl solcher Daten können Strukturen der Moleküle in Lösung modelliert werden, in die im Gegensatz zur Kristallographie insbesondere auch Daten zur Dynamik der Strukturen einfließen. Solche NMR-Untersuchungen unterliegen gewissen Einschränkungen bezüglich Größe der untersuchten Moleküle und bezüglich Konzentration und Reinheit der Proben. Aus den bisherigen Ausführungen ist auch zu erkennen, dass die Methoden und insbesondere die mathematischen Auswertungen im Feld der Kernresonanz sehr differenziert und sehr komplex sind, so dass es in diesem Rahmen nicht möglich ist, weiter ins Detail zu gehen.

Ein für die Biowissenschaften besonders interessantes Feld sind NMR Anwendungen *in vivo*. Dabei wird unterschieden zwischen *in vivo* spektroskopischen Anwendungen, bei denen spektrale Informationen Auskunft z. B. über Mengenverhältnisse gewisser Metaboliten geben (MRS Magnetic Resonance Spektroscopy) und abbildenden Techniken (MRI Magnetic Resonance Imaging), bei denen vor allem dreidimensionale Bildgebung eine Rolle spielt. Seit wenigen Jahren gibt es allerdings auch eine Kombination der beiden Techniken (MRSI). Mit ^{31}P-*in vivo*-NMR-Spektroskopie kann zum Beispiel der Energiestoffwechsel in lebendem Gewebe wie Oberarmmuskel oder Herz verfolgt werden, da die wichtigste Quelle biochemischer Energie, das Adenosintriphosphat (ATP), sowie verwandte Stoffwechselprodukte wie Adenosindiphosphat (ADP) und Kreatinphosphat in hohen Konzentrationen im Gewebe vorhanden sind. Zudem ist ^{31}P ein leicht zu spektroskopierendes Nuklid mit einem Kernspin von $1/2$ und hoher natürlicher Häufigkeit. *In-vivo*-NMR-Untersuchungen von metabolischen Prozessen basieren häufig auf der

Verwendung mit ^{13}C angereicherten Proben, deren Signale dadurch besser vor dem Hintergrundanteil dieses Nuklids von nur 1,1 % zu sehen sind.

Bei der MRI (auch MRT für Magnetic Resonance Tomography) wird hauptsächlich Wasser spektroskopiert. Die Unterscheidung verschiedener Gewebetypen, welche diese Technik für die medizinische Diagnostik besonders interessant macht, beruht auf den unterschiedlichen Relaxationszeiten T_1 und T_2 des Wassers in den verschiedenen Gewebetypen.

3
Trennung

3.1
Grundlagen der Chromatographie

> ■ *Die Trennung von Komponenten durch differenzierte Wechselwirkung mit zwei verschiedenen Phasen ist ein Trennprinzip von so überragender praktischer Bedeutung, dass die Chromatographie ein eigenes Forschungsgebiet darstellt. Vor den separaten Ausführungen zu Gaschromatographie, Flüssigchromatographie in Säulen und Dünnschichtchromatographie müssen zunächst die wichtigsten physikalischen Größen vorgestellt werden. Diesen Ausführungen zu den Begriffen Verteilungskoeffizient, Retentionszeit, Kapazitätsfaktor und Selektivität wird zunächst die Unterscheidung zwischen Adsorptions- und Verteilungschromatographie vorangestellt. Es folgen Betrachtungen zu Peakform, Trennstufen und Auflösung, diskutiert vor dem Hintergrund der zur Optimierung einer chromatographischen Technik essentiellen Van-Deemter-Gleichung.*

3.1.1
Allgemeines zur Chromatographie

Chromatographie ist eine physikalisch-chemische Trennmethode, die 1906 vom russischen Botaniker Tswett bei der Trennung der Pflanzenfarbstoffe Chlorophyll und Xanthophyll entwickelt wurde. Die zu trennenden Analyten interagieren in unterschiedlichem Ausmaß mit einer feststehenden (*stationären*) und einer beweglichen (*mobilen*) Phase, zwischen denen sie verteilt werden. Die verschiedenen Arten der Chromatographie werden sinnvoller Weise nach den Aggregatzuständen der Phasen eingeteilt. Mobile Phasen sind entweder flüssig oder gasförmig, sodass grundsätzlich zwischen Gaschromatographie (GC) und Flüssigchromatographie(LC, liquid chromatography) unterschieden wird. Stationäre Phasen können fest oder flüssig sein. Da im relativ kurzen Verlauf einer Chromatographie Stoffe nicht in feste Phasen eindringen können, wechselwirken Analyten nur mit der Oberfläche von festen stationären Phasen, während sie sich im ganzen Volumen von flüssigen stationären Phasen verteilen können. Daher wird Chromatographie mit festen stationären Phasen als Oberflächenadsorptionsvorgang beschrieben, und demnach Adsorptionschromatographie genannt. Dem gegenüber steht die Behandlung der Chromatographie mit flüssigen stationären Phasen als Verteilungschromatographie.

3.1.2
Verteilungs- und Adsorptionschromatographie

Ein zentraler Begriff der Verteilungschromatographie ist der Verteilungskoeffizient. Als einfaches Modell dient ein Ausschütteln einer wässrigen mit einer organischen Phase. Ein Analyt A verteilt sich nach dem Ausschütteln im Gleichgewicht zwischen den beiden Phasen in einem bestimmten Verhältnis, welches durch den Quotienten seiner Konzentrationen in der wässrigen und der organischen Phase gegeben ist. Im dynamischen Gleichgewicht ist die Anzahl der Teilchen, die aus der organischen in die wässrige Phase überwechseln, gleich der Anzahl derer, die die Phasengrenze in umgekehrter Richtung überqueren – der Nettoeffekt ist also gleich Null und die Konzentrationen verändern sich nicht. Nach Nernst ändert sich das Verhältnis der Konzentrationen auch nicht, wenn man die Gesamtmenge an Analyt im System erhöht. Der Quotient K ist demnach eine Konstante, die sich zur Charakterisierung des Verteilungsverhaltens eines Analyten zwischen zwei Phasen eignet. K (Gl. 3.1) wird Nernstscher Verteilungskoeffizientnt und ist demnach stoffspezifisch für zwei definierte Phasen.

$$K = \frac{c_S}{c_M} \tag{3.1}$$

Zwei zu trennende Analyten sollten für eine effiziente Trennung durch Ausschütteln möglichst unterschiedliche Verteilungskoeffizienten haben. Dies gilt bei der Verteilungschromatographie mit einigen apparativ bedingten Einschränkungen ebenfalls. Ein etwas verfeinertes Modell sieht die Verteilungschromatographie als eine Serie von Ausschüttelvorgängen, zwischen denen die mobile Phase in diskreten Schritten gegen die stationäre verschoben wird. In Abb. 3.1 ist modellhaft illustriert, wie dem Analyten nach jeder Verschiebung Gelegenheit gegeben wird, sich im dynamischen Gleichgewicht zwischen den Phasen entsprechend ihrer Verteilungskoeffizienten zu verteilen. Eine mehrfache Wiederholung dieses Vorganges mit höheren Molekülzahlen kann leicht von Hand oder mit dem Computer simuliert werden und kann die glockenähnliche Verteilung eines Analyten beim Verlassen der Säule recht gut erklären.

Das Einstellen eines Gleichgewichtes zwischen dem Volumen der mobilen Phase und der Oberfläche einer festen stationären Phase wird, statt durch den Nernstschen Verteilungsquotienten, durch die Langmuirsche Adsorptionsisotherme schrieben. Die darauf basierende Chromatographie wird entsprechend Adsorptionschromatographie genannt. Die einfache Adsorptionsisotherme nach Langmuir geht von dem Modell einer uniformen Oberfläche aus, welche nur eine einzige definierte Art von Wechselwirkung mit den Analyten eingeht, was sich als die Anordnung von gleichwertigen Bindungsstellen auf der Oberfläche veranschaulichen lässt. Demnach kann ein Analyt, der alle Bindungsstellen sättigt, im besten Fall ei-

3.1 Grundlagen der Chromatographie

- Erster Verteilungsschritt nach Probenaufgabe

- Verteilung nach Einstellung des Gleichgewichtes

- Bewegung der mobilen Phase

- Zweiter Verteilungsschritt

- Verteilung nach Einstellung des Gleichgewichtes

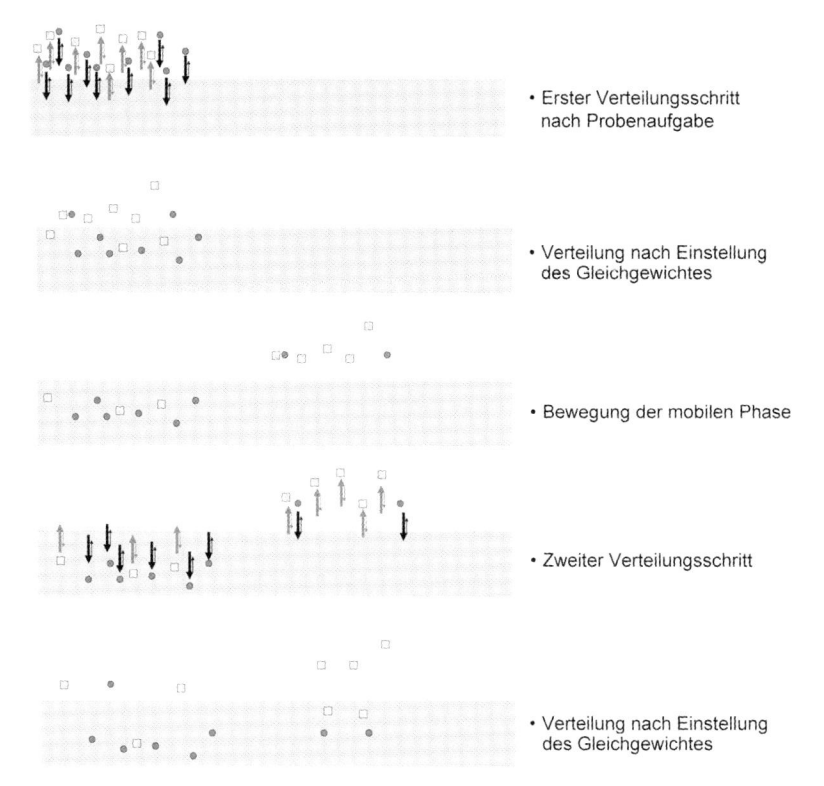

Abb. 3.1 Veranschaulichung von Verteilungsvorgängen in der Chromatographie nach dem Modell des mehrfachen Ausschüttelns.

ne dicht gepackte Monoschicht ausbilden. Kompliziertere Modelle berücksichtigen Bindungsstellen unterschiedlicher Affinität und Mehrfachschichten, in denen die zweite Schicht mit einer anderen Affinität auf die erste gebunden wird als die erste auf die eigentliche Oberfläche.

Eine einfache Adsorptionsisotherme ist eine typische Sättigungskurve, bei der der Bedeckungsgrad der Oberfläche gegen die Konzentration des Analyten in der mobilen Phase aufgetragen wird, wie in Abb. 3.2 zu sehen. Im Bereich niedriger Konzentrationen ist die Abhängigkeit in guter Näherung linear, und die konstante Steigung in diesem Bereich kann als Äquivalent zum Nernstschen Verteilungskoeffizienten betrachtet werden. Die Ableitung einer Reihe charakteristischer Größen der dynamischen Theorie der Chromatographie, welche auf dem Nernstschen Verteilungskoeffizienten beruhen, kann daher analog für Adsorptionschromatographie übernommen werden. Gelegentlich findet man Ionenchromatographie, Ionenpaarchromatographie, Ionenaustauschchromatographie oder sogenannte Verdrängungschromatographie als weitere, diskrete Prinzipien der Chromatographie behandelt. Wie schon für die Adsorptionschromatographie, können auch hier die prinzipiellen Größen in Analogie zur Verteilungschromatographie abgeleitet werden.

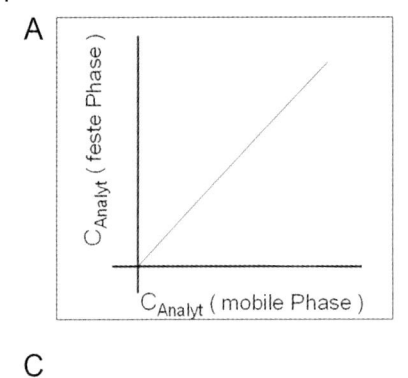

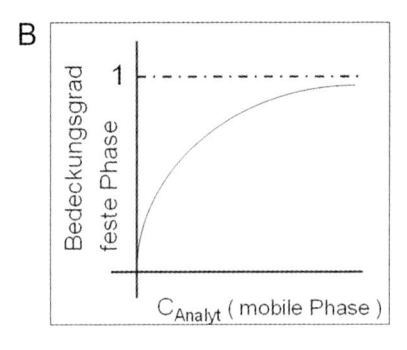

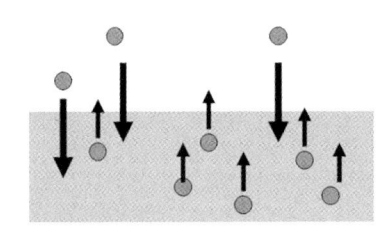

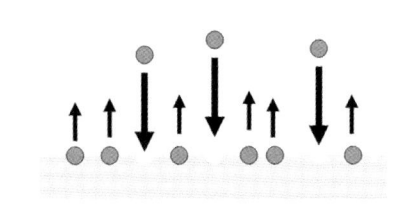

Abb. 3.2 Verteilungs- und Adsorptionsvorgänge. **A:** Das Verhältnis von Konzentration in mobiler Phase vs. Konzentration in stationärer Phase ist linear, die Steigung entspricht dem Nernstschen Verteilungskoeffizienten **B** Langmuirsche Adsorptionsisotherme. Bei erhöhten Konzentrationen nähert sich der Bedeckungsgrad asymptotisch der Vollständigkeit. **C:** Verteilung eines Stoffes zwischen den Volumina zweier Phasen. Die Größe der Pfeile deutet die Übergangsgeschwindigkeit in die jeweils andere Phase an. **D:** Adsorption eines Stoffes an eine Oberfläche.

3.1.3
Wichtige Größen: Retentionszeit, Kapazitätsfaktor, Selektivität

Die wichtigste Frage an ein Chromatographie-Experiment ist die nach dem Erfolg der Trennung von mindestens zwei Stoffen. Um den Erfolg einer Trennung, die so genannte Auflösung, quantitativ erfassen zu können, wurden eine Reihe von Größen in der Fachliteratur etabliert, deren Vielzahl dadurch bedingt ist, dass eine Anzahl experimenteller Parameter wie z. B. Säulenmaterial, Fließmittel und Flussrate, variiert werden kann, um die Trennung zu optimieren. Bevor die chromatographische Auflösungsschlaggebende Größe eingeführt werden kann, müssen hier zur Vorbereitung der Reihe nach andere Größen besprochen werden, von denen die Auflösung abgeleitet wird.

Der typische Ablauf einer Säulenchromatographie beinhaltet das Auftragen eines Probengemisches in mobiler Phase auf eine vertikal montierte Röhre, welche mit einer festen stationären Phaserm kleiner Körner gefüllt ist. Die mobile Phase, in der LC auch als Fließmittelchnet, wird mit konstanter Geschwindigkeit über die Säule gepumpt. Jede Substanz braucht eine gewisse Zeit, um mit dem Fließmittel durch die Säule gepumpt zu werden, auch wenn sie gar nicht mit der stationären Phase wechselwirkt. Diese Zeit ist von der Geometrie der Säule und der Fließgeschwindigkeit abhängig und wird Totzeitkürzt t_0, genannt. Sie entspricht der Zeit, die Lösungsmittelmoleküle benötigen, um die Säule zu passieren. Sobald die Analytenmoleküle der Probe mit der stationären Phase in Kontakt kommen, wird die Wanderungsgeschwindigkeit der Analyten durch die Säule durch Verteilungsvorgänge zwischen der mobilen Phase und der stationären Phase beeinflusst.

Zur Totzeit, also der Zeit, die die Analyten in der mobilen Phase verbringen, kommt jetzt zusätzlich die Zeit, welche sie die stationäre Phase nicht verlassen. Nach der Definition des Verteilungskoeffizienten3.1) ist diese Zeit umso größer, je größer der Verteilungskoeffizient ist. Von zwei aufgetragenen Substanzen a und b mit den Verteilungskoeffizienten $K_a > K_b$ wird diejenige die Säule schneller durchlaufen, die weniger stark mit der stationären Phase wechselwirkt, also, wie in Abb. 3.3 abgebildet, Substanz b.

Die Substanz a durchläuft die Säule langsamer, weil sie stärker von der stationären Phase zurückgehalten wird, und braucht eine längere Zeit $t_a > t_b$, um die Säule zu durchqueren. Die Zeit t, in der die Substanz in der Säule zurückgehalten wird, ist eine zur Charakterisierung der Substanz wichtige Größe in der Chromatographie. Sie ist außer vom Verteilungskoeffizienten auch von der Geometrie der Säule abhängig und wird genauer als Bruttoretentionszeit$_b$ (bzw. t_a für Analyt a) bezeichnet.

Nach Subtraktion des von der Geometrie abhängigen Teils t_0 erhält man die Nettoretentionszeit t'_b (Gl. 3.2), welche nun nur vom Verteilungskoeffizienten abhängt und damit eine zur physikalisch-chemischen Charakterisierung des Analyten nutzbare Größe darstellt.

$$t'_b = t_b - t_o \tag{3.2}$$

Das Verlassen der Säule durch den Analyten, beobachtet durch einen geeigneten Detektor, geschieht wegen der Verteilungsvorgänge nicht schlagartig, sondern näherungsweise in Form einer Gaußkurvehe als Peakchnet wird. Die Aufzeichnung aller Peaks eines Chromatographie-Experiments in Abhängigkeit von der Zeit nennt man Chromatogrammesprochenen Falle der Säulenchromatographie spricht man von einem äußeren Chromatogramm die Analyten zum Zeitpunkt ihrer Detektion die stationäre Phase verlassen haben. Dem gegenüber steht das innere Chromatogrammhes im Zusammenhang mit der Dünnschichtchromatographie besprochen wird. Aus einem äußeren Chromatogramm entnimmt man die Bruttoretentionszeit als den Abstand vom Beginn des Chromatographie-Experimentes, auch Lauf genannt, bis zum Maximum des Analytenpeaks. Im obigen Beispiel werden zum Zeitpunkt t_0 zum ersten Mal frische Fließmittelmoleküle am Detektor ankommen, die sich zu Beginn des Laufes noch nicht auf der Säule befanden. Entgegen der theoretischen Erwartung erzeugt dies in der Praxis häufig ein meist kurzes Signal, welches nicht immer die typische Peakform besitzt. Dieses Signal kann z. B. durch Verunreinigungen verursacht werden, die nicht mit der festen Phase wechselwirken, und wird gelegentlich als „Durchbruch" bezeichnet. Die Totzeit kann man in der Regel aus solchen Signalen bestimmen.

In einem ähnlichen Verhältnis wie die Nettoretentionszeit t' zur Bruttoretentionszeit t steht, steht der Verteilungskoeffizient K zum Kapazitätsfaktor'. Während

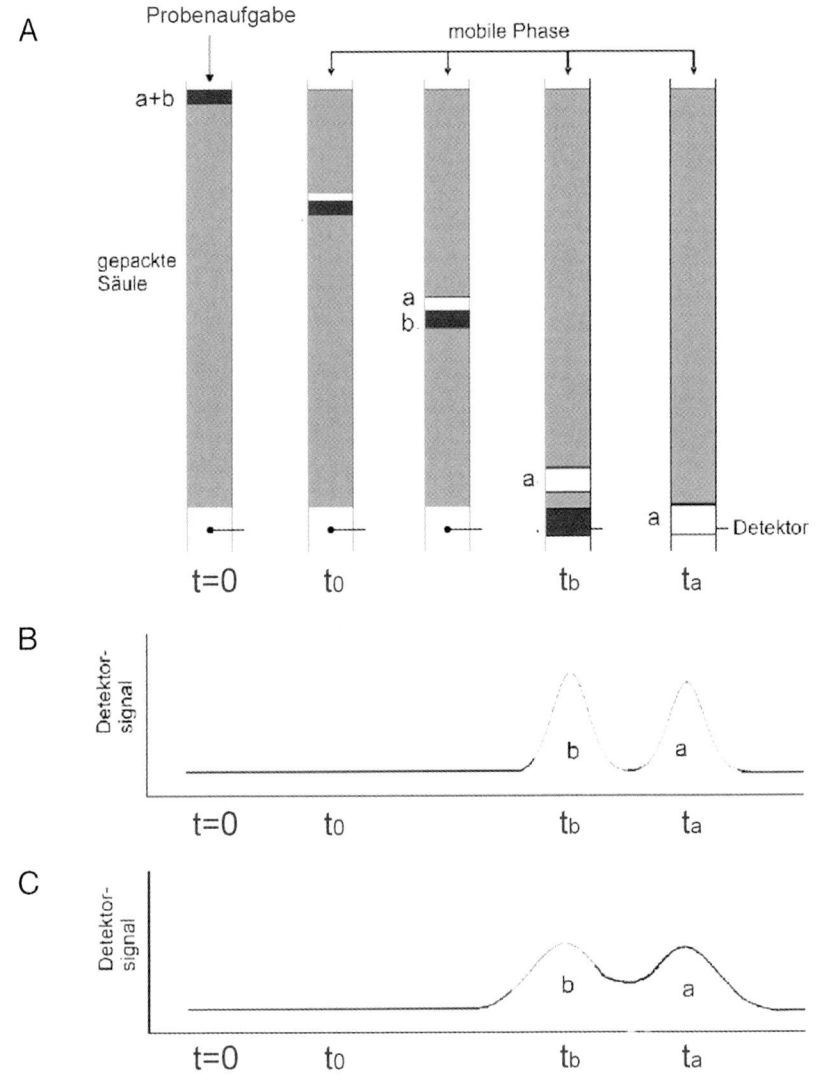

Abb. 3.3 Entstehung eines Chromatogramms. **A**: Verlauf einer Säulenchromatographie. **B**: Chromatogramm mit Retentionszeiten. **C**: Alternatives Chromatogramm mit gleicher Selektivität, aber mit höherer Peakbreite und dadurch verringerter Auflösung.

K nur von den Wechselwirkungen des Analyten mit mobiler und stationärer Phase abhängt, beinhaltet k' die Geometrie der Säule wie in der Definition von k' in Gl. (3.3) dargestellt.

$$k'_b = K_b \cdot \frac{V_s}{V_m} = \frac{t_b - t_0}{t_0} = \frac{t'_b}{t_0} \tag{3.3}$$

Dabei stehen V_s für das Volumen der stationären Phase und V_m für das Volumen der mobilen Phase. Die Abhängigkeit zwischen Kapazitätsfaktor und Retentionszeiten im rechten Teil von Gl. (3.3) ergibt sich durch Einbeziehen der Verweildauer des Analyten in der mobilen Phase, welche durch den Verteilungskoeffizienten gegeben ist, und der Kombination mit der Fließgeschwindigkeitösungsmittels. Der Kapazitätsfaktor ist eine wichtige Größe zur Beschreibung der Wanderungsgeschwindigkeit des Analyten auf einer Säule, die zudem durch einfaches Ablesen der Retentionszeiten aus dem Chromatogramm ermittelt werden kann. Da der Kapazitätsfaktor einen Zusammenhang zwischen Analytik, Säulenmaterial und Geometrie sowie Fließmittel beschreibt, kann man mit ihm die Eignung dieser Kombination für eine erfolgreiche Chromatographie einschätzen. Kleine Kapazitätsfaktoren signalisieren eine möglicherweise unerwünschte, schwache Wechselwirkung mit der Säule und als Folge eine Elution in der Nähe der Totzeit, während sehr große Kapazitätsfaktoren eine sehr starke Wechselwirkung anzeigen, welche durch die resultierende hohe Elutionszeit Nachteile bei der Peakform verursacht, die wir weiter unten besprechen werden.

Zur erfolgreichen Trennung zweier Substanzen durch Chromatographie müssen mehrere Voraussetzungen gegeben sein, von denen einige durch die Kapazitätsfaktoren beurteilt werden können. Aus der vorangehenden Darstellung ist offensichtlich, dass die Kapazitätsfaktoren zweier zu trennender Substanzen unterschiedlich sein müssen, um eine erfolgreiche Trennung zu ermöglichen. Als Maß dafür wird der Quotient der Kapazitätsfaktoren benutzt, der als Selektivitätbezeichnet wird. Unter Einbeziehung der Abhängigkeit des Kapazitätsfaktors von den Elutionszeiten ergibt sich für die Selektivität α:

$$\alpha = \frac{k'_a}{k'_b} = \frac{K_a \cdot \frac{V_s}{V_m}}{K_b \cdot \frac{V_s}{V_m}} = \frac{K_a}{K_b} = \frac{t'_a}{t'_b} \tag{3.4}$$

Die Selektivität beschreibt also die Eignung einer Kombination von flüssiger Phase und mobiler Phase zur Trennung zweier Analyten; die Säulengeometrie ist hierzu nicht ausschlaggebend. Per Definition steht der größere Kapazitätsfaktor im Zähler, so dass α immer größer als 1 ist. Es ist intuitiv leicht verständlich, dass für eine erfolgreiche Trennung die Peakmaxima der Substanzen im Chromatogramm weit voneinander entfernt sein sollten, d. h. die Selektivität sollte eigentlich maximal sein. Allerdings ist gute Selektivität zwar notwendig, aber nicht hinreichend für eine gute Trennung, denn die Peakform und vor allem die Peakbreite der eluierenden Analyten müssen mit einbezogen werden. In Abb. 3.3 B und C sind zwei Chromatogramme gleicher Selektivität zu sehen, deren Auflösung jedoch durch die Peakbreite variiert. Aus diesem Grunde sind Peakbreite und Peakform ein wichtiges Problem in der Chromatographie und müssen detaillierter besprochen werden.

3.1.4
Peakform

Zur Erklärung der Peakformnden wir zunächst noch einmal das oben beschriebene Modell des „diskreten" mehrfachen Ausschüttelns, um die Verteilungsvorgänge auf der Säule genauer zu untersuchen. In Abb. 3.1 ist zu sehen, wie die räumliche Verteilung eines Analyten über die Gesamtlänge L der Säule mit jedem virtuellen Schritt des Ausschüttelns und Wiederverteilens zwischen den Phasen größer wird. Je schneller der Analyt die Säule verlässt, desto weniger dieser Verteilungsschritte hat er durchlebt und desto schmaler ist sein Peak. Je größer der Verteilungskoeffizient einer Substanz ist, desto länger ist seine Verweildauer in der stationären Phase und daher auch seine Retentionszeitentionszeit = Verweildauer in der mobilen plus Verweildauer in der stationären Phase, abhängig von der Fließgeschwindigkeit).

Ein anderes Modell betrachtet die Verteilung eines Analytmoleküls zwischen den Phasen nicht als Abfolge von einzelnen Ausschüttelvorgängen mit perfekter Einstellung des Verteilungsgleichgewichtes. Stattdessen wird die Wahrscheinlichkeit eines einzelnen Moleküls betrachtet, innerhalb eines kleinen Zeitintervalls in die jeweils andere Phase zu wechseln. Wenn das Molekül in diesem Intervall in die mobile Phase wechselt oder aus ihr nicht in die stationäre gelangt, bewegt sie sich mit der mobilen Phase umso weiter auf der Säule vorwärts, je größer die Fließgeschwindigkeit ist.

Die zurückgelegte Strecke eines Analyten auf der Säule zu einem definierten Zeitpunkt hängt somit von der Summe vieler Wahrscheinlichkeiten ab, deren Addition für ein einzelnes Molekül eine maximal wahrscheinliche Strecke ergibt. Aus der Addition der Wahrscheinlichkeiten ergibt sich weiterhin eine Verteilung der Wahrscheinlichkeit für die Strecke in Form einer Gaußkurvebedeutet, dass ein Stoff auf der Säule räumlich in Form einer Bande mit Gaußkurvenform verteilt ist, wie in Abb. 3.3 dargestellt. Jeder Streckenpunkt dieser Gaußkurve kann mit Hilfe von Säulenlänge, Säulenvolumen und Fließgeschwindigkeit direkt in eine Retentionszeit umgewandelt werden, so dass sich auch in der Zeitdomäne eine Gaußkurvenform des Peaks ergibt. Wieder resultiert aus einer längeren Verweildauer auf der Säule eine höhere Anzahl von wahrscheinlichkeitsabhängigen Verteilungsschritten und damit ein breiterer Peak.

Das Verhältnis von Breite zu Höhe einer idealen Gaußkurve wird durch ihre Standardabweichungrakterisiert. Da die Werte einer Gaußkurve in der Theorie erst in unendlicher Entfernung vom Maximum den Wert Null erreichen und somit ein Peak auf der x-Achse unbegrenzt wäre, konstruiert man zum praktischen Arbeiten die Standardabweichung geometrisch, um die Grenzen eines Peaks zu definieren. In Abb. 3.4 ist gezeigt, wie aus dem Peak eines Chromatogramms mit graphischen Mitteln die wichtigsten charakteristischen Größen entnommen werden können. Dazu werden durch die Wendepunkte der Kurve zwei Tangenten gelegt, die sich über dem Peakmaximumiden. Die Entfernung zwischen ihren Schnittpunkten mit der x-Achse nennt man Peakbasisbreite W_b. Die Fläche des entstandenen Dreiecks entspricht etwa 95 % der Fläche unter der Gaußkurve und damit einem Integral von -2σ bis $+2\sigma$. W_b hat daher in sehr guter Näherung eine Breite von 4σ und die

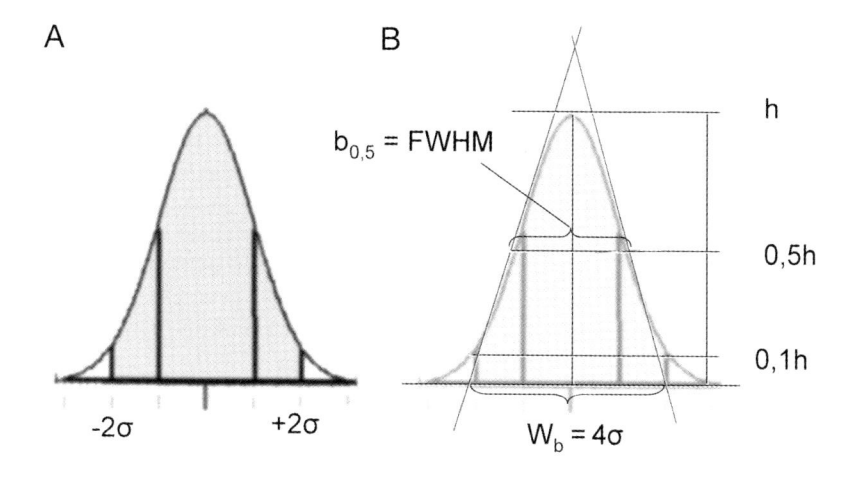

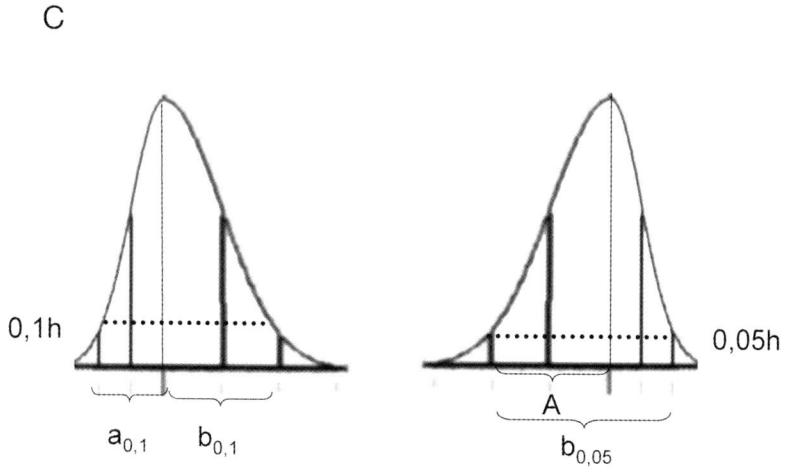

Abb. 3.4 A: Gaußkurve eines Peaks, in der die Fläche zwischen -2σ und $+2\sigma$ grau eingezeichnet ist. **B:** Konstruktion eines Dreiecks mit 95 % Flächeninhalt des Peaks und $W_b = 4\sigma$ als Basislinienbreite. **C:** Entnahme der Symmetriegrößen und Berechnung der Symmetriefaktoren am Beipiel von Fronting bzw. Tailing.

Standardabweichung kann einfach als $^1/_4\,W_b$ aus dem Chromatogramm entnommen werden. Weitere wichtige Größen sind die Peakhöhe h, die Peakbreite auf halber Höhe $B_{0,5}$ sowie die Symmetriegrößen A, $b_{0,05}$, $b_{0,1}$ und $a_{0,1}$.

Die Peakhöhe h ist die Entfernung zwischen Peakmaximum und Basislinie auf einem Lot durch das Maximum. Die Größe $b_{0,5}$ oder FWHM (full width at half maximum) ist die Breite zwischen den Peakrändern auf der halben Peakhöhe h und steht durch einen Umrechnungsfaktor ($5{,}54/b_{0,5}^2 = 16/W_b^2$), der sich aus der Geometrie des gleichschenkeligen Dreiecks in Abb. 3.4 ergibt, mit W_b in Verbindung. $b_{0,5}$ kann daher in Fällen benutzt werden, in denen W_b z. B. durch Überlagerung mehrerer Peaks nicht aus dem Chromatogramm entnommen werden kann. Die Symmetrie eines Peaks kann durch zwei ähnliche Sätze von Größen beschrieben werden. Diese werden ähnlich wie $b_{0,5}$ als Distanz zwischen den Kurvenrändern und der Mittelsenkrechten bestimmt, jedoch nicht bei 50 % von h, sondern bei 10 % h ($b_{0,1}$ und $a_{0,1}$) bzw. bei 5 % von h (für A; $b_{0,05}$ wird auf der gleichen Höhe über die ganze Breite gemessen). In unsymmetrischen Peaks werden die Symmetriequotienten $t = b_{0,1}/a_{0,1}$ bzw. $t_s = b_{0,05}/2A$ ungleich eins. Der Grad der Abweichung von eins ist ein Maß für die Peakdeformation, welche als „Tailing" bezeichnet wird, wenn der Symmetriefaktor unter eins liegt, und als „Fronting", wenn er darüber liegt (vergleiche Abb. 3.4). Abweichungen von der idealen Peakform ergeben sich hauptsächlich durch Überladen der Säule, weil die Chromatographie dann teilweise im nichtlinearen Bereich der Verteilungs- bzw. Adsorptionskurven stattfindet. Unregelmäßige Packung des Säulenmaterials oder zu langsame Probenaufbringung auf die Säule, z. B. langsame Verdampfung der Probe in der GC können weitere Gründe sein.

3.1.5
Trennstufenhöhe und Van-Deemter-Gleichung

Tatsächlich wird die Qualität der Trennung in Abhängigkeit von der Fließgeschwindigkeit durch die Van-Deemter-Gleichung und diverse von ihr abgeleitete speziellere Modelle beschrieben. Diese benutzen als Maß für die Qualität einer Trennung die Bodenzahl N, welche formal angibt, wie viele nominal komplette Verteilungsschritte während einer Trennung stattfinden (eine vom Konzept her sehr verwandte Größe ist die Zahl der theoretischen Böden bei einer Destillation). Um Missverständnisse zu vermeiden, soll noch einmal gesagt werden, dass diese Verteilungsvorgänge nicht wirklich in diskreten, zeitlich abgeschlossenen Schritten stattfinden. Vielmehr haben die kontinuierlichen Verteilungsprozesse, die tatsächlich in der Säule ablaufen, eine Effizienz, die so gemessen wird *als ob* die einzelnen Ausschüttelvorgänge zeitlich nacheinander ablaufen würden. Die Bodenhöhe H, welche die Länge der Säule angibt, die ein Stoff formal durchlaufen muss, um einem Verteilungsvorgang zu unterliegen, der einfachem Ausschütteln entspricht, ergibt sich aus der Division der Säulenlänge L durch N, wie in Gl. (3.5) gezeigt. Sie wird im Englischen auch HETP (height equivalent to a theoretical plate) abgekürzt.

$$H = \frac{L}{N} \qquad (3.5)$$

Je breiter ein Peak von der Säule eluiert, desto kleiner ist ihre Bodenzahl und desto größer ihre Bodenhöhe, d. h. die Säule war weniger effizient bezüglich des entsprechenden Analyten. Das Verhältnis von Bodenzahl zur Peakbreite kann unter Berücksichtigung von Standardabweichung bzw. Varianz, Peakbasisbreite, Säulenlänge, Fließgeschwindigkeit und Bruttoretentionszeit berechnet werden und ergibt sich, wie in Gl. (3.6) ohne Herleitung gezeigt, entweder als Funktion der Peakbasisbreite oder durch Umrechnung als Funktion von $b_{0,5}$.

$$N = 16\left(\frac{t_b}{W_b}\right)^2 = 5{,}54\left(\frac{t_b}{b_{0,5}}\right)^2 \tag{3.6}$$

Daraus folgt, dass H und N auf der gleichen Säule für jede Substanz spezifisch sind, und die Bodenzahl N einer Säule immer in Verbindung mit dem Stoff genannt werden sollte, mit dem sie ermittelt wurde. Streng genommen müsste die Fließgeschwindigkeit ebenfalls berücksichtigt werden, denn Peakbreite und Bodenhöhe sind stark abhängig von der Fließgeschwindigkeit u, wobei sich gegenläufige Einflüsse überlagern. Daher gibt es für jede Chromatographie eine optimale Fließgeschwindigkeit mit einer entsprechend maximalen Trennstufenzahl und einer minimalen Trennstufenhöhe H. Die Gl. (3.7) ist die einfachste Form der Van-Deemter-Gleichungund beschreibt diesen Zusammenhang:

$$H = A + \frac{B}{u} + C \cdot u \tag{3.7}$$

Abbildung 3.5 zeigt, wie der Beitrag des A-Terms von der Fließgeschwindigkeit unabhängig ist, während die Effekte der B- und C-Terme gegenläufig sind. Deren Minimum stellt das gesuchte Optimum der Trennstufenhöhe dar. Rein mathematisch gesehen ist diese Gleichung also ein Polynom aus drei Termen. Wie am Anfang dieses Buches erkärt, könnte eine experimentell erhaltene Kurve außer wie in Abb. 3.5 durch ein Polynom auch durch eine Exponentialreihenentwicklung oder eine Fourier-Reihe angefittet werden. Die Bedeutung der Van-Deemter-Gleichung

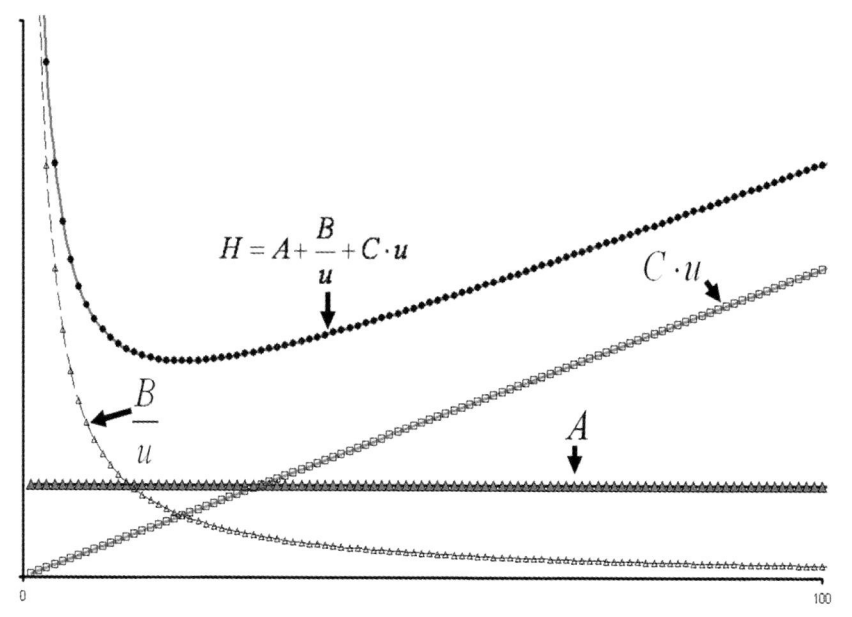

Abb. 3.5 Graphische Darstellung der Van-Deemter-Gleichung.

liegt vor allem darin, dass sie aufgrund theoretischer Betrachtungen zur Bandenverbreiterung entwickelt wurde, so dass ihre drei Terme anschaulich durch physikalische Vorgänge interpretiert werden können und somit ein tieferes Verständnis der Vorgänge auf der Säule ermöglichen. Damit weist diese Gleichung die Qualitäten eines guten Modells auf, nämlich Einfachheit und Vorhersagekraft. Für aktuelle Anwendungen in der Chromatographie ist die Van-Deemter-Gleichung in verschiedene Richtungen z. T. durch Anfügen anderer Polynomterme weiterentwickelt worden.

Die stationäre Phase wird häufig in Form möglichst kleiner Kugeln in eine Säule gefüllt. Der konstante A-Term beschreibt die so genannte Eddy-Diffusion und repräsentiert die verschiedenen Längen der Wege, die ein Molekül des Analyts durch eine Säule nehmen kann. Durch die Partikelfüllung kann ein Analyt nicht mehr den kürzesten Weg zwischen Probenauftrag und Detektor nehmen, sondern muss einen Umweg um die Partikel herum machen. Wegen der großen Anzahl an Partikeln gibt es eine Vielzahl an Wegen, die sich in ihrer Länge unterscheiden. Die Längenverteilung ist dabei statistisch und wird umso breiter, je größer die Partikel und desto unregelmäßiger sie geformt sind. Aus dieser Interpretation ist leicht verständlich, dass der A Term eine Eigenschaft jeder einzelnen Säule und von der Fließgeschwindigkeit u unabhängig ist. Der A-Term ist in Säulen besonders klein, die keine körnige Füllung haben, wie z. B. Kapillarsäulen in der GC. Abb. 3.6 zeigt die Abhängigkeit der Peakbreite von der Partikelgröße.

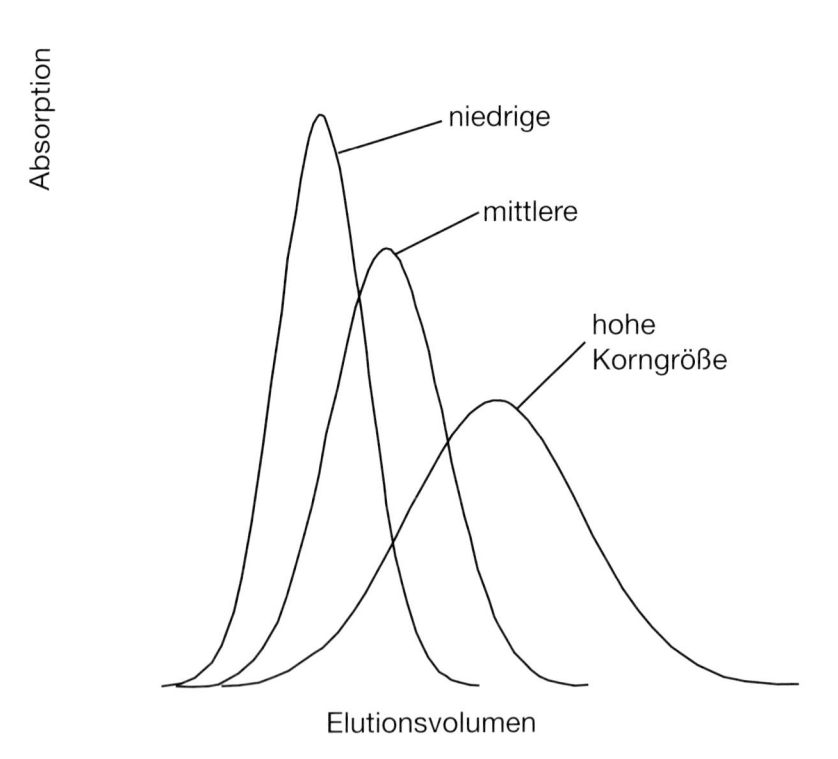

Abb. 3.6 Abhängigkeit der Peakbreite von der Partikelgröße.

Der B-Term beschreibt den Beitrag der longitudinalen Diffusion zur Peakverbreiterung. Idealerweise wird eine Probe in einem möglichst kleinen Volumen und daher maximal konzentriert auf die Säule aufgetragen. Unabhängig von Verteilungsvorgängen zwischen den Phasen und Bewegungen durch das Pumpen der mobilen Phase bewirkt das Konzentrationsgefälle eine Diffusion von Analytmolekülen aus der konzentrierten Mitte in die verdünnten Randbereiche, ähnlich einem Tropfen konzentrierter Farbe in einem Glas Wasser. Der in Richtung des Lösungsmittelflusses gerichtete Teil dieser Diffusion wird als longitudinal bezeichnet und bewirkt eine Verbreiterung des Peaks, welche umso größer ist, je länger die Substanz auf der Säule verbleibt. Daher kann der B-Term durch hohe Fließgeschwindigkeiten minimiert werden.

Der C-Term wird auch als Massentransferterm bezeichnet und trägt der Unvollständigkeit der Übergangsvorgänge in die jeweils andere Phase Rechnung. Wie erwähnt, finden die Verteilungsvorgänge kontinuierlich und nicht in zeitlich diskreten Schritten zwischen der stationären und der mobilen Phase statt, deren Bewegung verhindert, dass sich ein thermodynamisches Verteilungsgleichgewicht einstellt. Die Trennwirkung, welche bei vollständiger Einstellung des Gleichgewichts optimal wäre, sinkt daher mit zunehmender Fließgeschwindigkeit.

3.1.6
Auflösung und Optimierung

In Abb. 3.7 wird illustriert, dass zur Beschreibung der Qualität einer Trennung die relative Lage der Peakmaxima nicht ausreicht, und dass auch die Peakbreite herangezogen werden muss. Dementsprechend enthält der quantitative Parameter zur Beschreibung einer Trennung, der Auflösung $_{Rs}$) genannt wird, beide Parameter in seiner Definition in Gl. (3.8). Dabei kann, wie in Gl. (3.6) auch, W_b durch Umrechnung mit $b_{0,5}$ ersetzt werden.

$$Rs = 2\left(\frac{t_b - t_a}{W_a - W_b}\right) = 1{,}177\frac{(t_b - t_a)}{b_{0,5(a)} + b_{0,5(b)}} \tag{3.8}$$

Die vereinfachenden Veranschaulichungen der Auflösung in Abb. 3.7 gehen von Peaks gleicher Intensität aus, deren Peakbasisbreiten zudem identisch sind. Unter diesen idealisierten Vorraussetzungen, welche in der Praxis selten zutreffen, entspricht eine Auflösung von 1,5 einer Überlappung der Peaks von nur noch etwa 0,3 %. Man spricht ab hier von Basislinientrennung. Wenn sich die Tangenten, die die Peakbasisbreiten demarkieren, gerade berühren, entspricht die Differenz der Retentionszeiten gerade einer Peakbasisbreite, daher ergibt sich die Auflösung in diesem Fall genau zu 1. Jeder Peak enthält etwa 4 % des Nachbarpeaks, und diese Überlagerung ist zwischen den Maxima deutlich zu sehen. Bei einer Auflösung kleiner als etwa 0,8 verschmelzen die Peaks so ineinander, dass der $b_{0,5}$-Wert der individuellen Peaks nicht mehr zu ermitteln ist. In Abb. 3.7 C ist dieser Effekt bei einer Auflösung von 0,75 gezeigt, die sich aus einem Abstand der Peakmaxima von 3σ ergibt. Bei einem Abstand von 2σ, entsprechend einer Auflösung von 0,5, verschmelzen die Maxima bei der Peaks zu einem gemeinsamen Maximum in gemit-

Abb. 3.7 Graphische Darstellung verschiedener Auflösungen zweier Peaks.

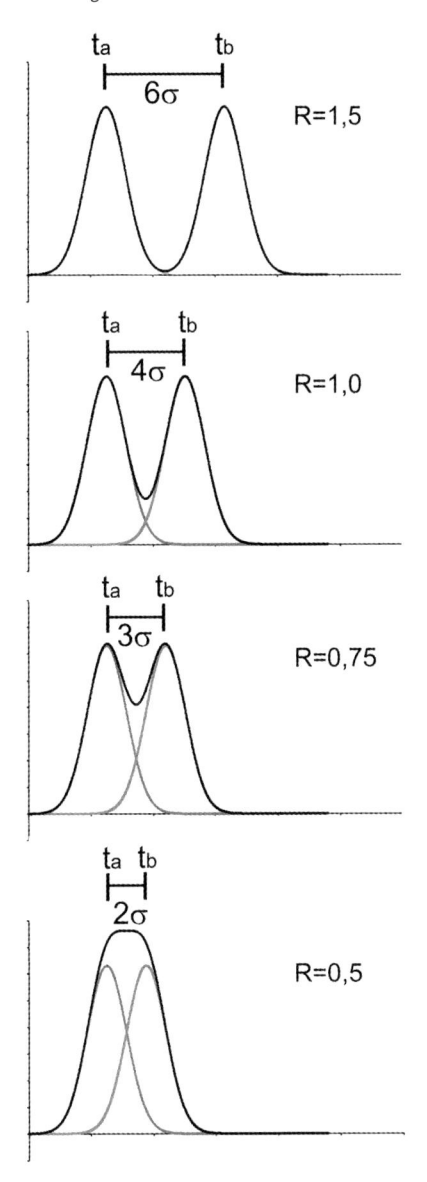

telter Lage. Die Verhältnisse werden komplizierter, wenn die Peaks unterschiedlich groß sind, und noch unübersichtlicher, wenn die σ-Werte variieren. Fitroutinen in moderner Chromatographiesoftware erlauben jedoch auch die Analyse komplizierter Überlagerungen.

Wir haben bisher verschiedene Parameter diskutiert, deren Variation zur Optimierung einer Trennung beitragen kann. Während die Selektivität einer Kombination von fester und mobiler Phase die relative Lage zweier Analytenpeaks bestimmt, hängt die Peakbreite von der Fließgeschwindigkeit und von der Bodenzahl der Säule ab, welche zudem für beide Analyten unterschiedlich sein kann. Allerdings erhöht sich die Trennstufenzahl und damit die mögliche Auflösung nur mit der Wurzel der Länge einer Säule. Eine Verlängerung der Säule ist also nur in gewissen Grenzen sinnvoll, zumal die Analyten entsprechend später eluieren würden und daher entsprechend verbreitert wären. Breite Peaks können selbst bei im Prinzip guter Auflösung praktisch ein Problem darstellen. Die Peakhöhe und damit das Detektorsignal sinken bei breiten Peaks und die Integration der Peakfläche wird durch nicht sichtbare Basislinienschwankungen ungenauer, so dass extrem flache Peaks nicht mehr registriert werden. Bei präparativer Chromatographie wäre der aufgefangene Analyt in einem unerwünscht großen Volumen verdünnt.

Bei zwei zu trennenden Analyten lässt sich dieses Problem durch Veränderung der Kapazitätsfaktoren korrigieren. Dies erreicht man z. B., indem man eine andere mobile Phase wählt, in der sich beide Analyten besser lösen. Die Verteilungskoeffizienten beider Analyten verkleinern sich, und als Folge auch die Kapazitätsfaktoren bei möglichst gleich bleibender Selektivität. Bei Gemischen mehrerer Analyten, deren Retentionszeiten über einen längeren Zeitraum verteilt sind, ist dieses Verfahren nicht ohne weiteres anwendbar, wenn alle Analytenpeaks gut aufgelöst sein sollen. Bei gegebener stationärer Phase existiert für jeden Analyten ein durch die Eigenschaften der mobilen Phase gegebener Verteilungskoeffizient, der die Trennung seines Peaks von denen der Nachbaranalyten erlaubt, aber die Retentionszeit möglichst kurz und die Peakbreite damit möglichst klein hält. Wenn keine mobile Phase gefunden werden kann, deren Eigenschaften eine saubere Trennung aller Peaks bei akzeptabler Verbreiterung erlauben, können die Eigenschaften der mobilen Phase auch während des Experiments verändert werden. Diese Technik ist als Gradientenelution vekannt. In der Gaschromatographie werden die Verteilungskoeffizienten durch eine Erhöhung der Temperatur während der Chromatographie verkleinert, in der Flüssigchromatographie geschieht dies durch Veränderung der Zusammensetzung des Fließmittels. Diese Techniken werden bei der Behandlung der einzelnen Chromatographiearten noch genauer erläutert.

3.2
Gaschromatographie

3.2.1
Allgemeines zur GC

Um einen Analyten per Gaschromatographie (GC) untersuchen zu können, muss er in die Gasphase gebracht werden. Da dies wegen der technischen Rahmenbedingungen nicht durch Unterdruck erreicht werden kann, wird GC bei erhöhten Temperaturen gefahren. Folglich können nur unzersetzt verdampfbare Analyten untersucht werden, was Größe und chemische Charakteristika der Analyten stark einschränkt, die durch GC untersucht werden können. Adsorptionschromatographie an festen Oberflächen ist für die Bioanalytik praktisch kaum relevant und wird hier daher nicht näher besprochen. Am weitesten verbreitet ist die Verteilungschromatographie an flüssigen, meist lipophilen Phasen (GLC). Diese Phasen müssen schwer flüchtig und temperaturresistent sein. Während mehrere tausend Stoffe als stationäre Phasen in der GC erprobt worden sind, besitzt nur etwa eine Handvoll von ihnen überragende Bedeutung. Es handelt sich einerseits um Polyethylenglycole, andererseits um Polysiloxane, deren Seitenketten verschiedene funktionelle Gruppen enthalten, die ihre Polarität modulieren. Chirale funktionelle Gruppen können die Trennung von Enantiomeren ermöglichen. Als mobile Phase wird ein in der Regel inertes Trägergas verwendet (N_2, Ar, He und gelegentlich H_2), welches kaum mit dem Analyten wechselwirkt und demnach nur zum Transport über die Säule dient. Der Verteilungskoeffizient des Analyten ist daher sehr stark von seinem Dampfdruck abhängig, und leichter flüchtige Substanzen haben kürzere Retentionszeiten.

Während sich die Untersuchung von Biopolymeren durch GC hauptsächlich auf Fettsäuren beschränkt, sind viele der in der Pharmabranche als „small molecules" bezeichneten niedermolekularen Wirkstoffe einer GC Analyse zugänglich. Interessanterweise stimmen einige Kriterien, die in der Wirkstoffentwicklung als Faustregeln auf die Bewertung möglicher Wirkstoffkandidaten angewandt werden, mit den Kriterien überein, die solche Moleküle für die GC geeignet erscheinen lassen: Maximale Größe, eine gewisse Lipophilie und eine nach oben begrenzte Anzahl von Wasserstoffbrückenbindungsdonoren und -akzeptoren.

Bei vergleichbarer Größe sind lipophile Substanzen in der Regel besser verdampfbar als polare. Wasserstoffbrücken verringern die Flüchtigkeit noch einmal erheblich, und die entsprechenden funktionellen Gruppen, besonders Amine, Alkohole und Säuren, werden daher häufig mit speziellen Reagenzien derivatisiert. Einige Reagenzien, deren Konjugation die Flüchtigkeit des Analyten durch Maskierung der Wasserstoffbrücken erhöht, sind in Tab. 3.1 dargestellt. Da quantitative Umsetzung erwünscht ist, handelt es sich um relativ reaktive Spezies. Die Derivatisierung ermöglicht die Einführung besonderer, für die Charakterisierung und quantitative Detektion relevanter Eigenschaften in das Analytmolekül, z. B. Chiralitätszentren und Halogene.

Tab. 3.1 Einige Derivatisierungsreagentien in der GC.

Reagenz	Abkürzung	Derivatisierte Gruppe
Pentafluorobenzyl bromide		Phenole, Thiol, Carbonsäuren
BF_3 / Methanol		Alkohole
N-trifluoroacetyl-L-prolyl chloride	TPC	chirale Amine, insbesondere Amphetamine
(−) Menthylchloroformiat	MCF	chirale Alkohole

3.2.2
Geräteaufbau: Gasversorgung, Injektor, Ofen und Säulen

Ein Gaschromatograph besteht aus einer Trägergaszuleitung mit Ventilen zur Druckminderungsregulierung der Fließgeschwindigkeit, einem beheizten Injektor m Ofen zur Heizung der Trennsäule, einem oder mehreren Detektoren am Säulenende und einem Datenverarbeitungssystem. Die Analyten werden in einer speziellen GC-Spritze aufgezogen, um die Injektion eines sehr geringen Injektionsvolumens (0,1 bis 10 µL) mit hoher Präzision zu ermöglichen. Die Injektion in den Injektor erfolgt durch ein Septum, eine elastische Membran, welche den GC-Kreislauf von der Umgebung trennt, aber von der Nadel leicht durchstochen werden kann. Bei vielen Geräten wird nicht die ganze Probe, sondern nur ein definierter Bruchteil (z. B. 5 bis 10 %) auf die Säule geleitet. Man spricht von „split injection". Der Rest der Probe wird durch ein spezielles Ventil aus dem Injektor herausgeleitet. Im Injektor gelangen die Analyten in ein vom Trägergas durchspültes Verdampfungsrohr, welches in die Säule mündet. Um ein Tailing des Peaks durch langsame Verdampfung zu vermeiden, wird das Verdampfungsrohr durch eine Heizung auf einer Temperatur gehalten, die etwa 50 °C über der Verdampfungstemperatur der zu analysierenden Substanz sein sollte, so dass die Substanz möglichst schlagartig verdampft (flash evaporation).

Die Säule befindet sich in einem speziellen Ofen, dessen Temperatur unter der Injektionstemperatur liegt und der eine kontrollierte Variation der Temperatur während eines Laufes zulässt.

Die Auflösung einer Säule steigt mit der Wurzel ihrer Länge. Die Länge einer Säule wird durch die für die Trennung zur Verfügung stehende Zeit und den maximal anwendbaren Druck bestimmt. Eine Verlängerung der Säule erhöht ihren Strömungswiderstand, so dass höhere Drücke angewandt werden müssen, um eine akzeptable Fließgeschwindigkeit aufrecht zu erhalten. Die geringe Viskosität des Gases als mobile Phase erlaubt die Verwendung relativ langer und daher spiralförmig aufgerollter Säulen in der GC. Grundsätzlich wird zwischen gepackten Säulen und Kapillarsäulen unterschieden. Gepackte Säulen haben eine Länge von 0,5 bis 5 m bei einem Durchmesser von 2 bis 4 mm und sind mit kleinen Partikeln gefüllt, auf denen die stationäre Phase aufgebracht ist. In Kapillarsäulen wird die stationäre Phase entweder als Film direkt auf die Wand aufgebracht (wall coated: wcot) oder in Form von beschichteten Trägerpartikeln, welche ihrerseits auf die Wand aufgebracht werden (support coated: scot). Dies reduziert den Strömungswiderstand erheblich, so dass kleinere Säulendurchmesser von 0,1 bis 0,7 mm bei deutlich höheren Längen von 5 bis 100 m realisiert werden können. Da Kapillarsäulen nicht mit Partikeln gefüllt sind, ist bei ihnen der A-Term der Van-Deemter-Gleichung sehr klein, und die resultierende Peakbreite dementsprechend kleiner als in gepackten Säulen. Bei ungefähr vergleichbaren Flussraten und Drücken bis 40 psi sind deswegen Kapillarsäulen mit bis zu 250 000 Bodenzahlen deutlich effizienter als gepackte Säulen, die Bodenzahlen von etwa 4000 erreichen. Während bei Kapillarsäulen mit etwa 0,1 µg Substanz gearbeitet wird, kann diese Menge bei gepackten Säulen ungefähr um den Faktor 100 höher liegen. Da präparative Anwendungen der GC keine praktische Rolle in den Biowissenschaften spielen und die Detektoren immer empfindlicher werden, werden die gepackten Säulen zunehmend von den in der Analytik effizienteren Kapillarsäulen verdrängt.

Wegen der in Gasen deutlich höheren Diffusionsgeschwindigkeit ist der B-Term der Van-Deemter-Gleichung in der GC deutlich höher als in der Flüssigchromatographie (LC). Da die Kurvenminima deutlicher ausgeprägt und besser zu untersuchen sind, spielt eine Optimierung der Fließgeschwindigkeit ggf. eher eine praktische Rolle als in der LC.

3.2.3
Detektoren in der GC

Es werden konzentrationsabhängige und massenstromabhängige Detektoren unterschieden. Konzentrationsabhängige Detektoren reagieren auf die Anzahl der Moleküle im Volumen des Detektors und reagieren daher nicht auf eine Erhöhung der Flussrate. Massenstromabhängige Detektoren registrieren die Masse der Moleküle im Detektor pro Zeiteinheit. Eine Erhöhung der Flussrate würde diesen Parameter erhöhen und damit die Signalhöhe vergrößern. Man unterscheidet ferner destruktive oder nichtdestruktive Detektoren. In Tab. 3.2 sind die wichtigsten Detektoren beider Typen aufgelistet. Je nach analytischer Anwendung stehen Detektoren mit verschiedenen Graden von Spezifizität, von generell anwendbar bis stark diskriminierend, zur Verfügung.

Detektoren erzeugen ein elektrisches Strom- oder Spannungssignal, das idealerweise ohne mathematische Transformationen direkt proportional zu Konzentration oder Substanzmenge ist. Der Wärmeleitfähigkeitsdetektor (WLD, auch TCD für Thermal Conductivity Detector) erkennt die Gegenwart von Analyten im Probengasstrom an dessen veränderter thermischer Leitfähigkeit gegenüber einem Referenzgasstrom. Beide Gasströme werden über Heizdrähte geleitet, deren Widerstände temperaturabhängig sind. Im Referenzgasstrom wird kontinuierlich eine Wärmemenge vom Heizdraht entfernt, die von den Trägergasmolekülen aufgenommen wird und deren Wärmeleitfähigkeit und Konzentration proportio-

Tab. 3.2 Detektoren in der Gaschromatographie.

Detektor	Abk.	Detektions-grenze	Dynamischer Bereich	Spezifizität
Wärmeleitfähigkeits-	WLD	0,5–1 ng	10^6–10^7	sehr niedrig
Flammenionisations-	FID	10–100 pg	10^7	niedrig
Thermionischer -	TID	10 pg N	10^6	hoch
Elektroneneinfang-	ECD	50–100 fg Cl	10^4–10^5	hoch
Massenspektrometrischer-	MS			sehr niedrig
Fourier-Transformations-Infrarot -	FT-IR			sehr niedrig

nal ist. Wenn sich Analyten im Probengasstrom befinden, werden sie ebenfalls eine Wärmemenge aufnehmen, die durch ihre Konzentration und Wärmeleitfähigkeit definiert ist, und damit den Heizdraht stärker kühlen als im Referenzstrom. Die daraus entstehenden unterschiedlichen Widerstände der Drähte können durch eine Wheatstonesche Brückenschaltung direkt voneinander abgezogen werden, so dass am Ende ein kontrollbereinigtes Spannungssignal entsteht. Der WLD ist allgemein einsetzbar auch für ansonsten schwer zu detektierende Substanzen. Er ist konzentrationsabhängig, nicht destruktiv und vergleichsweise unempfindlich.

Der Flammenionisationsdetektor (FID) ist massenstromabhängig, destruktiv und sehr empfindlich. Er verfügt außerdem über einen großen dynamischen Bereich. Der aus der Säule austretende Probengasstrom wird direkt in eine Knallgasflamme geleitet, in der brennbare Analyten bei ihrer Verbrennung ionisiert werden. Diese Ionen werden in einem elektrischen Feld, das zwischen Brennerdüse und einer austauschbaren Sammelelektrode anliegt, beschleunigt und erzeugen beim Auftreffen auf die Elektroden einen direkt messbaren Strom. Die Signalintensitäten, die von verschiedenen Analyten bei vergleichbaren Massenströmen erzeugt werden, steigen in guter Näherung mit der Anzahl der Reduktionsäquivalente, die ein Stoff abgeben kann, bis er komplett zu nicht höher oxidierbaren bzw. inerten Endprodukten verbrannt worden ist (CO_2, NO_x, N_2 u.ä.). Dementsprechend steigt die Signalstärke z. B. in einer Reihe homologer Alkane oder Alkohole mit der Kettenlänge und sinkt in einer Oxidationsreihe von Molekülen gleicher Kettenlänge vom Alkan über Alkohol und Aldehyd bis zur Carbonsäure. Der FID ist für Anwendungen der Biowissenschaften nur minimal spezifisch, da annähernd alle Analyten brennbar sind.

Der Thermionische Detektor (TID) ist eine Abwandlung des FID und auch als Stickstoff/Phosphor-Detektor (*Nitrogen-Phosphorus-Detektor*, NPD) bekannt. Durch Verwendung einer geheizten Alkalisalzperle wird ein Basisstrom erzeugt, der von Verbrennungsfragmenten aus Molekülen, die Stickstoff und Phosphor enthalten, durch selektive Adsorption auf der Salzperle unterbrochen wird. Dies verleiht dem Detektor hohe Spezifizität, die diesen besonders für die Detektion von Alkaloiden und stickstoffhaltigen Wirkstoffen sehr interessant macht.

Ebenfalls sehr spezifisch ist der Elektroneneinfangdetektor (*Electron-Capture-Detector*, ECD), der Analyten mit elektrophilen Komponenten wie Halogenen, Peroxiden, Nitrogruppen und in gewissem Maße, konjugierte Doppelbindungen zu detektieren vermag. Der radioaktive ß-Zerfall von ^{63}Ni erzeugt über ionisierte Trägergasmoleküle langsame Elektronen in der Detektorkammer, die durch eine angelegte Spannung einen konstanten Basisstrom bewirken. Dieser Basisstrom wird unterbrochen, wenn die Kammer von elektrophilen Analytenmolekülen durchquert werden, welche die Elektronen einfangen und somit verhindern, dass sie an die Anode gelangen. Der ECD ist ein nicht destruktiver, massenstromabhängiger und ein sehr empfindlicher Detektor, der besonders zur Analytik halogenierter Pestizide geeignet ist.

Die Kopplung von Massenspektrometern als Detektoren an eine GC ist als GC/MS für ihre Leistungsfähigkeit bekannt (siehe Abschnitte 4.3 und 4.5). Sie kann bei hoher Empfindlichkeit nicht nur die Bestimmung des Molekulargewichts ermöglichen, sondern erlaubt durch Registrierung des charakteristischen Zerfallsspektrums eines Analyten auch eine zuverlässige Identifizierung durch Vergleich mit Datenbanken. Dieser Prozess ist computergestützt und hat in Verbindung mit automatisierten Probenaufgabesystemen (Autosampler) hohe Bedeutung in der Analytik von Umweltgiften, ganz besonders aber im biomedizinischen Bereich, u. a. bei der Routineanalytik von Biomarkern und Metaboliten, Pflanzenschutzmitteln, kontrollierten Substanzen oder Dopingmitteln.

Je nach Geräte- und Säulenkonfiguration müssen beim Übergang der Probe aus der GC-Säule in den MS-Detektor die Trägergasmoleküle entfernt werden, da das Massenspektrometer im Hochvakuum arbeitet. Dazu wird der Probengasstrom durch eine Düse geleitet, wodurch die Moleküle beschleunigt werden. Nach dem Austritt aus der Düse müssen die Analyten eine kurze Strecke im Hochvakuum geradeaus fliegen, um in eine dünne Kapillare zu gelangen, die zum MS führt. Das Hochvakuum lenkt leichte Moleküle wie Trägergasmoleküle (meistens He oder N_2, je nach Anwendung aber auch H_2 oder Umgebungsluft) stark ab, so dass sie nicht in die Kapillare gelangen. Häufig in der GC-MS eingesetzte Ionisationsmethoden sind EI und CI (siehe Abschnitt 4.2). Die am weitesten verbreiteten Detektoren in GC-MS-Anwendungen sind Quadrupol-Analysatoren, die etwa ein Spektrum pro Sekunde aufzeichnen können. Da vom Computer für jeden Zeitpunkt ein komplettes Massenspektrum registriert wird, entsteht anstelle des üblicherweise zweidimensional dargestellten Chromatogramms ein dreidimensionales Datenfeld, in dem die kompletten Massenspektren der verschiedenen Analyten enthalten sind. Durch Auswahl eines beliebigen m/z-Ions kann man ein klassisch zweidimensionales Chromatogramm erhalten, welches nur die Elution des entsprechenden Analyten verfolgt. Ein entsprechendes Anwendungsbeispiel wird in Abschnitt 4.5 beschrieben.

Ähnlich wie die GC-MS-Kopplung liefert auch die Kopplung eines Fourier-Transformations-Infrarotspektrometers (GC-FT-IR) die Möglichkeit, in kurzer Zeit komplette Spektren eines Analytenpeaks zu erhalten. Im Gegensatz zu herkömmlichen IR-Spektrometern fahren Fourier-Spektrometer nicht den Wellenzahlbereich nacheinander ab, sondern emittieren einen kurzen Puls aller Wellenlängen und analysieren dessen Abklingsignal (FID, vergleiche Abschnitt 2.6.4). Aus einem solchen Spektrum erhält man Hinweise zu Strukturelementen des Analyten sowie die Möglichkeit der Identifizierung von Einzelsubstanzen durch Abgleich des IR-Fingerprintbereiches mit Originalspektren aus Datenbanken. Weitere bekannte Detektoren, die wegen ihrer relativ geringen Bedeutung in den Biowissenschaften hier nicht genauer besprochen werden, sind Atomemissionsdetektor, flammenphotometrischer Detektor und Photoionisationsdetektor.

3.2.4
Messgrößen in der GC

Da Retentionszeiten die physikochemische Eigenschaften von Analyten widerspiegeln, sind sie prinzipiell zu deren Charakterisierung geeignet. Um die Aussagekraft von Retentionsdaten zu erhöhen, verwendet man häufig die relative Retention. Diese ergibt sich aus der Definition der Selektivität a (Gl. 3.4), wobei eine der

Substanzen eine Referenzsubstanz (Standard) darstellt, die zusammen mit dem Analyten injiziert und bei der Mitteilung der Daten mit angegeben werden muss.

$$R_{rel} = \frac{t'_A}{t'_{Standard}} = \frac{k'_A}{k'_{Standard}} = \frac{K_A}{K_{Standard}} \qquad (3.9)$$

Die relative Retention R_{rel} ist dimensionslos, da sich alle Einheiten herauskürzen. Dadurch, dass Analyt und Referenzsubstanz im selben Experiment vermessen werden, werden die Auswirkungen der Schwankungen einer Reihe von experimentellen Parametern deutlich vermindert, auch wenn sie nicht vollständig herausgekürzt werden. Dies erhöht die Reproduzierbarkeit der relativen Retention gegenüber einfachen Retentionszeiten und erleichtert den Vergleich von Daten, die auf verschiedenen Geräten ermittelt wurden. Das Konzept der relativen Retention findet sich in ähnlicher Form ebenfalls in der Flüssigchromatographie, in der Dünnschichtchromatographie, in der Elektrophorese und in der Kapillarelektrophorese. In der GC werden Reihen homologer Alkane als Referenzsubstanzen benutzt. Wenn eine solche Reihe mit einem Temperaturgradient gefahren wird, eluieren die homologen Alkane in annähernd gleichen Abständen (Abb. 3.8).

Bei gleichbleibender Temperatur wachsen die Abstände zwischen den Homologen exponentiell. Es ist daher praktisch, einen Analyten dadurch zu charakterisieren, dass man seine logarithmierten Retentionszeiten zwischen denen zweier benachbarter homologer Alkane einsortiert. Die genaue Lage zwischen den Alkanen kann mit Hilfe des Kovats-Indexes numerisch beschrieben werden. Der Kovats-In-

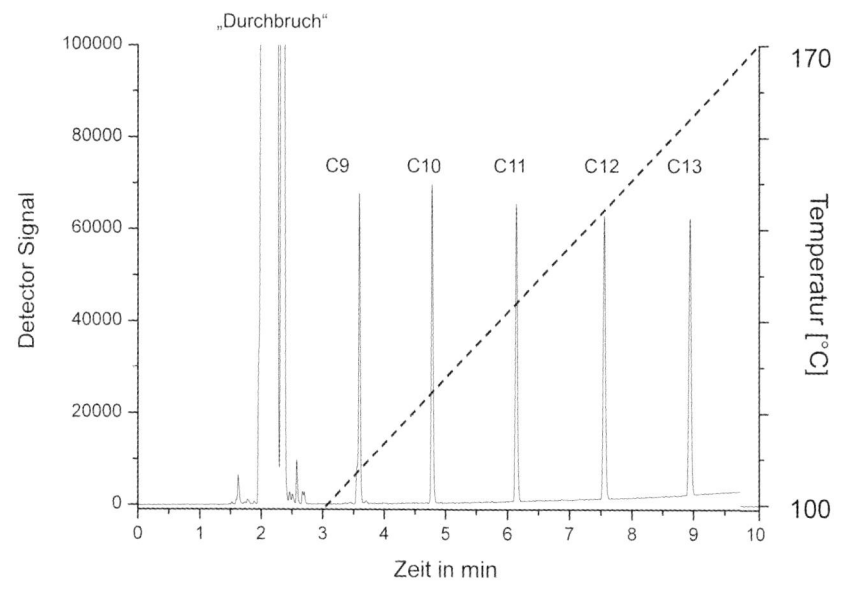

Abb. 3.8 Elution homologer Alkane im Temperaturgradienten. Der Verlauf der Temperatur ist durch die gestrichelte Linie gekennzeichnet.

dex *I*, auch C-Zahl genannt, lässt sich berechnen, indem die Nettoretentionszeiten des Analyten sowie der angrenzenden Alkane in Gl. (3.10) eingesetzt werden.

$$I = 100 \cdot z + 100 \cdot \frac{\log(t'_x) - \log(t'_z)}{\log(t'_{z+1}) - \log(t'_z)} \tag{3.10}$$

$t'x$ = Nettoretentionszeit der zu bestimmenden Komponente *x*
$t'z$ = Nettoretentionszeit des kürzerkettigen *n*-Alkans
$t'z_{+1}$ = Nettoretentionszeit des längerkettigen *n*-Alkans
z = Anzahl der Kohlenstoffatome des kürzerkettigen *n*-Alkans

3.2.5
Anwendungsbeispiel

Eine besondere Bedeutung kommt der GC in der Naturstoff-Forschung, der Pharmazeutischen Chemie und beim Nachweis des Konsums „kontrollierter Substanzen" zu. Viele Naturstoffe und die meisten Wirkstoffe, darunter auch solche, die als illegale Drogen oder Dopingmittel gelten, enthalten Stickstoff und sind deshalb mit einem thermionischen Detektor besonders akkurat zu quantifizieren. Amphetamine (Abb. 3.9) sind eine Substanzklasse, deren Derivate sowohl beim Doping als auch beim Freizeitkonsum häufig missbraucht werden.

Zum Nachweis solcher und ähnlicher stickstoffhaltiger Substanzen gibt es eine Reihe von Protokollen, mit denen die Substanzen zuverlässig und reproduzierbar aus Körperflüssigkeiten extrahiert werden können. In der Regel werden die Proben alkalisch gemacht, um Aminofunktionen zu deprotonieren. Da die Substanzen dadurch unpolar werden, können sie mit organischen Lösungsmitteln extrahiert werden. Diese Proben werden entweder direkt oder nach Eindampfen des Lösungsmittels per GC analysiert. In vielen Fällen geht der Analyse noch eine Derivatisierungsreaktion voraus. Außer durch einen NPD-Detektor können die Proben auch mit hoher Empfindlichkeit durch einen Elektroneneinfangdetektor registriert werden, wenn zur Derivatisierung ein halogenhaltiges Reagenz eingesetzt wurde. Durch Abgleich mit Fragmentierungsmustern in Datenbanken kann der eindeutigste Nachweis per GC-MS geführt werden (vergleiche Abschnitt 4.5). Mit diesen Methoden können Spuren von Amphetaminderivaten nachgewiesen werden. Besonders spektakulär und medienwirksam sind dabei Nachweise von Dopingmitteln in Urinproben von Sportlern und Analysen von Rückständen in Haaren.

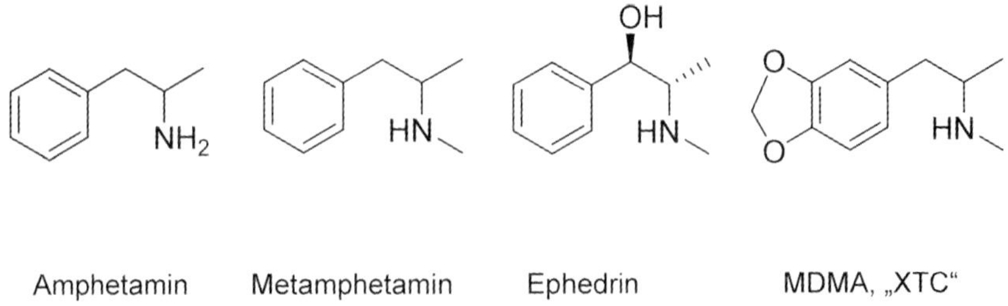

Abb. 3.9 Strukturformeln verschiedener Amphetamine.

Der Öffentlichkeit weniger bekannt sind die vielen Faktoren von denen abhängig ist, wie effizient Metabolite eingebaut werden. Die Wachstumsgeschwindigkeit der Haare spielt eine Rolle, die Ernährungsgewohnheiten der Testperson, Witterungseinflüsse auf das Haar oder die Stelle auf dem Kopf, an der das Haar entnommen wurde.

Außerdem ist es mit dem Nachweis von z. B. Methamphetamin in einer Haarprobe noch nicht getan. Vom Experimentator muss nachgewiesen werden, dass die detektierte Substanz tatsächlich aus dem Inneren des Haares stammt und nicht etwa durch äußere Verunreinigungen des Haares eingeschleppt worden ist. Es ist zum Beispiel argumentiert worden, dass auf Raverparties durch Schweißtropfen Amphetamine auf die Haare anderer Personen übertragen werden können. Obwohl sorgfältige Waschprozeduren geeignet sind, Substanzen von der Oberfläche des Haares quantitativ zu entfernen, besteht immer die Möglichkeit eines experimentellen Fehlers bei einzelnen Proben. Dies kann umgangen werden durch die gezielte Verunreinigung mit einem Standard aus deuteriertem Methamphetamin, z. B. Methamphetamin-d11, in dem 11 der 14 H-Atome durch Deuterium ersetzt sind. Durch diese Substitution verändern sich die physikalisch-chemischen Eigenschaften nur minimal, so dass die Substanz mit der gleichen Effizienz durch Waschschritte vom Haar entfernt bzw. in der Extraktionsprozedur aufbereitet wird, wie nicht deuteriertes Metamphetamin. Im analytischen Gaschromatogramm wird der Standard die gleiche Retentionszeit haben, wie endogenes Material aus dem Inneren des Haares. Durch Detektion in einem GC-MS-Gerät können jedoch innerhalb des Methamphetamin Peaks das endogene, nachzuweisende Material und der exogene Standard anhand ihrer um 11 Einheiten unterschiedlichen Massen unterschieden werden. Wenn kein deuterierter Standard mehr nachzuweisen ist, demonstriert dies die Wirksamkeit der Waschprozedur und erlaubt somit den Schluss, dass detektiertes undeuteriertes Material aus dem Inneren des Haares stammen muss.

3.3
Flüssigchromatographie

> ■ *Nach einem kurzen Vergleich der Vor- und Nachteile der Flüssigchromatographie gegenüber der Gaschromatographie wird der typische Aufbau einer modernen Chromatographieanlage mit Injektionsloops, Pumpen, Säulen und Detektoren erläutert. Besondere Aufmerksamkeit wird dem Probenaufgabesystem gewidmet, welches den Analyt aus Normaldruckbedingungen mitten in den hochdruckgetriebenen Fluss einer HPLC-Anlage bringen muss. Auch die Detektoren, die sich wesentlich von denen in der GC verwendeten unterscheiden, werden besprochen. Chromatographie an Normalphasen und Umkehrphasen wird im Zusammenhang mit dem Konzept der Elutionskraft des Fließmittels und der eluotropen Reihe eingeführt. Nachfolgend werden Ionenaustausch und Größenaustausch als weitere wichtige Varianten der Chromatographie in den Biowissenschaften besprochen.*

3.3.1
Allgemeines zur Flüssigchromatographie

Die Trennung durch Flüssigchromatographie (LC für liquid chromatography) ist für ein deutlich größeres Spektrum an Analyten geeignet als die Gaschromatographie. Insbesondere muss ein Analyt nicht unzersetzt verdampfbar, sondern nur in einem geeigneten Fließmittel löslich sein. Es existieren daher auf LC basierte Techniken zur Trennung von Analyten, die praktisch jeder Größe und Polarität haben können.

Die technische Entwicklung der Flüssigchromatographie verlief während einiger Jahre deutlich langsamer als die der Gaschromatographie. Einer der wesentlichen technischen Schwierigkeiten in der LC liegt in der Viskosität der mobilen Phase. Bei vergleichbaren Korngrößen und Kapillardurchmessern müssen in der LC deutlich höhere Strömungswiderstände überwunden werden und der Erhöhung der Bodenzahl durch Verlängern der Säule sind relativ enge Grenzen gesetzt. Ein großer Vorteil wird durch die Benutzung kleinerer Partikel erzielt, welche die spezifische Oberfläche einer stationären Phase erhöht und die Auflösung verbesserten, da die Eddie-Diffusion (A-Term der Van-Deemter-Gleichung) und damit die Peakbreite verkleinert sind. Der durch die kleineren Partikel erhöhte Strömungswiderstand macht hohe Drücke erforderlich. Dies hat zur Entwicklung der Hochdruckchromatographie (High Pressure Liquid Chromatography HPLC) geführt. Obwohl die Bodenzahlen in der HPLC nicht die in der GC erreichen, hat das hohe wissenschaftliche und kommerzielle Interesse an der Analyse von Wirkstoffen und hochmolekularen Biopolymeren eine intensive Weiterentwicklung von Methoden und Ausrüstung, u. a. von verbesserten Hochdruckpumpen, bewirkt. Die Kopplung mit anderen Techniken der instrumentellen Analytik, wie UV-VIS-Absorption, Fluoreszenz- und Massenspektroskopie, ermöglicht eine weitgehend automatisierbare und zeitsparende Charakterisierung mehrerer Analyten eines Gemisches in einem einzigen Lauf.

3.3.2
Geräteaufbau: Fließmittelbewegung, Probenaufgabe, Säulen

Chromatographie an offenen Säulen ohne Fließmittelpumpe findet praktisch nur noch in der synthetischen Chemie zur präparativen Trennung von Reaktionsprodukten in nennenswertem Umfang Anwendung. Die große Mehrheit der chromatographischen Anwendungen findet in geschlossenen Systemen statt. Der typische Aufbau einer geschlossenen Anlage zur Säulenchromatographie beinhaltet zwei oder mehr Vorratsgefäße für Komponenten der mobilen Phase, welche durch eine Pumpe nach eventuellem Durchgang durch einen Entgaser in eine Mischzelle gefördert werden. Nach Durchmischung passiert das Fließmittel nacheinander ein Probenaufgabesystem, die Trennsäule, einen oder mehrere Detektoren und kann schließlich als Eluat fraktioniert gesammelt werden. Praktisch jeder der Schritte von Probenaufgabe über Pumpensteuerung, Signalerfassung und Signalanalyse bis zur Fraktionierung wird in modernen Geräten vom Computer unterstützt und zum Teil völlig selbstständig durchgeführt.

Die Verwendung mehrerer Vorratsbehälter ist weit verbreitet und hat praktische Gründe. Zunächst müssen LC-Säulen in der Regel in einem besonderen Puffergemisch gelagert werden, welches auf die Art der stationären Phase abgestimmt ist und deren Stabilität gewährleistet. In der Regel werden Säulen daher nach dem Einbau mit dem Fließmittel equilibriert und nach dem Experiment wieder mit Lagerpuffer gespült. Ferner werden bei der Optimierung des Fließmittels häufig verschiedene Mischungsverhältnisse zweier Ausgangslösungen getestet. Diese Vorgänge lassen sich mit dem beschriebenen Aufbau einfach und computergesteuert durchführen. Besonders wichtig ist die Möglichkeit, die Zusammensetzung des Fließmittels während des Experimentes durch Verändern des Mischverhältnisses gradientenförmig zu variieren. Dies entspricht einer Veränderung der Verteilungskoeffizienten während des Experimentes und kann die Peakform spät eluierender Analyten positiv beeinflussen. In den Anfängen der Säulenchromatographie war die Teilchengröße der stationären Phasen noch relativ groß und daher wurde kein hoher Druck benötigt. Die Fließgeschwindigkeit konnte durch Platzieren der Fließmittelbehälter in relativer Höhe zur Säule reguliert werden, ebenso wie die Gradientenform der Mischung zweier Lösungen durch deren relative Höhe zueinander reguliert wurde.

Da moderne Chromatographieanlagen praktisch immer mit erhöhtem Druck fahren, müssen die Fließmittel sorgfältig entgast werden, damit während des Experiments keine Gasblasen ausperlen und sich in der Säule oder in den Detektoren festsetzen. Dies ist umso wichtiger, je höher die angewandten Drücke sind. Die Entgasung kann durch Ultraschall, kurzes Anlegen von Vakuum, oder durch Sättigung mit Helium erfolgen. Entgasung durch Ultraschall oder Vakuum ist jedoch nur einige Stunden wirksam und muss dann wiederholt werden. Daher enthalten moderne HPLC-Systeme bereits häufig eine Entgasungsvorrichtung.

Bei Chromatographie im geschlossenen System wird ein spezielles Probenaufgabesystem benötigt, welches bei Normaldruck mit einem exakt definierten Volumen befüllt werden kann und die Probe nach einem Umschaltvorgang zwischen Gradientenmischer und Säule in das System unter Betriebsdruck einbringt. Ein derartiges System ist in Abb. 3.10 dargestellt. Es enthält sechs gleichmäßig im Kreis angeordnete Anschlüsse, auch als Ports bezeichnet, von denen durch drei Verbindungselemente jeweils zwei benachbarte in Reihe geschaltet sind. Die Verbindungselemente sind um 60° drehbar, so dass nach Drehung alle Anschlüsse mit jeweils dem Nachbaranschluss verbunden sind, mit dem sie vor der Drehung nicht verbunden waren. Die Drehung lässt sich durch einen Hebel ausführen, welcher sich entweder in der Ladestellung oder in der Injektionsstellung befindet. Wenn sich der Hebel in Ladestellung befindet und die sechs Ports, wie in Abb. 3.10 gezeigt, verbunden werden, entstehen zunächst zwei getrennte Systeme. Im Hochdrucksystem tritt das von der Pumpe kommende Fließmittel in den Port 2 ein, fließt durch die Verbindung b zu Port 3, wo es das Injektionsmodul in Richtung Säule verlässt. Im anderen System herrscht Umgebungsdruck. Die Probe wird in der Regel mit einer speziellen Spritze am Port 5 in das Modul gespritzt, von wo sie durch Verbindung c zum Port 4 fließt. Zwischen den Ports 4 und 1 ist ein Stück Kapillare definierten Durchmessers und definierter Länge montiert, welches Probenschleife genannt wird. Die Menge der injizierten Probe sollte auf die

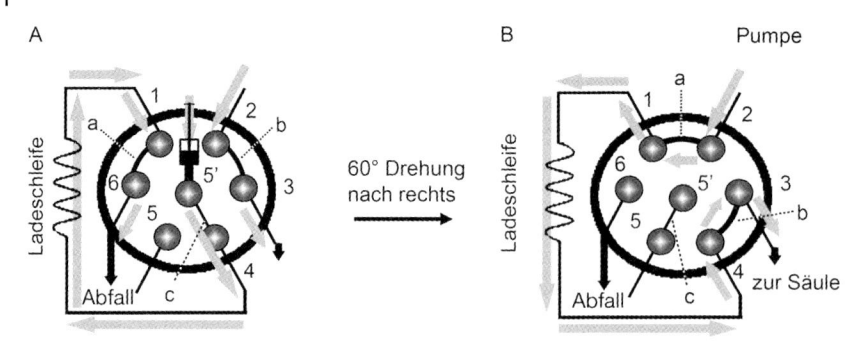

Abb. 3.10 Probenaufgabesystem für die HPLC. **A:** Load Stellung. **B:** Inject Stellung.

Dimensionen der Probenschleife abgestimmt sein, so dass die vordere Front der eingespritzten Probenlösung nur bis Port 1, maximal noch durch die Verbindung a bis Port 6 vordringt, da jedes zusätzliche Probenvolumen verloren geht. Flüssigkeit, die sich vor dem Laden in der Probenschleife befindet, wird über Port 6 in den Abfall verdrängt. Nach dem Laden der Probenschleife wird der Hebel um 60° nach rechts von der Lade- in die Injektionsposition gedreht. Das simultane Verschieben der drei Verbindungen a, b und c schaltet dabei die Probenschleife in Serie zwischen der Pumpe und der Säule. Diese neu entstandene Verbindung führt vom Port 2, an dem immer noch der Eintritt des Fließmittels stattfindet, über Verbindung a zu Port 1 und von dort in die Probenschleife. Der Inhalt der Probenschleife wird jetzt, in umgekehrter Richtung zu seiner Befüllung, durch Port 4 wieder herausgedrückt und über die Verbindung b zu Port 3 geleitet, von wo die Probe auf die Säule gelangt. Während diese gesamte Strecke dem Hochdruck der HPLC-Pumpe ausgesetzt ist, führt die Verbindung c direkt vom Injektionsport 5 zum Abfallport. Wenn der Hebel auf der Stellung „Inject" steht, fließt also jede aus der Spritze in Port 5 injizierte Probe direkt in den Abfall. Häufig befindet sich die Einstichstelle für die Spritze im geometrischen Zentrum 5′ des Injektionsmoduls und ist mit einem Extrakanal so verbunden, als ob direkt in Port 5 injiziert würde. Automatisierte Probenaufgabesysteme (so genannte Autosampler) beinhalten zusätzlich noch eine Vorrichtung zum Aufziehen der Probe aus einem Probenglas in die Injektionsnadel. Derartige computergesteuerte Systeme ermöglichen z. T. hohe Reproduzierbarkeit und Zeitsparnis bei der Routineanalyse, da sie relativ unbeaufsichtigt arbeiten können.

Typische Größen von Probenschleifen variieren zwischen 20 µL für analytische und 1 ml für präparative Anwendungen. Wegen der Viskosität der mobilen Phase werden in der LC bei gleicher Säulenlänge sehr viel höhere Drücke als in der GC benötigt. Daher werden in der LC keine langen Kapillarsäulen, sondern kompakte Säulen mit einigen mm Durchmesser benutzt, deren Längen in der Regel zwischen einigen cm und einem halben Meter variieren. Die Füllung besteht aus Kügelchen von 5 bis 50 µm Durchmesser mit möglichst homogener Größenverteilung aus verschiedenen Materialien und mit einer Vielzahl von Beschichtungen, deren technische und chemische Details in Verbindung mit den Trennprinzipien besprochen werden. LC-Säulen sind empfindlich gegenüber Verstopfung durch nichtlösliche Partikel.

3.3.3
Detektoren in der Flüssigchromatographie

Zur Detektion von Analyten nach flüssigchromatographischer Trennung steht eine Reihe von Detektoren zur Verfügung, die im Gegensatz zur GC bis auf Ausnahmen nicht destruktiv arbeiten, da LC vielfach präparativ eingesetzt wird. Aus der GC bekannte Detektionsprinzipen wie Wärmeleitfähigkeit, Flammenionisaton oder Elektroneneinfang scheitern am störenden Einfluss des Lösungsmittels. Bei vielen Lösungsmitteln gilt dies auch für die Anwendung der FT-IR-Spektroskopie. Statt dessen werden Eigenschaften wie Absorption und Fluoreszenz im UV-VIS-Bereich, Refraktion, Leitfähigkeit, pH-Wert und Masse (LC-MS-Kopplung) zur Detektion genutzt. In speziellen, hier nicht diskutierten Anwendungen kommen auch chemische Detektoren und elektrochemische Detektoren zum Einsatz, die auf Amperometrie, Voltametrie und Coulometrie basieren.

Der UV-Detektor wird in deutlich über zwei Dritteln aller LC-Anwendungen benutzt und ist damit einer der wichtigsten Detektoren in der LC überhaupt. Er detektiert Analyten, in denen elektronische Übergänge im UV-VIS-Bereich des elektromagnetischen Spektrums angeregt werden können. Besonders weit verbreitet in den Biowissenschaften ist die Detektion von Aromaten im Bereich von 260 bis 280 nm, da Proteine, Nukleinsäuren und sehr viele Wirkstoffe und Metaboliten aromatische Ringsysteme enthalten. Zur Detektion von Nukleinsäuren und Proteinen in Gemischen werden häufig die Verhältnisse der Absorptionswerte bei 260 und 280 nm herangezogen.

Das von der Säule kommende Eluat wird in einer Z-förmigen Anordnung durch eine Messzelle aus Quarz geleitet, deren Mittelstück dem optischen Weg des Lambert-Beerschen-Gesetzes entspricht (siehe Abschnitt 2.2.9). Da das Signal proportional zum optischen Weg ist, bestimmt die Länge dieses Weges die untere Nachweisgrenze, aber auch den Sättigungsbereich. Für Anwendungen, in denen Peaks hoher Intensität detektiert werden sollen, gibt es so genannte präparative Messzellen, deren kürzerer optischer Weg auch bei relativ hohen Analytkonzentrationen nicht zu einer Sättigung der Absorption führt. Einfache Detektoren benutzen Banden der Quecksilberlampe in Verbindung mit Spektralfiltern fester Wellenlänge, z. B. bei 254 nm, 313 oder 365 nm.

Anspruchsvollere Geräte sind mit einem Diodenarray-Detektor (DAD) ausgerüstet, welcher in schneller Folge vollständige UV-VIS-Spektren aufnehmen kann. Ähnlich wie in Benchtop-Spektrophotometern werden getrennte Lichtquellen für den UV-Bereich (Deuteriumlampe) und den VIS-Bereich (Wolframlampe) verwendet. Besonders bei verunreinigten oder schlecht aufgelösten Peaks erleichtert eine dreidimensionale Darstellung der Spektren in Abhängigkeit von der Zeit eine Analyse der Zusammensetzung.

Die in der LC benutzten Fluoreszenzdetektoren gleichen im Aufbau normalen Fluoreszenzspektrometern für Messungen in Küvetten. Unter besonderen Umständen können Detektoren sogar als Spektrometer genutzt werden. Die Detektoren basieren auf der Photonenemission der Analyten nach Anregung mit Licht aus dem UV-VIS-Bereich. Die Wahl der richtigen Anregungswellenlänge setzt eine Kenntnis der spektralen Eigenschaften des Analyten voraus und wird durch vorhergehende Untersuchungen der Absorptions-, Anregungs- und Emissionsspektren erleichtert (Abschnitt 2.4.4). Fluoreszenz im Allgemeinen und die Kombination von Anregungs- und Emissionswellenlängen im Besonderen sind starke Selektionskriterien, so dass die Detektion eines fluoreszierenden Analyten ausgesprochen spezifisch und empfindlich sein kann. Wegen dieser Vorteile werden Analyten in bestimmten Anwendungen mit Fluoreszenzmarkern konjugiert. So ist Fluoreszenzmarkierung von Aminosäuren vor und nach erfolgter Trennung bekannt. Ähnlich wie beim DAD können leistungsstarke Fluoreszenzdetektoren kontinuierlich komplette Emissionsspektren während eines Chromatographielaufs aufzeichnen.

Detektoren, die auf Änderungen des Refraktionsindexes ansprechen, sind unspezifisch und liefern wenig Information über den Analyten, sprechen jedoch auf fast alle Analyten an und sind daher generell einsetzbar. Wegen der Temperaturabhängigkeit des Brechungsindexes (Abschnitt 2.2.4) müssen sie sehr genau thermostiert werden. Für Gradientenelutionen sind sie ungeeignet.

3.3.4
Normal- und Umkehrphase

Adsorption und Verteilung als wesentliche Trennprinzipien sind bereits bei der allgemeinen Betrachtung der Chromatographie eingeführt worden. Im Folgenden wird deren technische Umsetzung in der LC betrachtet, gefolgt von einer Besprechung der Ionenaustauschchromatographie. Abschließend wird die Größenausschlusschromatographie etwas ausführlicher behandelt.

Stationäre Phasen, deren Trennwirkung auf polaren Wechselwirkungen beruhen, werden als Normalphasen bezeichnet. Die am weitesten verbreitete Normalphase in der Adsorptionschromatographie ist Silikagel (Siliziumoxid). In der chemischen Synthese wird außerdem relativ viel Alox (Aluminiumoxid) für präparative Aufreinigungen verwendet. Beide Oxide werden an der Oberfläche in wässriger Lösung teilweise hydrolysiert und weisen dann Hydroxylgruppen auf, die eine wichtige Rolle bei den Trennvorgängen spielen. Hauptsächlich beruht die Trennung auf Polaritätsunterschieden der Analyten, gegebenenfalls ist auch die Fähigkeit zur Bildung von Wasserstoffbrückenbindungen wichtig. Wenn ein polarer Analyt in einem unpolaren Fließmittel über eine polare stationäre Phase wie Silikagel strömt, hat er wegen der starken polaren Wechselwirkungen eine hohe Affinität für die Oberfläche und weniger Tendenz, in der unpolaren mobilen Phase in Lösung zu gehen. Der Analyt wird stark zurückgehalten und hat daher eine lange Retentionszeit. Wenn es sich um Verteilungschromatographie handeln würde, würde man, statt mit hoher Affinität für die stationäre Phase, mit einem hohen Verteilungskoeffizienten argumentieren. Die Retentionszeit kann durch Erhöhung der Polarität des Lösungsmittels verringert werden, weil sich dadurch die Tendenz des polaren Analyten erhöht, sich in der mobilen Phase zu lösen. Man spricht von erhöhter Elutionskraft des Fließmittels. Bei einer polaren stationären Phase erhöht sich die Elutionskraft des Fließmittels mit dessen Polarität. Der Analyt kann außer über polare Wechselwirkungen auch über Wasserstoffbrückenbindungen mit der Oberfläche wechselwirken, zum Beispiel mit den Hydroxylgruppen des hydrolysierten Silicagels, wie in Abb. 3.11 gezeigt. Analyten deren Adsorption stark durch derartige Wechselwirkungen beeinflusst ist, werden leichter mit protischen Lösungsmitteln eluiert, da dissoziierte Protonen um die Wasserstoffbrückenbindungsstellen sowohl auf der Oberfläche als auch am Analyten konkurrieren.

Die Anordnung gängiger organischer Lösungsmittel nach steigender Elutionskraft ist als *eluotrope Reihe* bekannt:

Eluotrope Reihe: n-Hexan < Isooctan < tert. Butylmethylether < Toluol < Chloroform < Dichlormethan < THF < Dioxan < Essigester < Acetonitril < Isopropanol < Ethanol < Methanol < Wasser

Die hohe Elutionskraft der Alkohole geht auf die Kombination von hoher Polarität und dem Vorhandensein dissoziierbarer Protonen zurück. Bei der Wahl eines Fließmittels zur Optimierung einer Trennung beginnt man in der Regel bei einem Lösungsmittel niedriger Elutionskraft, um diese dann zu steigern. Die Steigerung der Elutionskraft kann statt durch das Testen mehrerer Lösungsmittel zunächst einfacher durch Variation des Mischungsverhältnisses zweier Komponenten erfolgen. Gradientenelution von einer Normalphase beginnt mit einem Fließmittelgemisch mit einem geringen Anteil eines Lösungsmittels hoher Elutionskraft, der dann stetig gesteigert wird. Elution mit einem Fließmittelgemisch konstanter Zusammensetzung wird als isokratische Elution bezeichnet. Wenn der Analyt Säure- bzw. Basenfunktionen enthält, spielt der pH des Fließmittels eine gesteigerte Rolle für die Trennung. Dies ist insbesondere bei pharmazeutischen Bestimmungen und in der Medikamentenentwicklung fast immer der Fall, da die meisten Wirkstoffe Carbonsäure- oder Aminogruppen enthalten. Das Verhältnis zwischen pH-Wert des Fließmittels und den pK_a- bzw. pK_b-Werten der Säure- und Basengruppen bestimmt deren Protonierungsgrad entsprechend der Gleichung von Henderson und Hasselbalch. Protonierte und deprotonierte Spezies unterscheiden sich erstens um eine ganze Elementarladung in ihrer Polarität und zweitens deutlich in ihrer Fähigkeit, Wasserstoffbrückenbindungen auszubilden. Um zu vermeiden, dass geringfügige Schwankungen des pH-Wertes während des Laufes starke Auswirkung auf den Protonierungsstatus des Analyten haben, wählt man einen pH des Fließmittels, welcher so weit vom respektiven pK_a bzw. pK_b Wert entfernt ist, dass eine möglichst konstante Protonierung gewährleistet ist. Bei der Trennung von Karbonsäuren auf Silikagelphasen kann ein Tailing der Peaks häufig durch Zusatz von Essigsäure oder TCA zum Fließmittel verhindert werden. Vorversuche zur Optimierung von Trennungen an Normalphasen können sehr effizient dünnschichtchromatographisch auf Silikagel- oder Aloxplatten durchgeführt werden, da sich die Ergebnisse gut auf die Säulenchromatographie übertragen lassen (vergleiche Abschnitt 3.4).

Durch Umsetzen der Hydroxylgruppen einer hydrolysierten Siliziumoxidoberfläche mit Chlorsilanen (dargestellt in Abb. 3.11) lassen sich die Trenneigenschaften der Oberfläche durch die Einführung einer Vielzahl funktioneller Reste modu-

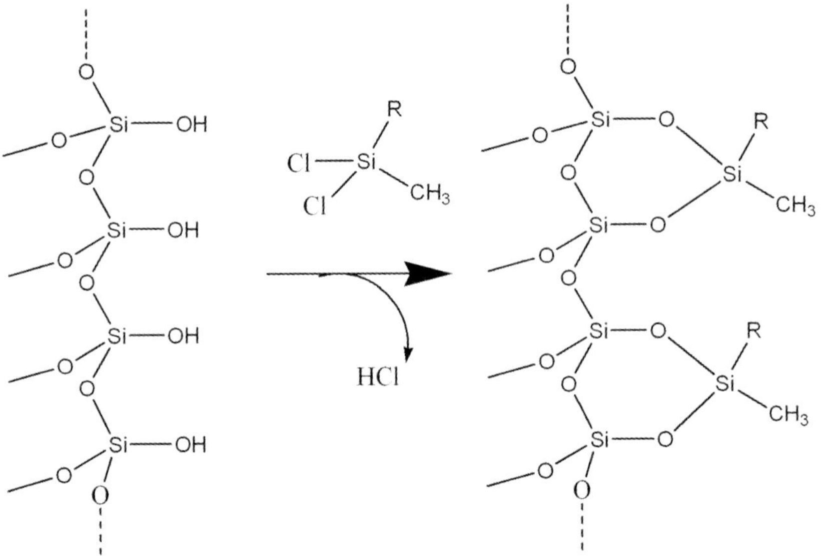

Abb. 3.11 Derivatisierung von Normalphasen durch Silylierungsreagentien.

lieren. Wenn diese Reste R polar sind, z. B. Nitril, Diol, Amino- oder Dimethylaminoreste, spricht man von chemisch gebundenen Normalphasen. Insbesondere bei den Aminogruppen können bei der Trennwirkung aber schon gewisse Aspekte der Ionenaustauschchromatographie auftreten (siehe weiter unten). Als effizient zur Trennung von Enantiomerengemischen hat sich die Chromatographie an chiralen stationären Phasen erwiesen.

Wenn die Reste R in Abb. 3.11 Alkylgruppen sind, entstehen auf der vormals polaren Oberfläche lipophile Strukturen, in denen insbesondere die langkettigen Alkane durch Van-der-Vaals-Kräfte wie in einer Membran geordnet sein können, wenn die Oberflächenbedeckung dicht genug ist. Sie werden dann auch als Bürsten bezeichnet. Ihre Trenneigenschaften sind wegen der Umkehrung der Oberflächeneigenschaft von polar nach unpolar ebenfalls umgekehrt, d. h. sie binden lipophile Substanzen besser als polare. Daher werden solche Phasen auch als Umkehrphasen bezeichnet. Die englische Bezeichnung Reversed Phase findet sich als Abkürzung in Verbindung mit der Länge der Alkylketten, z. B. RP-18 für Octadecylreste, RP-8 für Octylreste etc.

Weil lipophile Analyten nicht nur an der Grenzfläche zur mobilen Phase adsorbieren, sondern in die lipophile Phase eindringen können, haben Trennungen auf RP-Phasen umso mehr den Charakter von Verteilungschromatographie, je länger die Alkylketten sind, da die langen Ketten eine lipophile Phase mit einem Volumen bilden. Häufig werden die langen Alkylketten mit einer Flüssigkeit aus Kohlenwasserstoffen verglichen. Obwohl der genaue Trennmechanismus unklar ist, impliziert die erhöhte Retention von unpolaren Analyten durch längere Alkylketten, insbesondere RP-18, zumindest einen teilweisen Lösungsvorgang der Analyten in der Kohlenwasserstoffphase.

Auf RP-Phasen werden lipophile Analyten stärker zurückgehalten als polare, und die Retention ist in polaren Fließmitteln stärker als in unpolaren. Für lipophile Phasen kehrt sich daher die Elutionskraft der eluotropen Reihe in guter Näherung um. Ausnahmen von dieser Regel können durch den Einfluss von Wasserstoffbrückenbindungen entstehen, deren Beitrag an der Umkehrphase praktisch entfällt. Die Unterscheidung zwischen isokratischer und Gradientenelution gilt auch für Chromatographie an Umkehrphasen. Entsprechend der vorangehenden Diskussion wird ein Gradient mit einem Gemisch aus einem großen Anteil an stark polarem Lösungsmittel und einem geringen Anteil eines relativ unpolaren Lösungsmittels begonnen. Durch die graduelle Steigerung des Anteils an unpolarem Lösungsmittel erniedrigt man den Verteilungskoeffizienten der Analyten im Verlauf der Trennung.

In Analogie zur eluotropen Reihe dreht sich in der Regel auch die Elutionsreihenfolge einer Mischung von Analyten unterschiedlicher Polarität um, wenn man von der Normalphase auf die Umkehrphase wechselt. Ausnahmen von dieser Faustregel können wiederum durch den Einfluss von Wasserstoffbrückenbindungen auf die Retention bedingt sein. Reversed Phase Analytik kann mit einem großen Spektrum an Analyten von stark polar bis unpolar betrieben werden und besitzt daher hohe Bedeutung in Gebieten wie Pharmazie, Wirkstoffforschung, Biochemie, Lebensmittelchemie, Schadstoffanalytik, forensischer Chemie und klinischer Chemie. Im Gegensatz zur Chromatographie auf der Normalphase können Ergebnisse von RP-DC Platten jedoch nicht immer ohne weiteres auf die Säule übertragen werden. Ein weiterer Nachteil ist die problematische Durchführung von Chromatographie an Umkehrphasen im präparativen Maßstab.

Eine Spezialform der Verteilungschromatographie an Umkehrphasen ist die Ionenpaarchromatographie zur Analytik ionischer Substanzen.

3.3.5
Ionenaustauschchromatographie

Stationäre Phasen mit immobilisierten Ionen können als Ionenaustauscherharze fungieren. Die Ionenaustauschchromatographie (engl. Ion Exchange Chromatography IEC) dient der Trennung ladungstragender Analyten. Die Retention eines Analyten basiert in diesem Fall auf der elektrostatischen Wechselwirkung zwischen Anion und Kation. Dementsprechend sind Kationenaustauscher Harze, die chemisch gebundene Anionen, z. B. in Form von Carbonsäure- oder Sulfonsäuregruppen, enthalten, während Anionenaustauscherharze in der Regel chemisch gebundene Kationen enthalten. DEAE-(Diethylaminoethyl)-Cellulose ist ein weit verbreiteter Anionenaustauscher, dessen protonierte Amine Anionen durch elektrostatische Kräfte auf der Oberfläche des Harzes binden. Die gebundenen Anionen befinden sich in einem dynamischen Gleichgewichtsprozess mit Anionen in Lösung, mit denen sie je nach Konzentration und Ladungsdichte austauschen. Ist also ein anionischer Analyt, wie z. B. eine Nukleinsäure, auf der Oberfläche gebunden, tauschen die Nukleinsäuremoleküle dynamisch mit den Anionen des Fließmittels aus, so dass immer ein definierter Bruchteil gebunden und der respektive Rest in Lösung bleibt. Da die Zahl der Ionenbindungsplätze auf der Oberfläche limitiert ist, können diese Verhältnisse näherungsweise mit einer Adsorptionsisotherme beschrieben werden. Bei isokratischer Arbeitsweise erfolgt die Wanderung über die Säule in Analogie zu den Verteilungs- und Adsorptionsvorgängen, wie sie in Abschnitt 3.1. erklärt wurden. Die Elutionskraft hängt nicht von der Polarität des Fließmittels, sondern von dessen Konzentration an Ionen ab. Die Ladungsdichte, also das Verhältnis von Ladungszahl und Größe, sowie die chemischen Eigenschaften der Ionen haben ebenfalls Einfluss auf die Elutionskraft. In Analogie zu den Temperaturgradienten der GC und den Lösungsmittelgradienten der Normalphasen- und Umkehrphasenchromatographie können Analyten auch durch Gradienten mit steigender Salzkonzentration eluiert werden, welche das Austauschgleichgewicht zugunsten des freien Analyten verschieben. Eine andere Betrachtungsweise deutet die Vorgänge als eine Art Konkurrenz um die Ionenbindungsplätze, von denen die Analyten durch hohe Salzkonzentrationen oder Ionen höherer Affinität verdrängt werden.

Dementsprechend gibt es für beide Arten von Ionenaustauschern Affinitätsreihen, in denen das nachfolgende Ion das jeweils vorstehende durch seine höhere Affinität (bei vergleichbarer Konzentration) verdrängt.

Für monovalente Anionen lautet die Reihe:

$$F^- < OH^- < Cl^- < CN^- < Br^- < NO_3^- < HSO_4^- < J^-$$

Die entsprechende Reihe für monovalente Kationen lautet:

$$H^+ < Na^+ < NH_4^+ < K^+ < Cs^+ < Ag^+$$

Diese Reihenfolgen können zur Abschätzung der Elutionsreihenfolge einer Analytenmischung aus diesen Ionen auf einer Austauschersäule dienen. Wenn man gleichstarke Ionenlösungen auf ihre Elutionskraft vergleicht, ähneln diese Reihen der eluotropen Reihe von Lösungsmitteln. Auffällig sind die relativ geringen Elutionsstärken der Protonen und Hydroxylionen. Um Metallionen aus Kationenaustauschern herauszuwaschen, braucht man daher stark saure Lösungen. Derartige regenerierte Harze sind geeignet, um Metallionen jeder Art, z. B. aus Trinkwasser, zu entfernen. In Kombination mit einer entsprechenden Anionenaustauschersäule kann man auf diese Weise effizient deionisiertes Wasser erzeugen. Da der pH-Wert die Konzentration von Wasserstoff- bzw. Hydroxylionen widerspiegelt, ist klar, dass er einen starken Einfluss auf die Elutionskraft des Fließmittels hat. Ionenaustauschchromatographie wird z. B. zur Analyse von mit Borsäure derivatisierten Zuckern eingesetzt. Besondere Bedeutung in der Biotechnologie kommt ihr auch bei der Aufreinigung von Proteinen und Nukleinsäuren zu.

Die Analytik von anorganischen Ionen mit Hilfe von Ionenaustauschharzen ist auch als Ionenchromatographie bekannt. Sie findet bevorzugt Anwendung bei der Analyse von Trinkwasser. In der Regel wird ein Leitfähigkeitsdetektor eingesetzt, der jedoch durch den Salzgehalt des Fließmittels ein hohes Hintergrundsignal erzeugt, was die Signalstärke deutlich verringert. Moderne Detektoren können diese

Basisleitfähigkeit auf elektronischem Wege abgleichen und die Signale der eluierenden Analyten mit akzeptabler Empfindlichkeit herausfiltern. Eine alternative Lösung verwendet bei der Analytik von z. B. Kationen eine starke Säure, etwa Salzsäure, zur Elution und entfernt die Gegenionen, in diesem Fall die Chloridionen, durch eine nachgeschaltete Anionenaustauschersäule. Die Chloridionen tauschen gegen Hydroxylionen aus, welche die Salzsäure neutralisieren. Danach sind außer den Analyten keine Ionen mehr vorhanden, die Hintergrundstrom verursachen. Die Analytik von Anionen wird entsprechend umgekehrt ausgeführt. Diese Zwei-Säulen-Methode ist älter und aufwendiger, jedoch (noch) empfindlicher als die Ein-Säulen-Analytik.

3.3.6
Größenausschlusschromatographie

Die Größenausschlusschromatographie wird im Englischen SEC für Size Exclusion Chromatographie abgekürzt. Sie benutzt keine stationäre Phase, an der Adsorptions- oder Verteilungsprozesse im Sinne der entsprechenden Chromatographiearten ablaufen könnten. Das Füllmaterial von SEC-Säulen ist vielmehr darauf optimiert, jegliche derartige Wechselwirkung mit den Analyten zu vermeiden. Stattdessen enthalten die einige µm großen Partikel in der SEC-Säule kleine Poren und Höhlen, deren Durchmesser je nach Material und Anwendung zwischen 10 und 2500 Å betragen kann und deren Effekt mit den Poren vergleichbarer Größe in Dialysemembranen vergleichbar ist. Für sehr kleine Moleküle wie Salze macht sich der Durchmesser der Poren kaum bemerkbar, sie können ohne nennenswerte Behinderung passieren und in das dahinter liegende Flüssigkeitsvolumen eintreten. Für Moleküle, die im Verhältnis zu den Poren sehr groß sind, sind die Poren und das dahinter liegende Volumen praktisch nicht existent. In der klassischen Anwendung der Dialyse in der Molekularbiologie macht man sich diesen Effekt zu Nutze, um den Salzgehalt einer Lösung hochmolekularer Proteine durch Osmose mit einem großen Volumen „hinter" den Poren zu senken. In der Praxis wird die Proteinlösung häufig in einem Membranschlauch mit kleinem Volumen in ein großes Becherglas mit Dialyselösung eingebracht. In der SEC sind die Verhältnisse der Volumina ausgeglichener, der Entsalzungseffekt ist jedoch effizienter und vor allem schneller. Das Volumen „hinter" den Poren ist das Volumen der Hohlräume im Inneren der Partikel des Füllmaterials. Es wird auch als inneres Volumen (V_i) bezeichnet und ist nur kleinen Analyten zugänglich. Das Volumen, welches sich außerhalb der Partikel befindet, wird Ausschlussvolumen (V_0) genannt und ist allen Analyten zugänglich. Wenn Fließmittel mit einer konstanten Geschwindigkeit durch die Säule gepumpt wird, eluieren sehr große Analyten mit dem Ausschlussvolumen, da sie in keinen der Partikel eindringen, während sehr kleine Analyten zusätzlich zum Ausschlussvolumen das innere Volumen „sehen", d. h. durchwandern. Analyten von mittlerer Größe erfahren Teile dieses Trenneffektes in dem Maße, wie ihre Größe ein Eindringen in das innere Volumen zulässt. Im Gegensatz etwa zur Gelelektrophorese eluieren in der SEC die großen Moleküle zuerst. Daher wird die Trennwirkung der SEC auch als „inverser Filtereffekt" bezeichnet.

Das Elutionsvolumen für mittlere Moleküle ist:

$$V_e = V_e + K \cdot V_i \tag{3.11}$$

Wobei K einen Wert zwischen 0 und 1 annehmen kann und beschreibt, welchen Bruchteil des inneren Volumens ein Analyt penetriert. K hat den Stellenwert eines Verteilungskoeffizienten, der die Konzentrationsverhältnisse zwischen stationärer und mobiler Phase wiedergibt. Demnach entspräche das innere Volumen dem Volumen einer stationären Phase. Per Fortführung dieser Analogie ergibt sich V_0 als Totvolumen.

In anderen Chromatographiearten eluieren mit dem Totvolumen Lösungsmittelmoleküle, die keinerlei Wechselwirkung mit der stationären Phase eingegangen waren. In der SEC ist dies nicht möglich – da das Fließmittel aus kleinen Molekülen besteht, wird es sogar stark retardiert, daher wird zur Definition des Totvolumens ein Analyt herangezogen, der nicht mit der stationären Phase wechselwirkt. Tatsächlich dienen in der Praxis sehr große Moleküle zur Bestimmung des Totvolumens, zum Beispiel wegen seiner unkomplizierten Detektion Dextranblau. Weil K nur zwischen 0 und 1 variiert und niemals unendlich groß ist, wird im Gegensatz zu andern Chromatographiearten kein Analyt auf der stationären Phase dauerhaft immobilisiert. Vielmehr ist nach Durchfluss der Summe aus V_i und V_0 das gesamte Volumen mit neuem Fließmittel ausgetauscht und der Chromatographielauf damit beendet, vorausgesetzt es finden keine unerwünschten Adsorptionsvorgänge statt.

Für mittlere Werte von K verhält sich das Gesamtelutionsvolumen etwa linear zum negativen Logarithmus des Molekulargewichtes (Abb. 3.12) und kann daher zu dessen ungefährer Abschätzung dienen. Da jedoch die Form, und nicht das Molekulargewicht, das Eindringverhalten in die Poren diktiert, geht man in erster Näherung von einer Kugelform der Analyten aus. Daher sind Abschätzungen des Molekulargewichtes relativ ungenau und mit Fehlern behaftet, die stark von der Form des Analyten abhängen. Trotzdem besitzt dieses Verfahren große Bedeutung bei der Analyse von Proteinen und Proteinkomplexen, zu deren Gewichtsabschätzung eine SEC-Säule mit Proteinen bekannter Größe und globulärer Form kalibriert wird. In der Molekularbiologie wird SEC häufig in stark reduzierter Form zum Entsalzen von Proteinen oder Nukleinsäuren verwendet. Dazu genügt ein kleines, aber definiertes Volumen an Füllmaterial in einer kleinen Säule von einigen mm bis wenigen cm Länge. Die zu entsalzenden Biopolymere passieren die Säule im Totvolumen und werden so zuverlässig von niedermolekularen Stoffen getrennt. In noch kleinere Varianten können Biopolymere in einem Volumen von wenigen μl durch Zentrifugation durch SEC-Füllmaterial entsalzt werden. Jede SEC-Säule fungiert gleichzeitig effizient beim Transfer von Biopolymeren in ein anderes Puffermilieu, vorausgesetzt die Säule wurde vorher mindestens mit einem Volumen V_0+V_i des gewünschten Puffergemisches equilibriert. Anwendungen im wässrigen Medium verwenden ein gelartiges Füllmaterial mit hydrophiler Oberfläche. Daher ist die SEC im wässrigen Medium auch als Gelfiltration bekannt. Die SEC von Analyten in unpolaren organischen Lösungsmitteln ist auch als Gelpermeations-Chromatographie bekannt und verwendet hydrophobe Packungen.

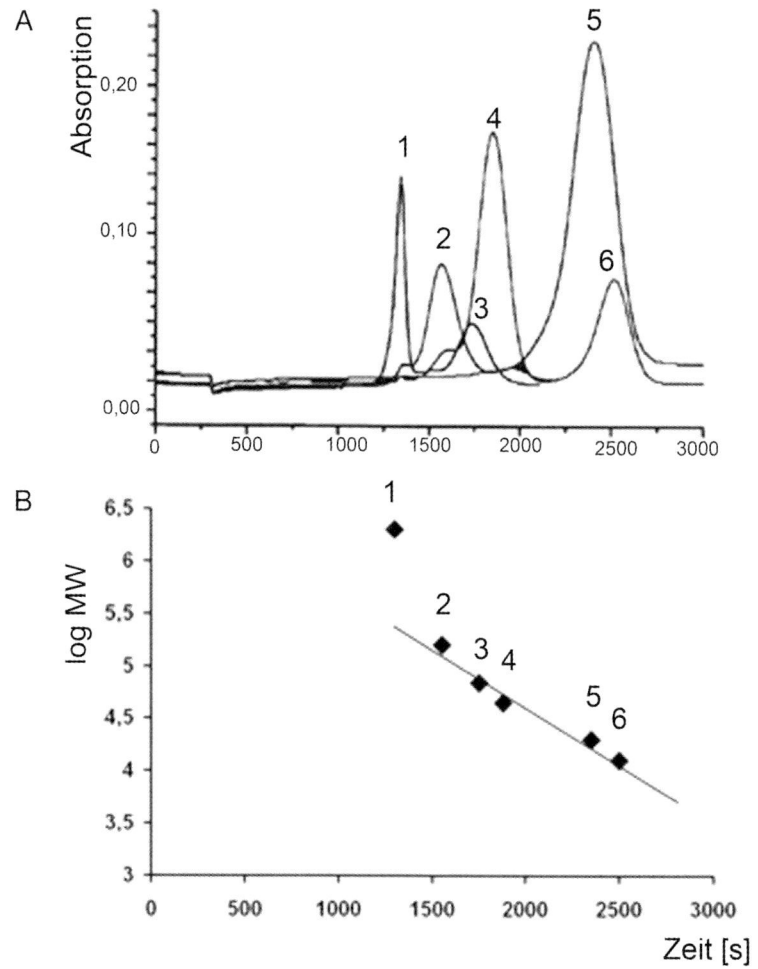

Abb. 3.12 Größenausschluss-Chromatographie. **A:** Elutionsprofil von Makromolekülen unterschiedlicher Größe in mehreren Läufen auf einer Sephacrylsäule. **B:** Logarithmische Auftragung des Molekulargewichtes gegen die Elutionszeit. Substanz 1 (Dextranblau MW 2000 kDa) markiert das Ausschlussvolumen. Im Bereich der Substanzen 2 bis 6 besteht ein logarithmischer Zusammenhang zwischen Molekulargewicht und Elutionszeit. 2: Alkohol-Dehydrogenase 150 kDa; 3: BSA 69 kDa; 4: Albumin 45 kDa; 5: Chymotrypsin 25,6 kDa; 6: Cytochrom C 12,4 kDa.

3.3.7
Anwendungsbeispiel: Aufreinigung eines Proteins durch Affinitätschromatographie

Eine besondere Art der Adsorptionschromatographie ist die Affinitätschromatographie. Bei konventioneller Adsorptionschromatographie sind die Bindungsstellen auf den Oberflächen Materialeigenschaften, die sich aus den chemischen Charakteristika der stationären Phase oder ihrer Beschichtung ergeben und die eventuell auf dem Niveau funktioneller Gruppen manipuliert werden können (z. B. Cyano- oder Phenylgruppen zur Derivatisierung von Siliziumoxidoberflächen). Affinitätschromatographie arbeitet gezielt mit organischen oder Biomakromolekülen als Beschichtung, von denen bekannt ist, dass sie mit einem zu isolierenden Analyten eine starke, unter Umständen sogar physiologisch signifikante, Wechselwirkung vom Typ Ligand-Rezeptor eingehen. Ein bekanntes Beispiel ist die Wechselwirkung zwischen Biotin und Streptavidin, deren Bindungsstärke die von kovalenten Wechselwirkungen erreicht.

Die Verwendung von immobilisierten Nickelionen zur Isolierung von Proteinen, die eine Sequenz von mehreren Histidinen enthalten, ist unter der Abkürzung IMAC (immobilized-metal affinity chromatography) weit verbreitet. In die proteincodierenden Gene wird die für die sechs Histidine codierende Sequenz durch Klo-

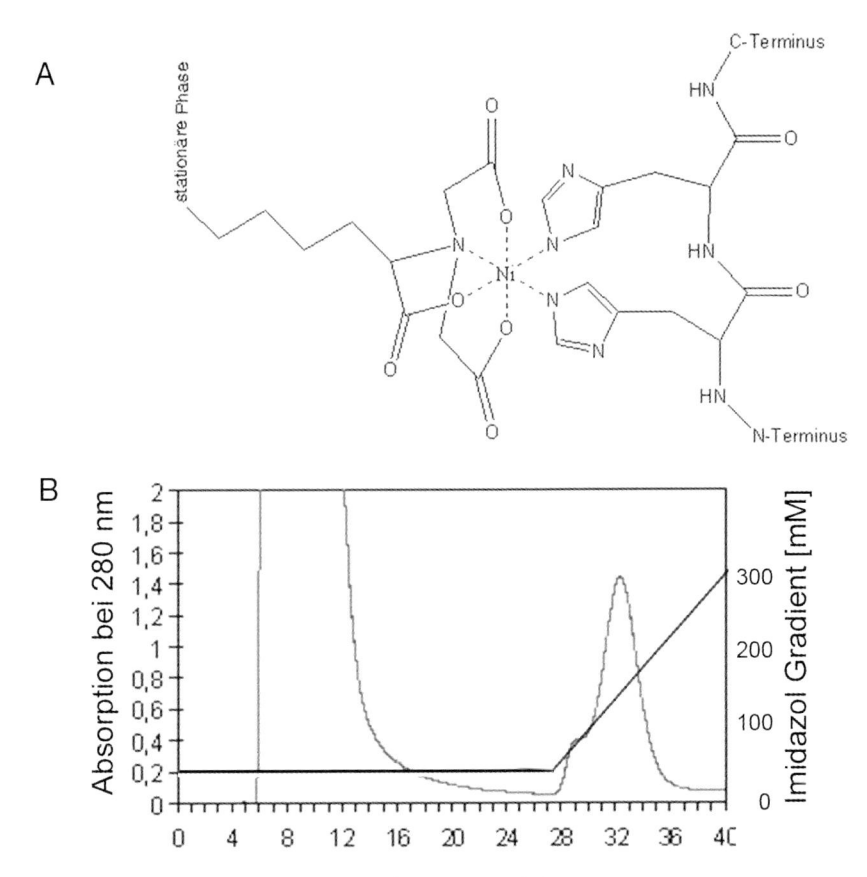

Abb. 3.13 Affinitätschromatographie mit chelatierten Nickelionen. **A:** Koordination der Seitenkette zweier Histidine an ein Nickelion, welches durch Koordination von vier seinen sechs Bindungsstellen über ein Molekül NTA auf der stationären Phase immobilisiert ist. **B:** Chromatogramm einer IMAC Aufreinigung eines Proteins mittels eines Konzentrationsgradienten aus Imidazol.

nierungstechniken eingefügt. Solche in der Regel überexprimierten Proteine sind in der Literatur als 6xHis-tagged-Proteine bekannt. Die Nickelionen können auf einem Trägermaterial wie Agarose mit Hilfe eines chelatierenden Agens wie Nitrilotriessigsäure (NTA für nitrilotriacetic acid) immobilisiert werden. In Abb. 3.13 B ist ein Chromatogramm der Aufreinigung eines 6xHis-tagged-Proteins zu sehen, welches durch einen UV-Absorptionsdetektor bei 280 nm aufgezeichnet wurde.

Nach dem Laden eines Lysates von aufgeschlossenen *E. coli* Bakterien wird die Säule eine Zeit lang mit Puffer gespült. Zunächst eluieren mit dem Totvolumen zwischen 6 und 16 min alle Proteine, die nicht auf der Säule binden. Danach werden die immobilisierten Proteine mit einem Konzentrationsgradienten von Imidazol eluiert, welches mit den Imidazolseitenketten der Histidine um die Bindungsstellen am Nickelion konkurriert. Bei 28 min ist zunächst eine Schulter von Proteinen zu sehen, die mit niedriger Spezifität gebunden waren. Bei etwa 33 min wird das gewünschte Protein als großer Peak eluiert. Zur Dokumentation der Effizienz dieser Aufreinigung können die einzelnen Fraktionen durch Elektrophorese auf Reinheit untersucht werden. Die entsprechende Technik und ihre Anwendung auf die in Abb. 3.13 zu sehende Präparation finden sich in Abschnitt 3.5.6.

3.4
Dünnschichtchromatographie

> ■ *Die Dünnschichtchromatographie wird sowohl als eigenständige chromatographische Technik als auch als schnelle, apparativ wenig aufwendige und billige Alternative zur LC, und schließlich auch als Methode zur Voroptimierung von HPLC Trennungen eingeführt. Die unkomplizierte Durchführung und Entnahme von Retentionsfaktoren sowie deren Umrechnung in Kapazitätsfaktoren und die Möglichkeit, die Ergebnisse mit denen der Flüssigchromatographie zu vergleichen, werden erläutert. Nach kurzen Ausführungen zu Detektionsmethoden und Ansätzen zur quantitativen Analyse werden die Vorzüge zweidimensionaler DC am Anwendungsbeispiel der Trennung eines komplexen Gemisches von Nukleotiden illustriert.*

3.4.1
Allgemeines

Dünnschichtchromatographie (DC, oder Thin Layer Chromatography TLC) ist eine planare chromatographische Methode, wie auch die wegen ihrer geringen Bedeutung hier nicht besprochene Papierchromatographie und die Elektrochromatographie.

Eine Vielzahl stationärer Phasen, die aus der LC bekannt sind, wie Alox, Silikagel, modifiziertes Silikagel (z. B. RP-18), Polyamid und Zellulose, finden auch auf DC-Platten Verwendung, wo sie einige hundert μm dick auf Trägerplatten aus Aluminium, Glas oder Kunststoff aufgetragen werden. Die Platten sind meist

20 × 20 cm groß, können nach Bedarf zugeschnitten und nur einmal verwendet werden. DC ist wegen des geringen technischen Aufwandes, der einfachen Handhabung, ihrer Geschwindigkeit und schließlich wegen der guten Übertragbarkeit der Ergebnisse auf die LC weit verbreitet. Alle Überlegungen zu den Verhältnissen zwischen Polarität der stationären Phase, Polarität der Analyten und eluotroper Reihe gelten so, wie sie für die Säulen-LC besprochen worden sind.

Zur Durchführung einer DC werden die Proben in der Regel durch Auftupfen einer stark verdünnten Probenlösung aus einer Glaskapillare auf einer Startlinie, die in 1 bis 2 cm Entfernung parallel zur Unterkante eingezeichnet wird, aufgetragen. Die Platte wird möglichst aufrecht mit der Unterkante in eine Glasküvette gestellt, deren Boden etwa 0,5 bis 1 cm mit Fließmittel bedeckt ist. Die so genannte Entwicklung beruht auf dem Transport der mobilen Phase durch Kapillarwirkung nach oben. Aus Gründen der Reproduzierbarkeit sollte darauf geachtet werden, dass die Atmosphäre der Kammer mit Fließmittel gesättigt ist, da dies die Aktivität der stationären Phase beeinflusst. Je nach Länge der Platte und Kapillarwirkung dauert die Entwicklung einer Platte einige Minuten bis zu einem Tag. Längen über 10 cm werden nur gefahren, wenn besonders gute Auflösung nötig ist, und Längen über 20 cm haben keine praktische Bedeutung mehr. Da das Aufsteigen der Fließmittelfront mit zunehmender Länge immer langsamer wird, wird die Entwicklung häufig schon vor dem Erreichen des Plattenendes durch die Fließmittelfront abgebrochen. Dann wird sofort mit einem Bleistift der Verlauf der Fließmittelfront auf der Platte eingezeichnet und die Entfernung zur Startlinie X_f vermessen.

Nach dem Trocknen der Platte müssen die in der Regel punktförmigen Signale der Analyten sichtbar gemacht werden. Wenn die Analyten nicht selber fluoreszieren oder radioaktiv markiert sind, können sie gegebenenfalls durch Anfärben, wie zum Beispiel Besprühen mit konzentrierter Schwefelsäure, Iodlösung oder Ninhydrin, sichtbar gemacht werden. Sehr gebräuchlich sind fluoreszenzimprägnierte DC-Platten, die man an der Markierung F_{254} erkennen kann. Beleuchtet man die entwickelten Platten mit einer UV-Handlampe bei 254 nm, so fluoresziert die ganze Platte außer an den Stellen, wo Moleküle, die ein UV-Chromophor enthalten, das UV-Licht absorbieren und so Fluoreszenz verhindern. Da Fluoreszenzlöschung in Flüssigkeiten stärker ist als in Feststoffen, ist es wichtig, die Platten gut zu trocknen.

Gelegentlich wird DC auch präparativ angewandt. Die stationäre Phase des Spots wird in diesem Fall losgekratzt, gesammelt, der Analyt mit einem Lösungsmittel hoher Elutionskraft in Lösung gebracht und durch Zentrifugation von der stationären Phase getrennt. In der DC erhält man ein so genanntes inneres Chromatogramm, weil die Analyten nicht die ganze Trennstrecke durchlaufen und die stationäre Phase nicht an deren Ende verlassen. Zur Auswertung werden die zurückgelegten Strecken X_a jedes Analyten von der Startlinie bis zum Mittelpunkt des Substanzflecks (spot) gemessen. Die Spots haben wie die Peaks des äußeren Chromatogramms die Form einer Gaußkurve, deren Standardabweichung in der horizontalen Dimension jedoch nicht von den Verteilungsvorgängen beeinflusst ist. Daraus ergibt sich die gelegentlich ovale Form der Spots.

3.4.2
Messgrößen in der Dünnschichtchromatographie

Da die Trennung in der DC auf den gleichen Adsorptions- und Verteilungsvorgängen beruht wie in der Säulenchromatographie, ist es sinnvoll, die gleichen Parameter zu ihrer Charakterisierung zu benutzen. Allerdings ist die zentrale Größe eines inneren Chromatogramms der R_f-Wert, in Gl. (3.12) definiert als X_a, normiert auf die Gesamtlaufstrecke des Fließmittels X_f. R_f ist somit dimensionslos und nicht ohne weiteres mit einer Retentionszeit zu vergleichen.

$$R_f = \frac{X_a}{X_f} \tag{3.12}$$

Insbesondere zeigen Analyten mit einem größeren Verteilungsquotienten k, die stärker mit der stationären Phase wechselwirken, in der Säulenchromatographie eine größere Retentionszeit, aber einen kleineren R_f in der DC. Weniger häufig wird auf die Laufstrecke einer Referenzsubstanz normiert (Gl. 3.13).

$$R_S = \frac{X_a}{X_{RS}} \tag{3.13}$$

Die erhaltene Größe R_S ist der Relativen Retention in der GC oder der Säulen-LC analog, welche ebenfalls dimensionslos ist. Auch hier ist zu beachten, dass Analyten mit höheren Verteilungskoeffizienten kleinere R_S-Werte, aber größere Relative Retentionen verursachen.

Sowohl Kapazitätsfaktor als auch Selektivitätsfaktor lassen sich in Abhängigkeit von den R_f-Werten darstellen, indem man die durchwanderten Strecken von Lösungsmittelfront und Substanz als Maß für ihre Wanderungsgeschwindigkeit nimmt. Da die Trennstrecke genau der Laufstrecke des Fließmittels entspricht, kann man die Gesamtzeit des Experimentes gleich der Totzeit setzen, die das Fließmittel braucht, um die Trennstrecke ohne Wechselwirkung zu durchqueren. Der Analyt, der während des Experiments die Länge X_a durchquert, ist um den Faktor R_f langsamer als das Fließmittel. Seine Bruttoretentionszeit ist also entsprechend größer und kann durch den Kehrwert von R_f als Vielfaches der Totzeit ausgedrückt werden.

$$t_a = \frac{t_0}{R_f} \tag{3.14}$$

Setzt man dies in die Definition des Kapazitätsfaktors Gl. (3.3) ein, dann ergibt sich Gl. (3.15):

$$K' = \frac{t_a - t_0}{t_0} = \frac{\frac{t_0}{R_f} - t_0}{t_0} = \frac{1}{R_f} - 1 = \frac{1 - R_f}{R_f} \tag{3.15}$$

So kann man per DC aus den R_f-Werten Kapazitätsfaktoren berechnen, welche näherungsweise das Verhalten auf einer LC-Säule aus gleichem Material und mit gleichem Fließmittel vorhersagen. Aus diesem Grund hat die DC wegen ihrer Einfachheit große Bedeutung in der Voroptimierung von Trennmethoden für die LC und HPLC und in etwas geringerem Maße in der Molekularbiologie und der Arzneimittelanalytik. Kommerziell werden sowohl automatisierte Probenauftragegeräte als auch DC-Platten-Lesegeräte zur quantitativen Auswertung der Spots angeboten. Häufig werden zur Erleichterung der Identifizierung von Substanzen in einem komplexen Gemisch mehrere authentische Referenzproben neben dem Analytengemisch aufgetragen.

Eine besonders attraktive Anwendung der DC ist die zweidimensionale Variante. Dazu wird nur eine Probe auf einem Punkt in der Nähe einer Ecke mit etwa 1,5 cm Abstand zu beiden Kanten aufgetragen. Die Entwicklung in der ersten Dimension sollte in einem leicht und vollständig verdampfbaren Fließmittelgemisch erfolgen, um die zweite Trennung nicht zu beeinflussen. Nach der Trennung in der ersten Dimension wird die Platte sorgfältig getrocknet, um 90° gedreht und in einem zweiten Fließmittel entwickelt, welches möglichst andere Trenneigenschaften haben sollte als das der ersten Dimension (z. B. Polarität, pH, u.ä). Auf diese Weise können in komplexen Gemischen oft Analyten getrennt werden, die in der ersten Dimension nur grob in Gruppen ähnlicher R_f-Werte separiert worden waren.

3.4.3
Anwendungsbeispiel: Trennung von Nukleotiden durch zweidimensionale Dünnschichtchromatographie

Durch die sequentielle Anwendung von zwei Fließmitteln mit unterschiedlichen Trenneigenschaften kann die zweidimensionale Dünnschichtchromatographie mit einfachen Mitteln sehr gute Auftrennungen erreichen. Dies ist besonders nützlich, wenn die zu trennenden Substanzen und ihre R_f-Werte gut bekannt sind. Diese Situation ist für die Trennung von modifizierten Ribonukleotiden gegeben, von denen mehrere Dutzend in einem DC-System aus zwei Fließmitteln auf einer Cellulosephase katalogisiert sind. Abb. 3.14 zeigt ein Autoradiogramm einer Trennung in zwei Dimensionen. Einige µL der radioaktive Probe wurden in der unteren linken Ecke aufgetragen und die Platte in der ersten Dimension entwickelt. Das Fließmittel ist vollständig verdampfbar, so dass für die zweite Dimension keine Rückstände auf der Platte verbleiben. Nach der Trocknung wurde die Platte um 90° nach links gedreht und in der zweiten Dimension entwickelt. Bei der mit ^{32}P markierten Probe handelte es sich um ein Gemisch aus den vier Ribonukleotiden A, C, G und U mit kleinen Anteilen an methylierten und isomerisierten Derivaten, die mit dieser Technik quantifiziert werden können.

Mit dieser Methode können fmol Mengen an modifizierten Nukelotiden nachgewiesen werden. Damit ist sie sogar empfindlicher als eine Kombination LC/MS-MS, (siehe Abschnitt 4.5) welche für ein ähnliches Analyseziel einige pmol benötigt, allerdings ohne Radioaktivität auskommt.

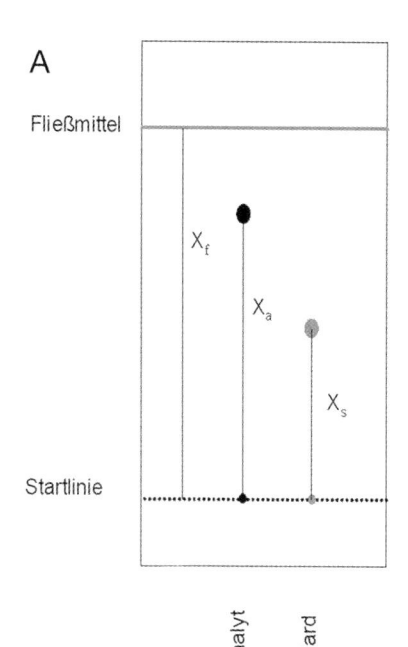

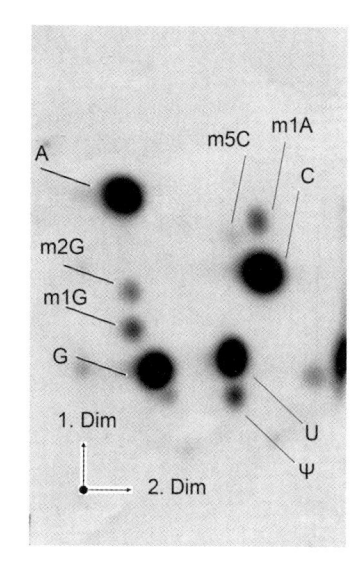

Abb. 3.14 Dünnschichtchromatographie. A: Entnahme der wichtigen Messgrößen X_a, X_f, X_s aus einem Chromatogramm. **B:** Separation von Ribonukleotiden durch zweidimensionale Dünnschichtchromatographie. Die Trennung auf Cellulose erfolgte in der ersten Dimension (nach oben) mit einem Gemisch aus Isobuttersäure, Ammoniak und Wasser im Sauren. Die zweite Dimension (nach rechts) wurde bei hoher Salzkonzentration und neutralem pH entwickelt. Die vier Ribonucleotide sind mit A, C, G und U bezeichnet, methylierte Derivate enthalten ein „m" sowie die Position der Methylierung. ψ steht für Pseudouridin.

3.5 Elektrophorese

■ *In diesem Kapitel werden die Grundlagen der Elektrophorese und ihre aus der Perspektive der Biowissenschaften wichtigsten Anwendungen vorgestellt. Nach einer Einführung in die physikalischen Grundlagen wird zunächst die Zonenelektrophorese in den verschiedene Ausführungen nativ und denaturierend, horizontal und vertikal sowie unter Verwendung verschiedener Trägermaterialien wie Agarose oder Polyacrylamid betrachtet. Wegen ihrer besonderen Bedeutung im Sammelgel von SDS-Proteingelen wird die Funktionsweise der Isotachophorese kurz erläutert. Eine ähnlich große Bedeutung für die Proteinanalytik hat die nachfolgend besprochene Isoelektrische Fokussierung, welche sehr häufig als erste Dimension von zweidimensionalen Proteingelen Anwendung findet.*

3.5.1
Physikalische Grundlagen der Elektrophorese

Der Begriff Elektrophorese bezeichnet die Wanderung bzw. Trennung von geladenen Teilchen im elektrischen Feld. Während Elektrophorese vielfach zur Trennung kleiner Moleküle eingesetzt wird, hat sie ihre überragende Bedeutung hauptsächlich wegen ihrer hohen Auflösung in der Trennung von Biopolymeren erlangt. Aus diesem Grund wird hier besonders auf Elektrophoresetechniken von Proteinen und Nukleinsäuren eingegangen, die zum Standardrepertoire jeden Labors gehören, in dem molekularbiologisch gearbeitet wird. Zum besseren Verständnis der nachfolgenden Theorie sind Grundkenntnisse der Begriffe Leitfähigkeit, Widerstand, Stromfluss und Spannung nötig, deren ausführliche Zusammenhänge ggf. in Lehrbüchern der Physik nachgelesen werden sollten. Unabdinglich ist ein Verständnis der Zusammenhänge zwischen Widerstand R, Stromfluss I, Spannung U und Leitwert G in Form des Ohmschen Gesetzes (3.19):

$$R = \frac{U}{I} = G^{-1} \tag{3.16}$$

Entscheidend für eine erfolgreiche Trennung ist vor allem das Zusammenspiel von antreibender elektrischer Kraft und zurückhaltenden Reibungskräften. Auf ein geladenes Teilchen in einem konstanten elektrischen Feld wirkt die elektrische Kraft F_{el} (Gl. 3.17), die proportional zur Ladungszahl und Feldstärke E^{Feld} ist.

$$F_{el} = E^{Feld} \cdot e \cdot z \tag{3.17}$$

In einem homogenen Feld, wie es in der Elektrophorese verwendet wird, werden alle Ionen für die Dauer des Experiments mit der gleichen Kraft beschleunigt. Ohne Reibungseffekte würden die Teilchen ständig schneller werden und letztendlich auf eine der beiden Elektroden treffen. Die Reibungskraft ist der Geschwindigkeit der Ionen proportional und wirkt daher in entgegengesetzter Richtung, sobald die Ionen eine Geschwindigkeit ungleich Null haben.

$$F_{Stokes} = 6\pi \cdot \eta \cdot v \cdot r \tag{3.18}$$

Da die Reibungskraft anfangs wegen der kleinen Geschwindigkeit gering ist, wird das Ion weiterhin von der elektrischen Kraft beschleunigt, so dass seine Geschwindigkeit wächst, bis die daraus resultierende Reibungskraft dem Betrag nach genauso groß ist wie die elektrische Kraft und diese neutralisiert.

$$F_{Stokes} = F_{El} \tag{3.19}$$

Die Ionen wandern von nun an mit konstanter Geschwindigkeit, welche proportional zum elektrischen Feld und damit zur angelegten Spannung ist, wie durch Einsetzen und Umformen der Gl. (3.17) bis (3.19) zu erkennen ist.

$$e \cdot z \cdot E^{Feld} = 6\pi \cdot \eta \cdot v \cdot r \rightarrow v = \frac{e \cdot z \cdot E^{Feld}}{6\pi \cdot \eta \cdot r} = u \cdot E^{Feld} \qquad (3.20)$$

Die Proportionalitätskonstante u nennt man die elektrophoretische Mobilität. Die Leitfähigkeit einer Flüssigkeit ist von der Konzentration und der Mobilität der in ihr enthaltenen Ionen abhängig. Wie aus Gl. (3.20) zu erkennen ist, wächst die Mobilität mit der Ladungszahl des Ions und hängt umgekehrt proportional vom Teilchenradius ab. Diese Betrachtungen sind von einem simplen Modell der Viskosität abgeleitet und müssen bei der Verwendung von restriktiven Medien wie Papier oder Gel verfeinert werden.

Elektrophoresetechniken können anhand verschiedener Kriterien in sich teilweise überlappende Kategorien eingeteilt werden. Mit der Struktur des Elektrischen Feldes als Kriterium ergeben sich Zonenelektrophorese, Diskontinuierliche Elektrophorese und Isoelektrische Fokussierung als konzeptionell sehr unterschiedliche Kategorien, welche im Folgenden erläutert werden. Dabei wird es notwendig, Aspekte weiterer Kategorien wie native und denaturiende, horizontale und vertikale, sowie Trägerelektrophorese punktuell zu erläutern.

3.5.2
Zonenelektrophorese

In der Zonenelektrophorese wird eine räumliche Trennung der Analyten in einem räumlich und zeitlich möglichst homogenen elektrischen Feld aufgrund ihrer unterschiedlichen Mobilitäten erreicht. Die Homogenität des elektrischen Feldes wird durch die Verwendung von Pufferlösungen hergestellt, deren Zusammensetzung im Anodenraum und Kathodenraum identisch ist. Die nachfolgende detaillierte Betrachtung soll die Wirkungsweise und Limitierungen dieser Technik illustrieren.

Das Anlegen einer Spannung an eine wässrige Lösung verursacht einen minimalen Stromfluss durch Ionentransport, welcher in reinem Wasser nur durch den Analyten und die aus der Eigendissoziation des Wassers enstehenden Wasserstoffkationen und Hydroxylanionen getragen würde. Deutlich höher ist der Basisstrom, der bei der Elektrophorese vom ionisierten Bruchteil einer Puffermischung getragen wird, die aus schwachen Säuren und schwachen Basen besteht.

Daher liegt also der größte Teil der Puffermoleküle undissoziiert vor und wandert auch zunächst nicht im elektrischen Feld. Ein sehr verbreitetes Puffersystem ist die Kombination Tris-Borsäure (Abb. 3.15), die einen elektrisch neutralen Koordinationskomplex bildet.

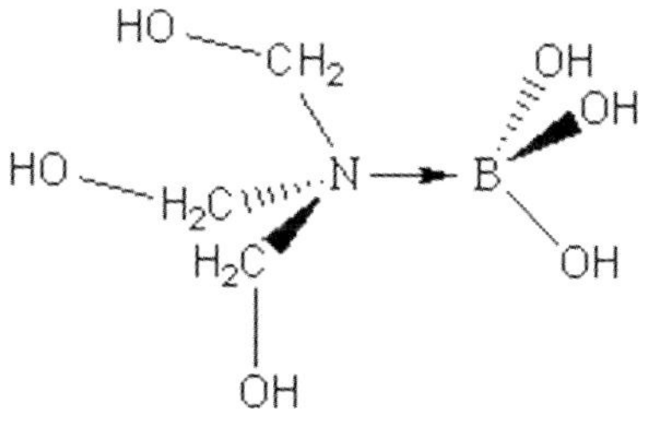

Abb. 3.15 $(HO-CH_2)_3\,N{\rightarrow}B(OH)_3$ Tris-Borsäure-Komplex

In den Bereichen, aus denen die geladenen Teilchen durch diese Wanderung entfernt werden, werden diese durch Dissoziation der Puffermoleküle ersetzt, so dass der Basisstrom über eine längere Zeit relativ konstant bleibt. Insgesamt werden dabei über längere Zeit die konjugierten Basen schwacher Säuren zur Anode befördert (z. B. das Boratanion als konjugierte Base der Borsäure), während konjugierte Säuren schwacher Basen zur Kathode wandern. An der Anode werden Elektronen an die Elektrode abgegeben, es findet also Oxidation statt. Wegen der relativen Verhältnisse der Oxidationspotentiale wird jedoch nicht die konjugierte Base $H_3BO_4^-$, sondern Wasser, bzw. OH^- oxidiert. Es entstehen dabei molekularer Sauerstoff, der als Gas entweicht, und Protonen, welche die konjugierte Base protonieren. Daher sammelt sich im Anodenraum im Laufe der Elektrophorese Säure an, während er gleichzeitig stetig an puffernden Basemolekülen verarmt. In entsprechender Weise entsteht durch Reduktion an der Kathode gasförmiger Wasserstoff und der pH im Kathodenraum steigt langsam an.

Solange die Pufferwirkung anhält, ist der Basisstrom zeitlich annähernd konstant. In der Zonenelektrophorese ist der Beitrag der Analyten zum Gesamtstrom vernachlässigbar. Daher wird auch der räumliche Verlauf der Feldstärke praktisch nur vom Ionentransport des Basisstroms bestimmt. Da die Pufferlösung homogen über die Länge der Elektrophoresekammer verteilt ist, sind die sich daraus ableitenden Größen Leitfähigkeit, Widerstand, abfallende Spannung und elektrisches Feld ebenfalls im ganzen Trennbereich gleich. Analytmoleküle erreichen eine Wanderungsgeschwindigkeit, die nur auf ihrer Mobilität beruht, und nicht von anderen vorhandenen Analytmolekülen beeinflusst wird. Zonenelektrophorese ist die experimentell einfachste Technik und wird daher sehr verbreitet eingesetzt. Dabei wird die Mobilität in der Regel durch Verwendung restriktiver Medien wie Gel oder Papier eingeschränkt (Trägerelektrophorese).

Insbesondere durch den Einsatz von Gelen, deren Stärke variiert werden kann, können die Trenneigenschaften an die Anforderungen angepasst werden. Wie bereits angedeutet, bewirkt der Molekularsiebeffekt von Gelen eine elektrophoretische Mobilität, die nicht mehr linear vom Verhältnis Ladung durch Radius (z/r) abhängt.

Bei der Trennung von Nukleinsäuren und Proteinen ist der negative Logarithmus der zurückgelegten Strecke proportional zur Länge der Biopolymere, so dass es für jede Länge eine ideale Gelkonzentration gibt, die die Auflösung im Verhältnis zur Trennzeit optimiert. Analyten ergeben mit abnehmender Länge besser getrennte Banden, deren Schärfe jedoch abnimmt. Abb. 3.16 zeigt die Größenbestimmung von doppelsträngigen DNA-Stücken unbekannter Länge auf einem Agarosegel.

Ein Querschnitt durch die entstehenden Banden ähnelt einem typischen Chromatogramm, jedoch aus anderen physikalischen Gesetzmäßigkeiten heraus. Während die Entzerrung der logarithmischen Trennung bei der Chromatographie durch lineares Variieren des Verteilungskoeffizienten (Gradientenelution) erreicht wird, kann dies bei der Trägerelektrophorese durch Gradientengele erreicht werden, deren Konzentration in Wanderungsrichtung ansteigt. Zonenelektrophorese kommt besonders zur Trennung von Nukleinsäuren in Gelen aus Agarose oder polymerisiertem Acrylamid (PAGE = PolyAcrylamid Gel Electrophoresis) zur Anwen-

3.5 Elektrophorese

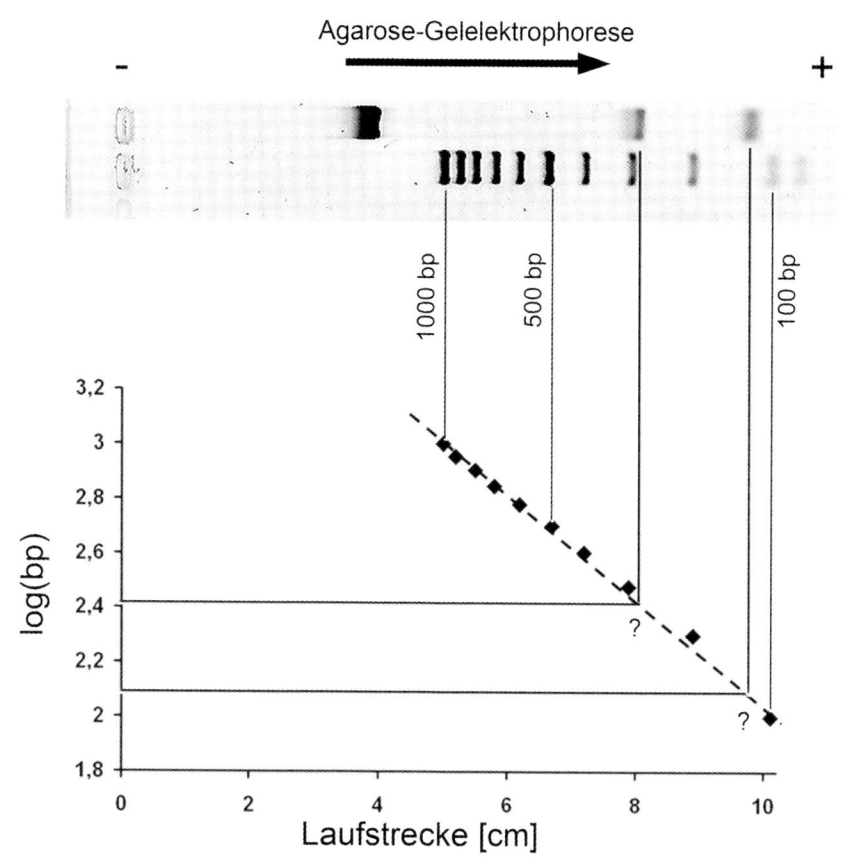

Abb. 3.16 Agarose-Gelelektrophorese von doppelsträngiger DNA als Beispiel für Zonenelektrophorese. Das Gel wurde in 1xTBE-Puffer gefahren und mit Ethidiumbromid angefärbt. In der unteren Spur ist eine Standardprobe aufgetragen, die Proben mit Längen in Abständen von je 100 Basenpaaren (bp) enthält. Auftragen der Entfernung der entsprechenden Banden von den Taschen gegen den Logarithmus der Anzahl der Basenpaare ergibt eine Eichgerade, die zur Größenbestimmung von DNA-Fragmenten unbekannter Länge genutzt werden kann. In der oberen Spur wurden so die Längen der beiden kleinen DNA-Fragmente mit 290 bp und 130 bp ermittelt.

dung. Tris- und Borsäure in Kombination mit EDTA (Ethylendiamintetraacetat, zur Komplexierung zweiwertiger Kationen) sind unter der Abkürzung TBE sehr verbreitet. Weitere für Nukleinsäuren geläufige Pufferkombinationen sind Tris-Acetat-EDTA (TAE) und MOPS-Na.

Bei der Trennung von Biopolymeren unterscheidet man grundsätzlich zwischen nativen und denaturierenden Elektrophoresebedingungen. Für native Elektrophorese wählt man die Bedingungen so, dass die Biopolymere möglichst in ihrer natürlichen dreidimensionalen Faltung erhalten bleiben. Dazu vermeidet man denaturierende Chemikalien und Hitze und wählt Elektrophoresepuffer mit möglichst physiologischer Zusammensetzung. Im Gegensatz dazu werden bei denaturierender Elektrophorese chaotrope Agentien eingesetzt, die die native Struktur möglichst vollständig auflösen, so dass die Biopolymere als ungeordnete kugelförmige Knäuel (random coil) vorliegen, deren mittlerer Radius nicht mehr von der nativen Tertiärstruktur, sondern nur noch von der Polymerlänge abhängt. Dementsprechend werden zur Längenbestimmung, z. B. bei der Nukleinsäuresequenzierung, denaturierende Bedingungen gewählt, während Experimente unter nativen Bedingungen Rückschlüsse über die Struktur der Biopolymere erlauben. Ein wichtiger Aspekt dabei ist, Mischformen zu vermeiden, d. h. entweder vollständig denaturierend oder vollständig nativ zu arbeiten, um Artefakte zu vermeiden.

Zur Denaturierung von Nukleinsäuren in der Elektrophorese finden Formaldehyd, Dimethylformamid, Guanidiniumhydrochlorid und vor allem Harnstoff Anwendung. Eine typische Nukleinsäuresequenzierung wird mit einem Polyacrylamidgel durchgeführt, welches Harnstoff bis nahe an die Sättigungsgrenze enthält (Urea-PAGE). Die Proben werden vor dem Auftragen erhitzt, und im Falle der Urea-PAGE wird auch das Gel selber während der Elektrophorese möglichst warm gehalten.

Bei denaturierender Elektrophorese von Proteinen werden Thiole wie ß-Mercaptoethanol oder DTT zur reduktiven Spaltung von Disulfidbrücken eingesetzt, welche die Tertiärstruktur der Proteine stabilisieren. Vor dem Beladen des Gels werden die Proben in Gegenwart der Thiole und Natrium Dodecylsulfat (SDS), einem starken Detergens, für einige Minuten erhitzt. Das SDS zerstört hydrophobe Wechselwirkungen innerhalb des Proteins und formt micellenartige Strukturen mit dem Protein, bei denen die lipophilen Ketten des SDS in ungefähr stöchiometrischer Weise mit der Kette des Proteins wechselwirken, während die hydrophilen Sulfatgruppen nach außen zeigen. Durch die Stöchiometrie der SDS-Anlagerung sind die Micellen in Größe und Ladungszahl proportional zur Länge der Polymerkette, was letztendlich eine Auftrennung nach dem Molekulargewicht erlaubt. Diese Auftrennung durch Zonenelektrophorese findet im unteren Gel einer SDS Page statt, welcher deswegen auch Trenngel genannt wird. Bevor die Proteine diesen Teil des Gels erreichen, werden sie im oberen Teil, dem so genannten Sammelgel durch Isotachophorese auf engem Raum der Größe nach sortiert.

3.5.3
Isotachophorese

Der Begriff Isotachophorese bezeichnet wörtlich Gleichgeschwindigkeits-Elektrophorese. In der Zonenelektrophorese existiert nur eine große Zone mit homogenem Feld E, was aufgrund der unterschiedlichen Mobilitäten der Analyten laut Gl. (3.20) zu unterschiedlicher Wanderungsgeschwindigkeit und damit zur Trennung in räumlich voneinander entfernten Banden führt, die durch leere Bereiche getrennt sind. Im Unterschied dazu ist in der Isotachophorese das Produkt aus lokalem elektrischem Feld und elektrophoretischer Mobilität der verschiedenen Analyten annähernd gleich, denn diese werden nur in aneinandergrenzende (lokale) Zonen ähnlicher Mobilität sortiert, nicht jedoch räumlich getrennt (siehe Abb. 3.17). Das Produkt aus der Mobilität der jeweiligen Analyten und dem lokalen Feld in je-

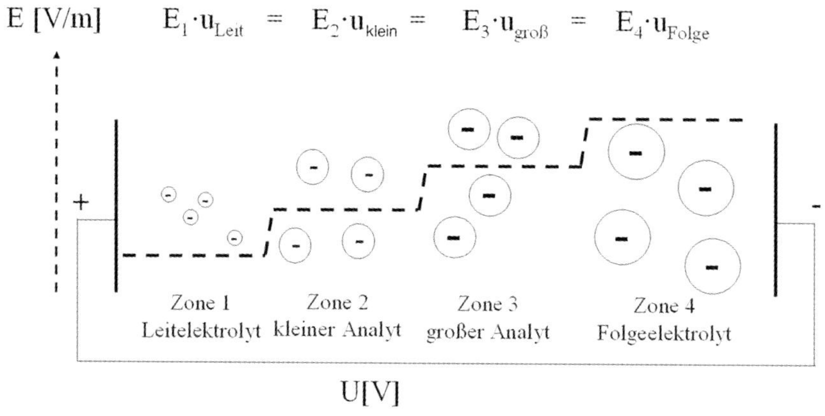

Abb. 3.17 Diagramm Isotachophorese.

der dieser Zonen ergibt die gleiche Wanderungsgeschwindigkeit v für alle Analyten. Dieser Effekt wird durch den Einsatz zweier verschiedener Puffersysteme erreicht. Deren Elektrolyte haben Mobilitäten, die ober- bzw. unterhalb der Mobilitäten der Analyten liegen und diese wie in einem Sandwich einklemmen. Dem entsprechend werden sie als Leit- bzw. Folgeelektrolyten bezeichnet. Die insgesamt anliegende Spannung fällt in den einzelnen Banden im Verhältnis der jeweiligen Widerstände ab. Diese sind als Kehrwerte der Leitfähigkeit in jeder Zone umgekehrt proportional zu Mobilität u und Ionenkonzentration.

Im Sammelgel der SDS-PAGE wird sowohl als Folge- sowie auch als Leitelektrolyt in der Regel Glycin eingesetzt, dessen elektrophoretische Mobilität durch Verändern des pH-Wertes relativ zum pI manipuliert werden kann (Details zum pI folgen im nächsten Abschnitt). Die Banden der nach Größe sortierten Proteine sind unmittelbar aufeinander „gestapelt", weswegen das Sammelgel auch als Stacking-(„Stapel")-Gel bekannt ist. Nach dem Eindringen der Analyten in das Trenngel bricht das System aus Leit- und Folgeelektrolyt durch Veränderung des pH-Wertes zusammen, so dass die Analyten sich jetzt unter Bedingungen der Zonenelektrophorese befinden. Die Anwendung von Isotachophorese-Techniken zur Nukleinsäuretrennung ist bekannt, besitzt jedoch kaum praktische Bedeutung.

3.5.4
Isoelektrische Fokussierung

Moleküle, die sowohl als Säure als auch als Base reagieren können, werden als Ampholyte bezeichnet. Der isoelektrische Punkt pI bezeichnet den pH-Wert, bei dem ein Ampholyt keine Nettoladung trägt. Bei diesem pH neutralisieren sich die positiven Ladungen der protonierten basischen Gruppen und die negativen Ladungen der deprotonierten Säuregruppen exakt, so dass sich die Analyten im elektrischen Feld nicht mehr bewegen. Aminosäuren und insbesondere Proteine sind Beispiele typischer Ampholyte biologischer Relevanz, die durch ihren pI charakterisiert sind. Ampholyte sind bei niedrigem pH protoniert und liegen daher als Kationen vor. In einem elektrischen Feld bewegen sie sich daher in Richtung Kathode. Entsprechend sind Ampholyte bei basischem pH deprotoniert und wandern als Anionen zur Anode. Bei der isoelektrischen Fokussierung wird zwischen den Elektroden ein pH-Gradient etabliert, dessen saurer Bereich sinnvollerweise zur Anode orientiert ist. Dazu dienen verschiedene Puffer, die auf einem Papierstreifen z. B. durch ein Gel immobilisiert sind.

Die korrekte Ausrichtung des pH-Gradienten im elektrischen Feld bedingt, dass ampholytische Analyten, die sich vom pI aus gesehen auf der sauren Seite des Gradienten, also in Richtung Anode, befinden, protoniert werden. Daher wandern sie Richtung Kathode, also in Richtung des pI. In analoger Weise wandern die Analyten, die sich auf der basischen Seite des pI befinden, Richtung Anode und damit ebenfalls in Richtung pI.

Ein Analyt kann daher prinzipiell an jedem beliebigen Punkt des pH-Gradienten aufgetragen werden und bewegt sich bei Anlegen eines elektrischen Feldes immer automatisch zu dem Punkt des pH-Gradienten, der seinem pI entspricht. Während dieser Wanderung rücken die protonierten Ampholyten auf der sauren Seite des pI in immer basischere Bereiche des pH-Gradienten vor. Nach Henderson-Hasselbalch ist in starker Abhängigkeit vom pH immer nur ein Bruchteil schwacher Elektrolyte ionisiert. Nur dieser Bruchteil, welcher immer kleiner wird, je näher der Analyt dem pI kommt, kann weiter in diese Richtung wandern. Da Säure-Base-Reaktionen in wässriger Lösung dynamisch und extrem schnell sind, wechseln die Moleküle einer Probe, die ionisiert sind, sehr schnell, so dass alle Moleküle im zeitlichen Mittel den Bruchteil einer Ladung tragen, dessen Betrag von der Entfernung zum pI im Gradienten abhängt. Dieser Bruchteil einer Ladung entspricht auch dem Bruchteil der Zeit, an dem das Molekül eine ganze Ladung trägt. Ampholyten, die durch Diffusion aus dem Bereich des pI heraus diffundieren, werden zeitweise ionisiert und wandern so wieder zurück zum pI – daher der Begriff Fokussierung.

Die am weitesten verbreitete Anwendung der isoelektrischen Fokussierung (IEF) ist vermutlich die Trennung von Proteinen, wobei die IEF häufig mit einer SDS-PAGE zu zweidimensionaler Elektrophorese kombiniert wird, so dass die Proteine in der ersten Dimension nach ihrem pI und in der zweiten Dimension nach ihrem Molekulargewicht getrennt werden. Auf diese Weise können mehrere tausend Proteine in distinkte Signale (Spots) aufgetrennt werden. Obwohl die genaue Lage der Spots sehr schwierig zu reproduzieren ist, hat diese Methode im Bereich der vergleichenden Proteinanalyse (Proteomics) weite Verbreitung gefunden.

Spezialformen der Elektrophorese integrieren Aspekte anderer Trennmethoden, wie etwa in der Affinitätselektrophorese. Dazu werden beim Gießen des Gels Liganden mit hoher Affinität für den untersuchten Analyten mit eingeschlossen. Dies kann z. B. durch kovalente Bindungen geschehen, da der Ligand während der Elektrophorese der Analyten selber nicht wandern soll. Beim Durchlaufen des Gels durch verschiedene Analyten werden solche besonders stark zurückgehalten, für die der Ligand eine hohe Affinität hat. So werden z. B. schwefelhaltige Nukleinsäuren besonders stark in PAA-Gelen zurückgehalten, die unter Zusatz von Acrylphenylquecksilber polymerisiert worden sind.

3.5.5
Trennung und Detektion von Analyten in der Praxis

Elektrophoresegele haben bis auf wenige Ausnahmen planar die Form eines stark abgeflachten Quaders (engl. slab). Damit kann die Elekrophorese horizontal oder vertikal durchgeführt werden. Ein prominentes Beispiel für die horizontale Durchführung ist die Agarose-PAGE, die routinemäßig zur Auftrennung von Nukleinsäuren verwendet wird. Da es sich um reine Zonenelektrophorese handelt, wird der gleiche Puffer für Anoden- und Kathodenraum benutzt. Das Gel, welches durch Aufkochen von Agarosepulver mit Pufferlösung in der Mikrowelle und anschließendes Abkühlen in Formaten von 5 × 5 cm bis 20 × 30 cm mit einer Dicke von einigen mm erhalten wird, liegt waagerecht zwischen den Elektrodenräumen und ist mit Puffer überschichtet. Diese Sonderform wird als submarine Elektrophorese bezeichnet (Abb. 3.18).

Vertikale Elektrophorese wird mit getrennten Elektrodenräumen durchgeführt. Für vertikale Elektrophoreseexperimente werden sowohl Agarose als auch Polyacrylamidgele zwischen zwei Glasplatten gegossen. Der Acrylamidlösung werden vor dem Gießen Tetraethylmethylendiamin (TEMED) und Amoniumperoxodisulfat (APS) als Radikalstarter zugesetzt, so dass sie zwischen den Glasplatten polymerisiert.

Die Dimension vertikaler Gelapparaturen, welche meistens aus Plexiglas gefertigt sind, schwanken je nach Anwendung zwischen 10 und 80 cm Länge und etwa 10 bis 30 cm Breite. Geldicken von 0,3 bis 3 mm sind geläufig. Die Stärke der elektrischen Felder schwankt um die 10 bis 40 V/cm. Für SDS-PAGE sind Gelformate um die 10 × 10 cm besonders geläufig. Da Trenn- und Sammelgel nacheinander gegossen werden müssen, ist diese Technik etwas arbeitsaufwendiger und experimentell anspruchsvoller.

Elektrophorese in Säulen ist eine weniger gängige Geometrie. Die Analyten durchwandern eine mit Gel gefüllte Säule, an der eine Spannung anliegt, und werden am Ende, ähnlich wie in der Chromatographie, eluiert und gesammelt. Wäh-

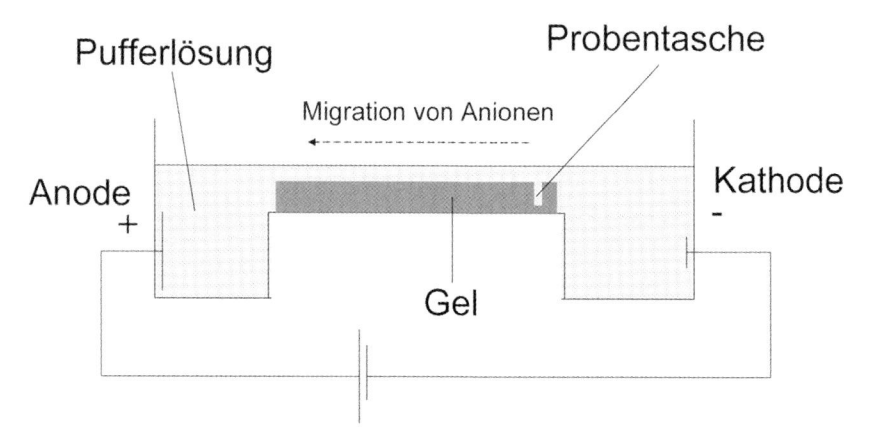

Abb. 3.18 Submarine Elektrophorese am Beispiel eines Agarosegels zur Trennung von Nukleinsäuren.

rend die Darstellung der Banden eines normalen Gels dem inneren Chromatogramm der planaren Chromatographie (DC) entspricht, würde das aus der Säulenelektrophorese enthaltene Elutionsprofil dem äußeren Chromatogramm der Säulenchromatographie entsprechen (Abschnitt 3.1). Die Durchführung von IEF im Säulenformat als erster Dimension einer späteren 2D-Trennung ist ebenfalls geläufig, gilt aber nicht als Säulenchromatographie im eigentlichen Sinne.

Die meisten Analyten sind mit dem Auge nicht sichtbar und müssen daher angefärbt werden, wenn sie nicht radioaktiv oder mit Fluorophoren kovalent markiert sind. Nukleinsäuren werden routinemäßig mit Ethidiumbromid angefärbt. Ethidiumbromid ist ein kationisches Acridiniumderivat, welches bevorzugt in Nukleinsäurehelices interkaliert und dabei doppelsträngige DNA und RNA gut, einzelsträngige nur schwach anfärbt. Mit Ethidiumbromid angefärbte Banden werden typischerweise bei Bestrahlung mit UV-Licht bei 365 nm (Hg-Bande) durch Fluoreszenz im VIS-Bereich sichtbar und können mit einer computergekoppelten CCD-Kamera in digitaler Form registriert und quantifiziert werden. Für ähnliche Anwendungen existiert eine Reihe teurerer und daher weniger verbreiteter Fluoreszenzfarbstoffe, welche teilweise empfindlichere Detektion oder die Anfärbung von einzelsträngigen Nukleinsäuren erlauben. Spezielle Fluoreszenzscanner für Gele erlauben die selektive Anregung einzelner Farbstoffe und das Auslesen ihrer Fluoreszenz durch spezielle Wellenlängenfilter (vergleiche Abschnitt 2.4).

Proteine werden routinemäßig mit Coomassieblau angefärbt, welches die Detektion von Proteinmengen im zwei- bis dreistelligen Nanogramm Bereich mit bloßem Auge erlaubt. Neuere Anwendungen verwenden kolloidale Coomassie Präparationen deren Empfindlichkeit in den Bereich von unter 10 ng geht und damit in den Bereich der Silberfärbung kommt. Silberfärbung ist eine seit langem etablierte, hochempfindliche Methode, die jedoch relativ arbeitsaufwendig ist. Sie basiert auf der Anlagerung von Silberionen sowohl an Proteine als auch an Nukleinsäuren in einem Gel. Diese Ionen werden mit einem milden Reduktionsmittel zu elementarem Silber reduziert und markieren als schwarzer Niederschlag die Banden im Gel. Mit Silber oder Coomassie angefärbte Banden von Proteinen unbekannter Sequenz können aus dem Gel ausgeschnitten und per Massenspektroskopie in Teilen sequenziert werden, um Ausgangspunkte für eine Computer gestützte Suche in speziellen Protein- oder Genomdatenbanken zu erhalten.

Elution aus Gelen ist eine gängige Technik. Die Banden müssen zunächst im Gel z. B. durch Färbung visualisiert und dann ausgeschnitten werden. Passive Elution kann durch Schütteln des Gels mit einer geeigneten Elutionslösung erfolgen. Bei aktiver Elution wird das Gelstück in einer Lösung und einem elektrischen Feld platziert. Die aus dem Gel wandernden Analyten werden in Kompartimente mit kleinem Volumen von innerten Dialysemembranen zurückgehalten, deren Porengröße dem Analyten angepasst sein muss.

3.5.6
Anwendungsbeispiel

Der Fortgang und Erfolg von Proteinaufreinigungen wird typischerweise mit Proteingelen kontrolliert. Für Anwendungen gewöhnlicher Molekularbiologie gilt ein

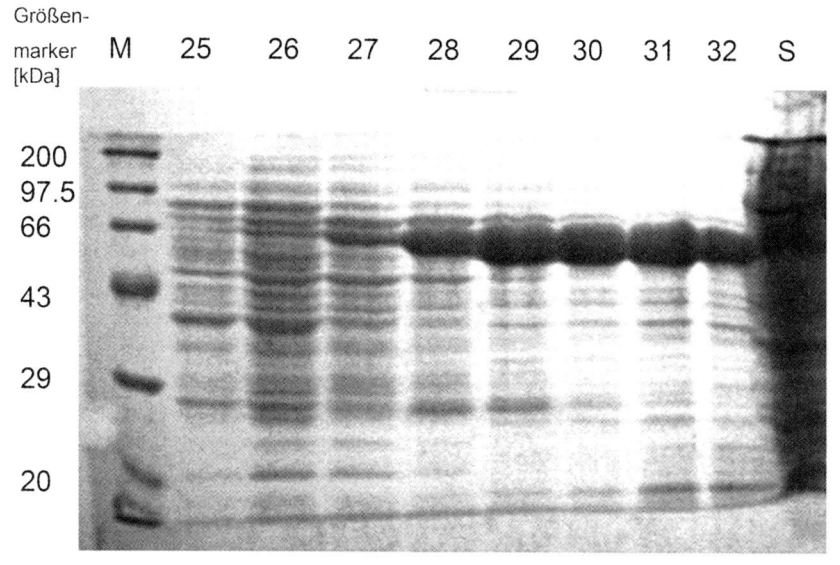

Abb. 3.19 SDS-Polyacrylamidgel einer Proteinaufreinigung.

Protein als rein, wenn in einer mit Coomassie gefärbten SDS-PAGE keine Verunreinigungen zu erkennen sind. Je nach benötigter Reinheit des Proteins können die Gele auch mit der empfindlicheren Silbermethode angefärbt werden, um verbleibende Verunreinigungen zu detektieren. Abb. 3.19 zeigt eine SDS-PAGE, auf der verschiedene Proben aus einer auf Affinitätschromatographie basierten Proteinreinigung eines 61 kDa großen Proteins aufgetrennt sind. In der linken Tasche des Gels wurde als Größenvergleich ein kommerziell erhältliches Gemisch aus Proteinen bekannter Größe deponiert.

Die Methode der Affinitätschromatographie sowie das entsprechende Chromatogramm dieser Aufreinigung sind unter Abschnitt 3.3.7 beschrieben. Die Nummern über dem Gel bezeichnen die Elutionszeiten entsprechend Abb. 3.13. In der rechten Tasche ist ein Gemisch des Proteinlysates aufgetragen. Es ist deutlich eine Anreicherung eines Proteins der erwarteten Größe bei Elutionszeiten größer 28 min zu erkennen.

4
Massenspektrometrie

■ *In der Massenspektrometrie (MS) wird das Verhältnis von Masse zu Ladung von ionisierten Teilchen im Vakuum bestimmt. Dieser Abschnitt bespricht die Grundlagen der Massenspektrometrie beginnend mit dem Aufbau eines Massenspektrometers und verschiedenen Methoden, um Moleküle zu ionisieren und in die Gasphase zu befördern. Nach der Besprechung der physikalischen Grundlagen von Massenanalysatoren und Massendetektoren wird die Interpretation von Massenspektren einfacher organischer Verbindungen unter Berücksichtigung von Molekülion, Isotopenverteilungen und Fragmentierungsvorgängen behandelt. Die Verwendung von Massenspektrometrie in verschiedener Kopplungsmethoden wie HPLC-MS, GC-MS oder MS-MS wird besprochen und abschließend am Beispiel einer HPLC/MS/MS-Anwendung erläutert.*

4.1
Allgemeines

Die Massenspektrometrie, die in der analytischen Chemie ihren Ursprung hat, ist aktuell in den Biowissenschaften insbesondere wegen ihrer Anwendung zur Proteinidentifizierung und -sequenzierung mit kleinsten Analytmengen sehr gefragt. Massenspektrometrie ist eine analytische Methode höchster Empfindlichkeit, welche die Bestimmung des Molekulargewichtes von Substanzen in der Gasphase mit hoher Präzision ermöglicht. Die Intensität der Peaks eines so genannten Massenspektrums (Abb. 4.1) ist proportional zur Häufigkeit, mit der einzelne Teilchen mit einem bestimmten Verhältnis von Masse zu Ladung m/z vom Detektor registriert werden. Die Intensität wird auf der y-Achse entweder als absolute Anzahl der Detektionsereignisse angezeigt oder sie wird normiert, so dass dem höchsten Peak die relative Häufigkeit 100 zugewiesen wird.

Häufig wird bei der Verwendung des Begriffs Masse oder Molekülion davon ausgegangen, dass es sich um einfach geladenene Teilchen handelt. Teilchen mit mehrfachen Massen und proportional mehrfachen Ladungen haben jedoch in Massenspektrometern gleiche Eigenschaften, da ihre Verhältnisse m/z identisch sind. Die Möglichkeit einer mehrfachen Ladung wird wegen ihrer Seltenheit bei

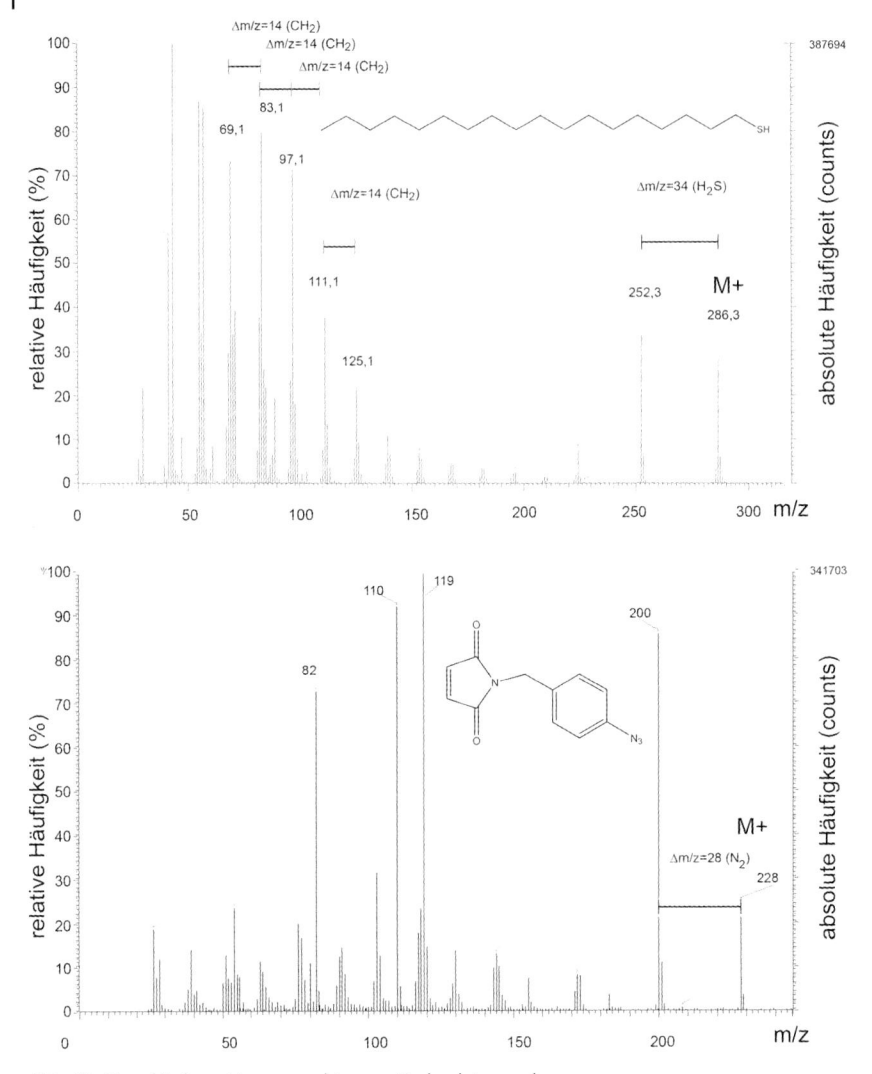

Abb. 4.1 Verschiedene Massenspektrum mit absoluter und relativer Häufigkeit, Basispeak und Molekülion. Typische Bruchstücke sind als Massendifferent Δ m/z eingezeichnet. Die untersuchten Moleküle sind in die Spektren gezeichnet.

niedermolekularen Analyten häufig aus dem Auge verloren, taucht aber bei der Interpretation scheinbar rätselhafter Aspekte eines Massenspektrums häufig wieder auf. Bei Biopolymeren dagegen sind mehrfache Ladungen, z. B. durch gebundene Metallionen, eher die Regel als die Ausnahme.

Im Folgenden wird aus Gründen der Vereinfachung davon ausgegangen, dass die Analyten einfach ionisiert vorliegen, was in der Tat in der überwältigenden Mehrheit der Fall ist. In diesem Fall entspricht die Masse des Ions der Masse des Analyten. In den meisten Fällen werden bei der Ionisierung der Analyten Kationen erzeugt und analysiert. Da dies auch der historischen Entwicklung der Massenspektroskopie entspricht, wird es in den nachfolgenden Ausführungen so übernommen. Es wird jedoch darauf hingewiesen, dass viele Ionisationsmethoden auch Analytanionen erzeugen können, deren Detektion und Analyse dann im so genannten negativen Modus erfolgt.

Die massenspektroskopische Analytik basiert grundsätzlich auf der Beschleunigung von geladenen Teilchen im elektrischen Feld. Im Gegensatz zur Elektrophorese, wo Reibungseffekte eine große Rolle spielen, werden Zusammenstöße mit anderen Molekülen in der MS durch Anlegen eines Hochvakuums möglichst sorgfältig ausgeschlossen. Ein gutes Vakuum ist unbedingt notwendig, um ionisierte Analyten in die Gasphase zu befördern und um dort Zusammenstöße mit Luftmolekülen zu verhindern.

Ein Massenspektrometer benötigt ein Einlasssystem, welches es ermöglicht, den Analyten in eine Hochvakuumkammer zu schleusen, wo er durch eine Ionenquelle ionisiert wird. Massenspektren von Analyten, die im Hochvakuum bis 500 °C unzersetzt verdampfbar sind, können mit technisch relativ einfachen Mitteln erhalten werden, da der Ionisationsvorgang an Analytmolekülen stattfindet, die sich bereits in der Gasphase befinden. Für thermisch labile Moleküle, zu denen vor allem auch Proteine und Nukleinsäuren zählen, müssen schonendere Methoden angewandt werden. Diese Methoden sind technisch deutlich aufwendiger, da die Moleküle simultan ionisiert und in die Gasphase eingebracht werden müssen.

Anschließend werden die Ionen in einem Ionenbeschleunigerbereich in Richtung Analysator und Detektor beschleunigt. Der Ionenbeschleuniger besteht aus einer Anordnung von elektronischen Linsen mit progressiv höherer Spannung, die das elektrische Feld so formen, dass Ionen entweder in einem Strahl fokussiert werden oder in die Linsen einschlagen und dadurch nicht in den Analysator gelangen. Der Analysator hat die Aufgabe, Signalstrahlen ähnlich wie ein Gitter bzw. Prisma in einem Photonenspektrometer räumlich aufzutrennen, jedoch trennt er statt nach Wellenlänge nach dem Verhältnis m/z.

Die Ionisierung des Analyten ist ein kritischer Schritt, für den diverse Methoden zur Verfügung stehen, die sich besonders durch den Energiebetrag unterscheiden, den sie in das entstehende Ion einbringen und der großen Einfluss auf Fragmentierungsreaktionen der Analytionen und damit auf das Aussehen des Massenspektrums hat. Das Massenspektrum eines Stoffes kann also extrem unterschiedlich ausfallen, je nachdem welche Ionisationsmethode angewandt wurde.

4.2
Ionisationsmethoden

Die nachfolgend vorgestellten Ionisationsmethoden sind nach zunehmender Sanftheit und abnehmender Fragmentierungsrate gestaffelt. Elektronenstoßionisation (EI) ist die geläufigste und am wenigsten schonende Ionisierung. Sie benutzt Elektronen, die aus einem beheizten Rheniumdraht austreten und in einem E-Feld auf eine Targetanode beschleunigt werden. Sie erhalten dabei eine kinetische Energie von 70 eV, mit der sie auf die gasförmigen Analytmoleküle auftreffen. Durch den Aufprall wird vom Elektron kinetische Energie abgegeben und aus dem Analytmolekül ein langsames Elektron herausgeschlagen, so dass ein Molekülkation, ein langsames Elektron und ein schnelleres Elektron mit einer Energie unterhalb von 70 eV entstehen. Das Ion wird je nach chemischer Spezies als Molekülion, Molekülkation, oder Molekülradikalkation angesprochen, wobei die letzte Bezeichnung für EI am häufigsten zutrifft, da die gasförmigen Analyten vor der Ionisierung praktisch alle gerade Anzahlen von Elektronen tragen. Ein Radikalkation ist eine chemisch sehr reaktive Spezies, deren Detektion in der Regel überhaupt nur im Hochvakuum möglich ist, da praktisch jede Kollision mit einem anderen Molekül zu einer chemischen Reaktion führen würde, die eine Detektion im MS verhindert. Übergangsmetallkomplexe bilden gelegentlich Ausnahmen, da durch Elektronenverlust stabile radikal-kationische oder sogar nichtradikalische Spezies entstehen können. Das Radikalkation kann auf dem Weg vom Ionisationsraum zum Detektor intramolekulare Umlagerungs- und Zerfallsreaktionen eingehen, welche typischen Gesetzmäßigkeiten unterliegen, die mit einigen aus der organischen Chemie bekannten Reaktionstypen verwandt sind. Dies ist zum einen unerwünscht, weil es in vielen Fällen die Bestimmung von m/z des Molekülradikalkations erschwert oder verhindert, wird zum anderen aber auch zur Strukturaufklärung ausgenutzt. Der Wert von 70 eV kinetischer Energie bei der EI stellt einen Kompromiss aus Ionisationseffizienz und Informationsverlust durch hohe Fragmentierung dar. Die Fragmentierungsreaktionen sind durch eine erniedrigte Bindungsordnung und durch den Eintrag von kinetischer Energie beim Aufprall des 70 eV Elektrons bedingt, welche die kinetische Energie zum Teil in Schwingungs- und Rotationsenergie umverteilt.

Bei der chemischen Ionisation (CI) wird zunächst ein im Überschuss vorliegendes Gas, z. B. Methan, mittels EI ionisiert. Entstehende Kationen des Gases, z. B. $CH_4^{+\cdot}$, reagieren dann mit gasförmigen Analytmolekülen und entziehen ihnen Elektronen.

Die Feld-Ionisation (FI) benutzt ein starkes elektrisches Feld (10^8 V/cm), in welches die gasförmigen Analyten eingebracht werden. Die Anode ist durch die hohe Spannung in der Lage, die Potentiale der Elektronen in den Molekülorbitalen abzusenken und durch einen Tunneleffekt den Analytenmolekülen Elektronen zu entziehen. Durch den Tunneleffekt nehmen die so erzeugten Molekülionen wenig Schwingungsenergie auf.

Die bisher diskutierten Ionisationsmethoden kommen nicht für thermolabile bzw. nicht flüchtige Subtanzen zum Einsatz, was häufig für Moleküle mit einem Molekulargewicht über 1000 Dalton (Da) zutrifft.

Die nachfolgenden Ionisationsmethoden sind deutlich schonender und arbeiten mit Analyten, die in einer festen oder flüssigen Phase vorliegen. Sie sind technisch entsprechend aufwendiger. Die Feld-Desorption (FD) funktioniert nach ähnlichem Prinzip wie die FI. Der als Feststoff oder in Lösung vorliegende Analyt wird auf eine fein verzweigte und spitze Anode aufgebracht und nach dem Einschleusen in die Vakuumkammer durch Anlegen von Hochspannung und eventuelles Heizen verdampft und ionisiert. Entstehende Molekülkationen werden dabei von der Anode elektrisch abgestossen, was den Eintritt in die Gasphase begünstigt.

Die Sekundärionen-Massenspektrometrie (SIMS) wurde ursprünglich zur Untersuchung von Oberflächen entwickelt. Beim Beschuss der Oberfläche mit primären Ionen, z. B. Ar$^+$, N$_2^+$ oder O$_2^+$, werden nicht nur Moleküle der Oberfläche sekundär ionisiert, sondern auch solche, die nur auf der Oberfläche adsorbiert sind. Beide Arten von sekundären Ionen können zur Analyse in das Spektrometer überführt werden.

Beim Beschuss mit schnellen Atomen (Fast Atom Bombardement, FAB) werden beschleunigte Edelgasatome (z. B. Ar, Xe) benutzt, um Analyten, die sich in einer Matrix aus Glycerin oder organischen Salzen befinden, kinetische Energie zuzuführen. Dabei können in der Matrix durch die Zusammenstösse sowohl Kationen als auch Anionen des Analyten entstehen. Es können auch Ionen aus der Matrix mitgerissen werden, die sich an das Molekül anlagern und ihm Ladung verleihen. Aus diesem Grunde kann die Wahl der zum Analyten passenden Matrix entscheidend sein. Mit FAB bleiben Molekülionen bis zu etwa 10^5 Da stabil.

Bei der Elektrosprayionisation (ESI) wird eine Flüssigkeit, in der die Analyten gelöst sind, durch eine Düse ins Vakuum befördert und dabei fein zerstäubt. Beim Durchtritt durch die Düse erhalten die entstehenden Tröpfchen durch eine an der Düse anliegende Hochspannung elektrische Ladungen, die beim Verdampfen des Lösungsmittels auf den Analyten verbleiben. Diese Methode eignet sich besonders gut zur Kopplung mit Flüssigchromatographie (LC-MS). ESI ist sehr schonend und zur Analyse von Molekülen mit mehreren zehntausend Da geeignet.

Die stetig steigende obere Grenze des Gewichtes von Molekülionen in der Größenordnung von 10^6 Da wird durch die MALDI (Matrix Assisted Laser Desorption Ionization) Ionisationstechnik definiert. Ähnlich wie beim FAB wird der Analyt einer Matrix aus organischen Salzen präpariert, aber statt mit Atomen mit Laserphotonen ionisiert. Da die Ionisation in kurzen, diskreten Laserpulsen erfolgen kann, eignet sich MALDI gut zur Kombination mit Flugzeitanalysatoren (siehe Abschnitt 4.3).

4.3
Massenanalysatoren und Detektoren

Nach der Ionisierung, Desorption in die Gasphase und Durchlaufen der Beschleunigungsstrecke gelangen die Molekülionen oder -fragmente in den Analysator. Um die Separation der Ionen im Analysator nach ihrem m/z Verhältnis besser zu verstehen, betrachten wir die kinetische Energie, die die desorbierten Ionen im Ionenbeschleuniger aufnehmen. Auf ein Ion im Vakuum wirkt die Kraft eines elektrischen Feldes E^{Feld}:

$$F_{el} = E^{Feld} \cdot e \cdot z \qquad (3.17)$$

Dadurch wird das Ion beschleunigt und wandelt elektrische in kinetische Energie um. Die elektrische Energie entspricht dem Integral der elektrischen Kraft über die durchwanderte Strecke.

$$E_{el} = \int F_{el} \cdot dx = U \cdot e \cdot z = E_{kin} = \tfrac{1}{2} m \cdot v^2 \qquad (4.1)$$

Gleichung (3.17) zeigt, dass die kinetische Energie des Ions proportional zum elektrischen Feld ist, während Geschwindigkeit (und Impuls) proportional zur Wurzel des Feldes sind. Wenn alle Ionen während der Beschleunigungsphase das gleiche elektrische Feld durchlaufen, haben sie die gleiche kinetische Energie, und unterschiedlich schwere Ionen können demnach anhand ihrer Geschwindigkeit unterschieden werden. Diese Eigenschaft bildet die Grundlage, auf der durch unterschiedliche Ansätze mit den verschiedenen Analysatortypen Spektren aufgezeichnet werden.

Magnetsektor-Analysatoren benutzen starke Magneten, um den Ionenstrahl auf den Sektor einer Kreisbahn zu lenken. Ein Magnetfeld übt eine Kraft auf ein sich bewegendes Ion aus. Diese so genannte Lorentzkraft ist proportional zu Ladungszahl, magnetischer Feldstärke, und Ionengeschwindigkeit:

$$F_M = B \cdot z \cdot e \cdot v \qquad (4.2)$$

In einer Kreisbahn wirkt eine Zentripetalkraft auf das Ion. Wenn diese Kraft genau die Lorentzkraft neutralisiert, bleibt das Teilchen genau auf der Kreisbahn mit dem Radius r (Abb. 4.2 B). Beim formalen Gleichsetzen beider Kräfte erhält man:

$$F_{zentrifugal} = \frac{m \cdot v^2}{r} = B \cdot z \cdot e \cdot v = F_M \qquad (4.3)$$

Umstellen von Gl. (4.1) und Einsetzen in Gl. (4.3) ergibt folgende Bedingung für die Kreisbahn:

$$m/z = \frac{B^2 \cdot r^2 \cdot e}{2U} \qquad (4.4)$$

Wenn man einen Sektor, z. B. 90° dieser Kreisbahn, in Form einer metallischen Röhre konstruiert, werden Ionen, deren m/z-Verhältnis die Gl. (4.4) nicht erfüllt, an den Wänden dieser Röhre zurückgehalten, und so den Austrittsspalt nicht erreichen. Bei konstanter Beschleunigungsspannung U und konstantem Krümmungsradius r kann man die Magnetfeldstärke B durchstimmen, um so die m/z-Bedingung für das Erreichen des Austrittsspaltes zu variieren. Auf diese Weise wird das Spektrum nacheinander eingelesen.

Ein wichtiger Aspekt ist das Verteilungsprofil der kinetischen Energie der Ionen, die den Ionenbeschleuniger verlassen. Laut Gl. (4.1) sollten alle die gleiche kinetische Energie haben, jedoch gibt es Unregelmäßigkeiten, z. B. weil das von den elektrischen Linsen geformte Feld nicht überall genau gleich stark ist. Weiterhin zeigen die Analyten bereits vor dem Eintritt ins Beschleunigerfeld eine Verteilung von Translationsenergie, die von der Ionisierung herrührt. Diese Verbreiterung der Energieverteilung führt zu einer Verringerung der Auflösung, welche teilweise durch den Einsatz einer elektrostatischen Fokussierung verbessert werden kann, welche den Ionenstrahl nach Energieverteilung und Richtungshomogenität vorsortiert, ehe er in den Magnetfeldanalysator gelangt.

Quadrupol-Massenfilteranalysatoren benutzen eine Anordnung von vier Elektroden, von denen die jeweils gegenüberliegenden gleich gepolt sind (Abb. 4.2 C). Die

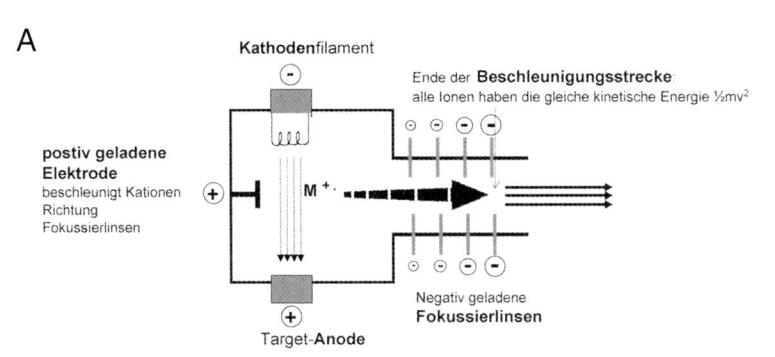

Abb. 4.2 A: Genereller Aufbau eines Massenspektrometers. **B**: Magnetsektor-Analysator mit Lorentz- und Zentripetalkraft. **C**: Quadrupol-Massenfilter.

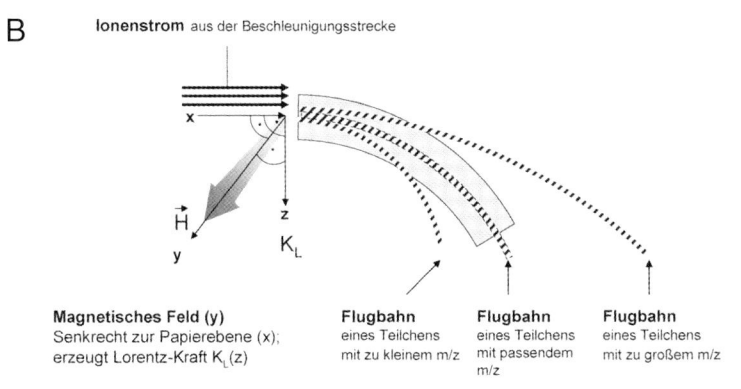

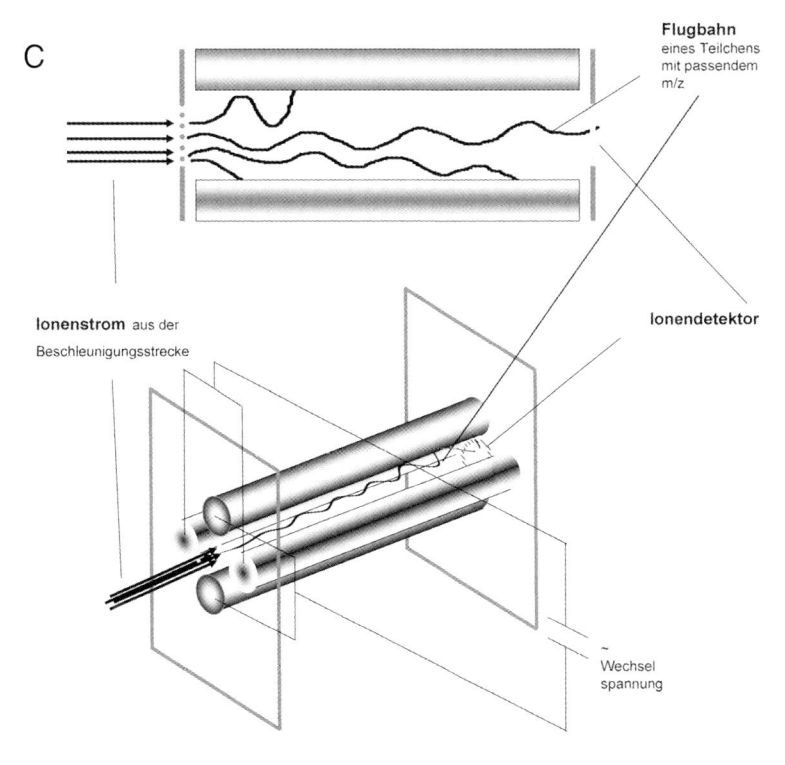

A

Kathodenfilament

Ende der **Beschleunigungsstrecke**: alle Ionen haben die gleiche kinetische Energie $\frac{1}{2}mv^2$

postiv geladene Elektrode
beschleunigt Kationen Richtung Fokussierlinsen

M^+

Negativ geladene **Fokussierlinsen**

Target-**Anode**

B

Ionenstrom aus der Beschleunigungsstrecke

Magnetisches Feld (y)
Senkrecht zur Papierebene (x); erzeugt Lorentz-Kraft K_L (z)

Flugbahn eines Teilchens mit zu kleinem m/z

Flugbahn eines Teilchens mit passendem m/z

Flugbahn eines Teilchens mit zu großem m/z

C

Flugbahn eines Teilchens mit passendem m/z

Ionenstrom aus der Beschleunigungsstrecke

Ionendetektor

~ Wechselspannung

Elektroden sind stabförmig entlang einer Trennstrecke angeordnet, welche die Ionen zu durchqueren haben. Die beiden Sätze von Elektroden werden mit Wechselspannung umgepolt, so dass ein Ion in Phase und mit der Frequenz der Wechselspannung seine Richtung ändert. Nur Ionen mit einem m/z-Verhältnis, welches genau zu den durch die Wechselspannung definierten Randbedingungen passt, wird auf seinem Weg durch die Trennstrecke nicht in eine der Elektroden einschlagen, sondern den Detektor am Ende erreichen. Der Wechselstrom kann so variiert werden, dass nur Ionen mit einem gewünschten bestimmten m/z-Verhältnis das Ende der Detektorstrecke erreichen. So kann mit einem Quadrupol-Massenfilter ein komplettes Massenspektrum in etwa 1 s durchfahren werden. Quadrupol-Massenfilter sind robust, preiswert und schnell und werden daher gerne in Kopplungen mit chromatographischen Methoden (HPLC-MS, GC-MS) verwendet.

In einem Flugzeit-Analysator (Time-Of-Flight, TOF) werden Ionen durch einen kurzen Spannungspuls beschleunigt und durchqueren danach eine etwa 1 m lange Trennstrecke. Am Ende der Trennstrecke werden den die eintreffenden Ionen mit hoher zeitlicher Auflösung nach ihrer Flugzeit registriert (ca. 1 bis 30 µs). Aus den Flugzeiten kann auf ihre Massen geschlossen werden. TOF-Analysatoren arbeiten also nicht kontinuierlich, sondern in diskreten Pulsen und eigenen sich deswegen zur Kombination mit diskreten Ionisierungsmethoden. Insbesondere MALDI-TOF-Kombinationen haben sich als sehr leistungsstark bei der Analyse von hochmolekularen Biopolymeren erwiesen.

Detektoren in der MS ähneln sehr stark den Detektoren vom Photomultipliertyp der Photonenspektroskopie. Elektronenvervielfältiger enthalten entweder mehrere diskrete Elektroden mit gestaffelt höherer Spannung oder zwei kontinuierliche Elektroden, welche zusammen die Form eines gebogenen Horns bilden, und über deren Länge ein Potential von etwa 2000 V anliegt. Beim Einschlagen energiereicher Ionen oder Elektronen wird eine Elektronenlawine aus den Elektroden gelöst und durch den Feldverlauf in die gegenüberliegende Elektrode beschleunigt. Durch diese Anordnung fungieren die Elektroden gleichzeitig als Anode der eintreffenden und als Kathode der austretenden Elektronen und werden daher auch als Dynoden bezeichnet. Ein einzelnes Ion erzeugt so am Ende der Kaskade einen diskreten Stromstoß als Signal. Wenn ein Massenspektrum nicht auf den Basispeak normiert ist, wird gelegentlich die Anzahl dieser diskreten Signale pro m/z Einheit im Spektrum angegeben. Ein Massenspektrum besteht in der Regel aus einigen zehntausend bis zu einigen hunderttausend solcher Signale (Abb. 4.1). Dies illustriert die Empfindlichkeit der MS, wobei zu bedenken ist, dass nur ein Bruchteil der zugeführten Analytmoleküle tatsächlich in den Detektor gelangt.

4.4
Interpretation von Massenspektren: Molekülion, Isotopenmuster und Fragmentierungsmuster

Massenspektren können eine Reihe von Informationen über den Analyten liefern, deren Bedeutung je nach Forschungsrichtung und angewandter Technik unterschiedlich gewichtet wird. Die definitiv wichtigste Information ist die molekulare

Masse des Analyten. Daher beginnt jede Interpretation eines Massenspektrums mit der Suche nach dem Molekülion, dem Signal des unfragmentierten, einfach ionisierten Analyten. Dazu sollte das zu erwartenden Signal bekannt sein, d. h. aus der Strukturformel bzw. einem Strukturvorschlag des Analyten berechnet werden. Die Atome der vorhandenen Elemente müssen gezählt und ihre atomaren Massen addiert werden. Beim Umgang mit Atommassen und Molmassen sind einige Besonderheiten zu beachten. Da Populationen von Atomen eines Elementes verschiedene Isotope enthalten, benutzt man Atommasseneinheiten (atomic mass units, amu) in Dalton (Da), wenn man individuelle Atome und Moleküle betrachtet. Atomkerne bestehen aus Protonen und Neutronen, die jedes ungefähr die Masse 1 g/mol zum Molekulargewicht beisteuern. Die Kernmassen der Elemente sind daher ungefähr aber nicht exakt proportional zur Anzahl ihrer Nukleonen (d. h. der Summe von Protonen und Neutronen), da Protonen und Neutronen nicht exakt gleich viel wiegen, und sich zudem bei schwereren Kernen der so genannte Massendefekt bemerkbar macht. Er ist Ausdruck der Äquivalenz von Masse und Energie und bedeutet, dass wegen der erhöhten Bindungsenergie im Kern dessen Masse etwas abnimmt. Aus diesen Gründen hat man die Einheit 1 Da als Bruchteil der Masse des Elementisotopes definiert, welches die vermutlich größte wissenschaftliche Bedeutung hat, nämlich des Kohlenstoffs mit zwölf Nukleonen. Da Kohlenstoff sechs Protonen enthält, wird normaler Kohlenstoff mit $^{12}_{6}C$ indiziert. Da sich die Anzahl der Protonen aber eindeutig aus der Identität eines chemischen Elements ergibt, wird dieser Index von uns hier nicht mehr verwendet.

1 Da ist per Definition 1/12 der Masse von ^{12}C. Wasserstoff ^{1}H wiegt 1,0078 Da und das Bromisotop ^{79}Br wiegt 78,9183 Da. Die Angabe von drei bis vier Nachkommastellen ist bei kleinen Molekülen wegen der hohen Auflösung der Massenspektrometer durchaus sinnvoll. Bei der Berechnung des erwarteten Molekülions ist die Einbeziehung der Häufigkeit natürlicher Isotope wichtig. Da jedes Ion einzeln detektiert wird, erzeugt es ein diskretes Signal bei seiner exakten Masse. Zwei Molekülionen desselben Analyten, deren Masse durch unterschiedliche Isotopenzusammensetzung differiert, erzeugen zwei diskrete Signale unterschiedlicher Massen und nicht etwa ein Signal beim Mittelwert. Da die Signale der Molekülionen in Massenspektren mindestens einige tausend Detektionsereignisse enthalten, wird immer eine statistische Verteilung der Isotopenmassen in der Molekülpopulation beobachtet. Dies soll im Folgenden anhand der markantesten und der experimentell wichtigsten Isotopenverteilungen erläutert werden.

Natürliches Brom existiert in Form der Isotope ^{79}Br und ^{81}Br, deren relative Häufigkeiten etwa gleich hoch sind (siehe Tab. 4.1). Wir betrachten einen fiktiven Analyten aus isotopenreinen ^{1}H- und ^{12}C-Atomen, welcher ein Bromatom mit natürlicher Isotopenzusammensetzung hat. Wenn die Summe der Wasserstoff- und Kohlenstoffatome X entspricht, sollte das Molekülion zwei etwa gleich starke Signale bei X+79 und X+81 erzeugen, weil die Hälfte der Moleküle ^{79}Br und die andere Hälfte ^{81}Br enthält. Entsprechend erhält man bei einem Analyten mit zwei Brommolekülen drei verschiedene Isotopenpeaks, die jeweils 2 Da auseinanderliegen und den Kombinationen $^{79}Br/^{79}Br$, $^{79}Br/^{81}Br$, sowie $^{81}Br/^{81}Br$ entsprechen. Statistisch gesehen kommt die mittlere Kombination etwa doppelt so häufig vor wie die anderen beiden, so dass der Peak etwa doppelt so hoch ist. Entsprechend lassen

Tab. 4.1 Natürliche Isotopenverteilung von massenspektrometrisch interessanten Elementen.

Nuklid	Masse [Da]	Natürliche Häufigkeit [%]
^{1}H	1,0078	100
^{12}C	12,0000	98,9
^{13}C	13,0034	1,1
^{14}N	14,0031	99,6
^{15}N	15,0001	0,4
^{16}O	15,9949	99,8
^{18}O	17,9992	0,2
^{32}S	31,9720	95
^{33}S	32,9715	0,8
^{33}S	33,9679	4,2
^{35}Cl	34,9989	75,8
^{37}Cl	36,9659	24,2
^{79}Br	78,9183	51
^{81}Br	80,9163	49

sich Isotopenmuster für Analyten mit drei, vier und mehr Br-Atomen berechnen, indem alle Permutationen gebildet und nach der natürlichen Häufigkeit gewichtet werden. Wegen der Gleichverteilung der natürlichen Häufigkeiten beim Brom ist die Gewichtung intuitiv einfach. (Sie gleicht interessanterweise der Multiplettaufspaltung in ^{1}H-NMR-Spektren nach dem Pascalschen Dreieck in Abb. 2.37). Bei ungleichen natürlichen Häufigkeiten wird das Isotopenmuster etwas komplizierter zu erfassen, wie z. B. beim Chlor (siehe Abb. 4.3), welches als natürliches Gemisch von etwa 75 % ^{35}Cl und 25 % ^{37}Cl vorkommt. Isotopenmuster, insbesondere die der hier vorgestellten Halogene, können sehr charakteristisch sein und daher helfen, den Molkülpeak zu identifizieren, oder, bei unbekannten Substanzen, Rückschlüsse auf die chemische Zusammensetzung des Analyten erlauben. Bei den Isotopenmustern von Brom und Chlor fällt auf, dass das Maximum des Molekülpeaks zu höheren Massen gewandert ist. Diese Tatsache einzubeziehen, erscheint bei den Halogenisotopen trivial, wird jedoch insbesondere bei Kohlenstoff wichtig und rechnerisch etwas komplizierter. Natürlicher Kohlenstoff besteht überwiegend aus ^{12}C und enthält zu etwa 1,1 % ^{13}C. Bei Analyten mit wenigen Kohlenstoffatomen erscheint im Massenspektrum in der Position +1 relativ zum Molekülion ein Satellitenpeak, dessen Höhe näherungsweise proportional zur Kohlenstoffzahl des Analyten ist. Dieser stammt von Analytmolekülen, die außer ^{12}C- auch ein ^{13}C-Atom enthalten. Das Vorkommen von zwei ^{13}C Atomen in kleinen Molekülen ist statistisch gesehen zu selten, um einen +2 Satellitenpeak zu erzeugen. Bei steigender Kohlenstoffzahl des Analyten wächst der +1 Satellitenpeak, und bei weiter steigender Kohlenstoffzahl erscheint auch ein +2 Satellitenpeak. Schließlich wird der +1 Satellitenpeak dominant und muss als das eigentliche Molekülion angesprochen werden. Zur Simulierung solcher Isotopenverteilungen werden

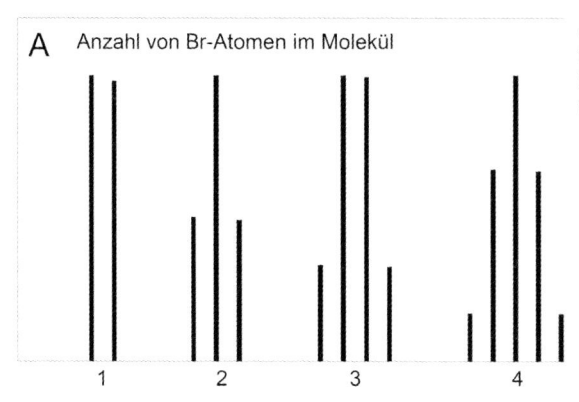

Abb. 4.3 Isotopenmuster. **A**: Massenverteilung für Moleküle mit ein bis vier Br-Atome. **B**: Massenverteilung für Moleküle mit ein bis vier Cl-Atomen.

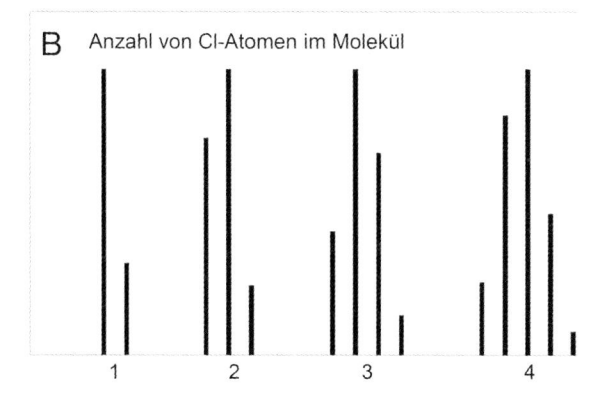

A Anzahl von Br-Atomen im Molekül

B Anzahl von Cl-Atomen im Molekül

Computer eingesetzt, was insbesondere die automatische Analyse komplizierter überlagerter Isotopenmuster mehrerer Elemente erlaubt.

Bei großen bis sehr großen Molekülen ist die Bestimmung der Molekülmasse oftmals die einzige, dafür besonders wertvolle Information, die dem Massenspektrum entnommen werden kann. Sie dient häufig zur Strukturbestätigung.

Fragmentierungsreaktionen haben hauptsächlich bei niedrigem Molekulargewicht als Beitrag zur Strukturklärung eine Bedeutung. Sie verursachen eine begrenzte Anzahl Fragmente niederen Molekulargewichtes, die typischerweise verloren gehen. Die in Tab. 4.2 gezeigten Fragmente entstehen in Folge des Bruchs einer Einfachbindung und verursachen Massenpeaks mit einer charakteristischen Differenz zum Molekülion, oder anderen prominenten Massenpeaks. Ein typisches Beispiel für den mit dem Verlust zweier Stickstoffatome einhergehenden Massenverlust von 28 m/z ist im Massenspektrum in Abb. 4.1 B zu sehen. Intervalle von 14 m/z bedeuten häufig den Verlust einer Methylengruppe (Abb. 4.1. A). Andere charakteristische Massendifferenzen der Tab. 4.2 können zu Strukturvorschlägen beitragen. Ein Strukturbeweis oder gar eine komplette Strukturaufklärung über Massenspektrometrie ist nur bei relativ kleinen Molekülen oder unter besonderen Umständen möglich, etwa wenn Teilstrukturen bekannt sind oder vermutet werden. Besonders aussagekräftig sind Verluste von Atomen oder Gruppen mit ty-

Tab. 4.2 Typische Bruchstücke niederen Molekulargewichtes, wie sie in Fragmentierungsreaktion häufig verloren gehen.

Fragment	Massendifferenz
CH_3	15
NH_2	16
OH	17
F	19
CN	26
C_2H_3	27
C_2H_5 / CHO	29
CH_2OH / OCH_3	31
Cl	35/37
OC_2H_5 COOH	43
NO_2	46

pischen Isotopenmustern wie Chlor. Derivatisierungsreaktionen können Aufschluss auf die Anwesenheit bestimmter funktioneller Gruppen geben. So kann z. B. nach Lösen in deuteriertem Wasser (D_2O) ein vergleichendes Massenspektrum Aufschluss darüber geben, wie viele austauschbare Protonen vorhanden sind. Durch Umsetzen mit Chlorsilanen, z. B. Trimethylchlorsilan, können Alkoholfunktionen derivatisiert und durch entsprechende Änderungen der Masse des Molekülions detektiert werden.

Wegen der hohen Effizienz anderer Methoden, insbesondere der NMR, findet MS-basierte Strukturaufklärung aktuell hauptsächlich bei der Isolierung bzw. Identifizierung von Stoffen Anwendung, von denen nur Spuren der Analyten zur Verfügung stehen. In der Regel muss ein Strukturvorschlag durch Totalsynthese und vergleichende Charakterisierung der Zielsubstanz bestätigt werden. Besonders hilfreich zur Strukturaufklärung ist die Tandem-Massenspektroskopie, ein Name, der die Kopplung zweier Massenspektrometer (MS/MS) bezeichnet. Im ersten Gerät werden die Molekülionen eines Analytengemisches separiert, um im zweiten Gerät deren Zerfallsmuster der einzelnen Analyten zu untersuchen und diese so zu identifizieren. Für die primäre Trennung werden bevorzugt „weiche" Ionisationsmethoden angewandt, um möglichst viele unfragmentierte Molekülionen zu erhalten. Nach der Überführung können Fragmentierungsreaktion, z. B. durch Kollision mit Edelgasatomen, erzeugt und durch das zweite Massenspektrometer aufgezeichnet werden. Magnetische, elektrostatische und Quadrupolanalysatoren sind in diversen Kombinationen und Anordnungen unter einer Reihe von Abkürzungen bekannt, etwa DADI (Direct Analysis of Daughter Ions) oder MAIKES (Mass Analyzed Ion Kinetic Spectrometry).

Molekulare Masse ist eine intrinsische Stoffeigenschaft, die nicht, wie etwa Retentionszeit, Brechungsindex oder UV-VIS-Spektren, von Lösungsmittel, Temperatur oder anderen Umgebungsfaktoren abhängt und die daher ein besonders verlässliches Kriterium zur Identifizierung einer Substanz darstellt. Die Verlässlichkeit der Identifizierung kann durch eine MS/MS-Kopplung noch gesteigert werden. Aus diesem Grund kommt der Massenspektroskopie bei den Kopplungen mit Chromatographietechniken (LC/MS und GC/MS) besondere Bedeutung zu. Die GC/MS-Kopplung wird im entsprechenden Kapitel über Gaschromatographie angesprochen (Abschnitt 3.2.3), aber die meisten bei der Diskussion der LC/MS angesprochenen Tatsachen lassen sich direkt auf die GC/MS übertragen. Die LC/MS-Kopplung erlangt als präzise und universelle Methode zur Identifizierung und Reinheitsprüfung in der Grundlagenforschung sowie in der Wirkstoffentwicklung und Qualitätskontrolle in der pharmazeutischen Industrie immer stärkere Bedeutung. Sie ist jedoch technisch relativ aufwendig und verursacht hohe laufende Kosten. Insbesondere werden hohe Anforderungen an die Reinheit des Fließmittels gestellt. Der technisch anspruchsvollste Teil der Kopplung ist die Entfernung des Lösungsmittels vom Analyten bei gleichzeitiger, möglichst schonender Ionisierung. Dazu hat sich die ESI besonders bewährt, allerdings sind auch spezielle Anwendungen von chemischer Ionisierung (CI) bekannt. Aus dem nach Durchgang durch eine Hochspannungs-ESI-Düse entstandenen Spray wird das Solvens durch Anwendung von Hitze und eines Trocknungsgases, z. B. N_2, entfernt, so dass die resultierenden Analytenionen in der Gasphase übrig bleiben und direkt analysiert werden können. Der Massenanalysator registriert die Intensität jedes m/z-Peaks während des ganzen Laufes und ist nach dem Lauf in der Lage, die zeitliche Entwicklung eines m/z-Signals in Form eines Chromatogramms zu rekonstruieren. Durch separate Darstellung der Elutionsprofile bei den Massenzahlen verschiedener Molekülionen können die entsprechenden Analyten im Chromatogramm getrennt verfolgt werden, obwohl ihre Peaks möglicherweise überlappen.

4.5
Anwendungsbeispiel

Das Beispiel einer HPLC/MS/MS-Kopplung illustriert besonders eindrucksvoll die Möglichkeiten der Massenspektrometrie in Kombination mit anderen Techniken der instrumentellen Analytik. Der beschriebene Ausbau wurde zur Identifizierung von natürlichen Derivaten von RNA-Bausteinen eingesetzt. Die RNA wurde durch enzymatische Verdauung in Nukleoside zerlegt. Nukleoside sind Ribosezucker, die über eine glykosidische Bindung mit den Nukleobasen Guanin, Adenin, Cytosin oder Uracil bzw. in DNA mit Thymin verknüpft sind.

Modifizierte Derivate von Nukleobasen und Nukleotiden sind an einer Vielzahl von regulatorischen Vorgängen in der Zelle beteiligt. Typische natürliche Derivate enthalten eine oder mehrere Methylgruppen an Stickstoff oder Sauerstoffatomen, und können leicht durch eine Massendifferenz des Molekülions von 15 m/z zu den normalen Nukleobasen bzw. Ribosen identifiziert werden. Da jedoch mehrere Isomere möglich sind, ist eine weitere Untersuchung der Fragmentierungsreaktion des Molekülions nötig. Die Nukleoside wurden zunächst über eine RP-18-Säule auf einer HPLC aufgetrennt, dann per Elektrospray schonend ionisiert (ESI) und ihre Molekülionen in einem ersten Quadrupol-Massenanalysator getrennt (Abb. 4.4). Die Molekülionen wurden in eine zweite Quadrupolkammer gelenkt,

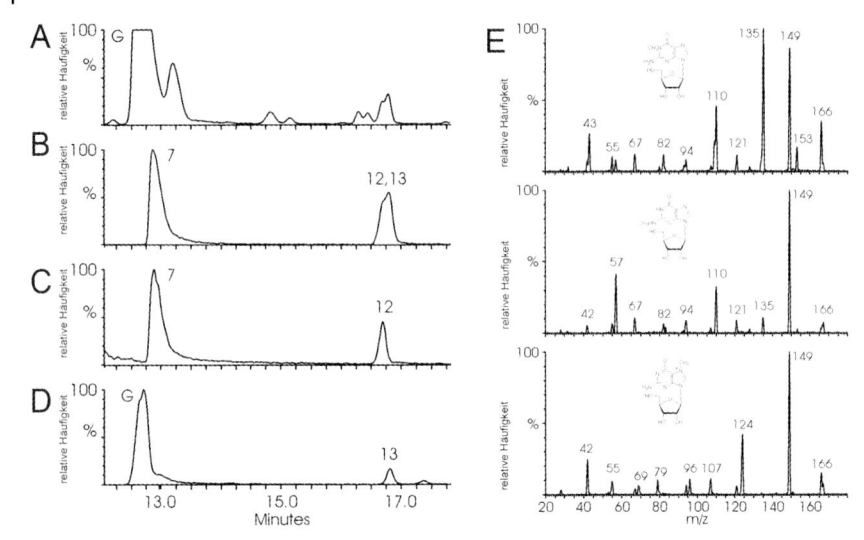

Abb. 4.4 LC/ESI-MS-Analyse von methylierten Guanosinen. **A:** UV-Chromatogramm. **B–D:** Rekonstruierte Chromatogramme: **B** der MH+ Ionen von Methylguanosin, **C** der BH$_2^+$ Ionen von Methylguanin (m/z 166) und **D** Guanin (m/z 152). **E:** LC/MS-MS-Fragmentierungsanalyse verschiedener BH$_2^+$ (m/z 166) Fragmente. Modifiziert nach Crain, 1998, „Detection and Structure Analysis of Modified Nucleosides in RNA by Mass spectrometry" in Grosjean & Benne, „Modification and Editing of RNA", ASM Press 1998. Abgedruckt mit Genehmigung.

die jedoch nicht als Analysator, sondern zur Fokussierung und gezielten Kollision mit Argon-Atomen diente. Die bei der Kollision übertragene Energie induzierte Fragmentierungsreaktionen in den Molekülionen der Nukleoside, welche in einem dritten Quadrupol, welcher als zweiter MS-Analysator fungiert, untersucht wurden.

Nukleoside fragmentieren sehr leicht an der glykosidischen Bindung, so dass charakteristische Signale für die Nukleobasen und den Zucker entstehen. Abweichungen eines der Signale erlauben zunächst die Zuordnung einer Modifikation, z. B. einer Methylierung, zum Zucker oder der Nukleobase. Wenn die verschiedenen möglichen Isomere bereits charakterisiert wurden, kann das weitere Zerfallsmuster der Nukleobase Aufschluss über die genaue Position der Methylgruppe im untersuchten Analyten geben. In Abb. 4.4 ist die Identifizierung verschiedener monomethylierter Derivate von Guanosin gezeigt. Das UV-Chromatogram zeigt eine Reihe von Peaks die mit Retentionszeiten zwischen 12 und 18 min von der Säule eluieren, darunter Guanosine als großer Peak zwischen 12 und 13 min (Abb. 4.4 A). Aus den kontinuierlich aufgezeichneten Massenspektren lässt sich das Vorkommen einzelner Molekülpeaks und Fragmente in Form eines rekonstruierten Chromatogramms darstellen. In den rekonstruierten Chromatogrammen sind die Vorkommen der MH$^+$ Molekülpeaks von Methylguanosin (Abb. 4.4 B) und der Fragmente Methylguanin (C) und Guanin (D) nachverfolgt. Aus den Chromatogrammen B und C kann man erkennen, dass der große Guanosinpeak bei 13 min einen kleineren Peak von Methylguanosin überdeckt. Ferner erkennt man, dass beide Populationen des Doppelpeaks bei 17 min Molekülionen der Größe 298 m/z produzieren, was ein methyliertes Guanosinderivat vermuten lässt. Nur eine dieser Populationen produziert ein Fragment der Größe 166 m/z, welches auf eine Methylierung an der Guaninbase schließen lässt. Die andere Population produziert ein in Chromatogramm D gezeigtes Guaninfragment, was nahelegt, dass sich die Methylierung bei diesem Derivat am Ribosezucker befinden muss. Der vom Guaninpeak bei 12 min überdeckte Methylguanosinpeak produziert ebenfalls das typische Methylguanin 166 m/z Fragment. Der mit „13" gekennzeichnete Peak kann somit einer Methylierung am 2'-OH der Ribose zugeordnet werden. Die mit „7" und „12" bezeichneten Basenmethylierungen konnten mit Hilfe von Fragmentierungsmuster der Fragmente der Größe 166 m/z (Methylguanin) als 7-Methylguanosin bzw. 1-Methylguanosin identifiziert werden. Vergleichende Bruchstückfragmentierungsreaktionen der drei natürlich vorkommenden Monomethylguanine sind in Abb. 4. 4 D gezeigt. Man beachte, dass in den Strukturformeln das 7-Methylguanosin als Zwitterion gezeichnet ist. Diese Schreibweise deutet eine im Vergleich zum 1-Methylguanosin größere Polarität an, welche die kürzere Retentionszeit auf der Säule begründen könnte.

Man beachte, dass eine Trennung dieser Derivate auch über Dünnschichtchromatographie erreicht werden kann (vergleiche Abschnitt 3.4.3), jedoch können mit der vorgestellten Technik auch für unbekannte Derivate die Molekülmassen bestimmt werden, und in günstigen Fällen kann sogar ein fundierter Strukturvorschlag aufgrund der Fragmentierungsreaktion gemacht werden. Außerdem können Substanzmengen im pmol-Bereich ohne vorhergehende radioaktive Markierung detektiert werden.

5
Biosensoren, Biochips und biologische Systeme

■ *In diesem Kapitel werden Methoden der Bioanalytik beschrieben, die zu einem großen Teil auf dem technischen Fortschritt in der Mikrosystemtechnik beruhen. In Verbindung mit unserem rasch anwachsenden Wissen auf den Gebieten der Genomforschung, der molekularen Biologie und Biochemie hat dies zu einem schnellen Zuwachs an neuen Methoden geführt, die eine wichtige Rolle für die analytische Untersuchungen biologischer und biochemischer Prozesse spielen. Die schnelle Entwicklung in diesem Bereich wird vor allem dadurch getrieben, dass sich diese Methoden sehr gut für die medizinische Diagnostik eignen und auch in anderen Bereichen für analytische Aufgaben genutzt werden können.*
Zunächst werden die Begriffe Biosensor und Biochips in ihren zum Teil sehr unterschiedlichen Bedeutungen erläutert. Einige weit verbreitete Biosensor- und Biochip- Technologien werden detailliert beschrieben. Weiter werden für die bioanalytische Anwendung wichtige biochemische Grundlagen besprochen. Schwerpunkte sind der Nachweis von Biomolekülen, die Analyse biomolekularer Wechselwirkungen und der gleichzeitige Nachweis verschiedener Moleküle einer Klasse von Biomolekülen, wie mRNA oder Proteine. Als Methoden für die Untersuchung biologischer Wirkungen in lebenden Zellen werden die analytische und präparative Durchflusscytometrie beschrieben.

5.1
Einführung

Eine besondere Schwierigkeit beim Nachweis von Biomolekülen ist der oft nur geringfügige chemische Unterschied zwischen biologischen Molekülen. Dies liegt daran, dass Biomoleküle trotz ihrer Komplexität aus relativ wenigen chemischen Bausteinen aufgebaut sind. Dies gilt für alle Biomoleküle und ist besonders klar bei biologischen Makromolekülen, wie Nukleinsäuren und Proteinen, zu erkennen. Proteine und Nukleinsäuren sind chemisch betrachtet Polymere aus Aminosäuren bzw. Nukleotiden.

Instrumentelle Bioanalytik. Mark Helm und Stefan Wölfl
Copyright © 2007 WILEY-VCH Verlag GmbH & Co. KGaA, Weinheim
ISBN: 978-3-527-31413-3

Unabhängig von der Art der Moleküle beruhen Unterschiede in der biologischen Wirkung und Funktion im wesentlichen auf Unterschieden in den Möglichkeiten der Molekülen, mit anderen Molekülen Wechselwirkungen eingehen zu können. Unter Wechselwirkung oder Interaktion versteht man primär das Auftreten von Bindungen zwischen Molekülen. Diese können transient (vorübergehend, zeitlich begrenzt) oder permanent sein. Transiente Bindungen werden nur kurz, für eine bestimmte Zeit, ausgebildet und sind aus chemischer Sicht in der Regel nicht-kovalent. Permanente Bindungen bleiben nach Ausbildung bestehen und können sowohl auf nicht-kovalenten als auch auf kovalenten chemischen Bindungen beruhen. Welche Bindungen zwischen Molekülen in einem biologischen System auftreten, hängt von einer Reihe biochemischer Parametern ab.

Oft ist es nicht möglich alle Faktoren analytisch zu erfassen, die zur biologischen Wirkung und Funktion beitragen. Dies gilt sowohl für die Wirkung in einer einzelnen Zelle als auch – im größeren Maß – für die Wirkung in einem Organismus. Um dennoch die Wirkung richtig erfassen zu können, werden lebende biologische Systeme genutzt, um die biologische Wirkung im Umfeld von Zellen und ganzen Organismen beurteilen zu können. Dabei die biologische Wirkung aufzuzeigen ist jedoch oft sehr aufwendig. Selbst toxische Wirkung wird – wenn die zugrunde liegenden molekularen Mechanismen verstanden werden sollen – zu einer komplexen wissenschaftlichen Fragestellung, auch wenn es für die primäre Beurteilung ausreicht, ob die Zellen bzw. ein Organismus (über)leben oder absterben.

Bevor die Begriffe Biosensor und Biochip definiert werden, ist es angebracht, ein paar grundsätzliche Überlegungen voranzustellen. Die vielfältigen Methoden der Bioanalytik sollen es uns ermöglichen, biologische Funktionen und Wirkungen von Molekülen umfassend zu verstehen. Dazu gehört sowohl das Verständnis der genauen Funktion eines komplexen biologischen Makromoleküls wie es in einer Zelle vorliegt als auch das Wissen über die biologischen Wirkungen kleinere Moleküle in Zellen und Organismen. Wie bereits erwähnt ist die wesentliche Grundlage dafür die Präzision molekularer Wechselwirkungen, die über Bindungskonstanten und Bindungsstellen beschrieben werden können und den Schlüssel zu allen biologischen Funktionen liefern. Viele Biomoleküle sind modular aufgebaut und verfügen über verschiedene Molekülbereiche, die als Domänen bezeichnet werden. Diese Domänen können sehr unterschiedliche Funktionseigenschaften aufweisen und zum Teil sehr unterschiedliche Wechselwirkungen eingehen. Dies führt unter anderem dazu, dass viele biologische Moleküle mehr als eine Wechselwirkung in einem biologischen System eingehen können und dass die Art der Wechselwirkung durch unterschiedliche Funktionalität in einem Molekül beeinflusst werden kann. Dabei ist es sehr wichtig zu beachten, dass Zellen und Organismen aus einer sehr großen Zahl von Molekülen bestehen, die auf vielfältige Weise miteinander in Verbindung treten können. Zudem führen räumliche Trennung in Zellkompartimenten und zeitliche Auflösung bei der Expression zusammen mit unterschiedlichen Bindungseigenschaften dazu, dass biologische Funktionen präzise ausgelöst und kontrolliert werden können. Daher reicht es oft nicht aus, eine einzelne Wechselwirkung zwischen bekannten interagierenden Molekülen zu verstehen. Es ist vielmehr erforderlich, diese in der Konkurrenz vieler möglicher Wechselwirkungen zu betrachten. Bei der Messung eines biologischen Effekts in einem lebenden System werden alle möglichen Wechselwirkungen berücksichtigt, ohne diese im einzelnen kennen zu müssen. Andererseits können komplexe Messsysteme genutzt werden, unterschiedliche Bindungseigenschaften auch in Konkurrenz zwischen verschiedenen Bindungspartner oder in Kooperation mit weiteren Bindungspartnern (Kofaktoren) zu untersuchen. Wichtige Werkzeuge für diese Untersuchungen sind Biosensoren und Biochips, die für eine Fülle analytischer Fragestellungen hergestellt und genutzt werden.

5.2
Biosensoren

Biosensoren sind Messsysteme, die ein biologisches oder molekulares Signal in ein messbares Signal umwandeln. Die Variabilität von Biosensoren ist so vielgestaltig wie die Vielfalt biologischer Signale. Zunächst können Biosensoren für rein analytische Anwendungen genutzt werden, um die Fragen zu klären, ist ein Molekül vorhanden und in welcher Konzentration liegt es vor. Zudem ermöglichen Biosensoren die Erfassung biologisch funktioneller Signale, wie der Untersuchung spezifischer Wechselwirkungen und deren Beeinflussung, oder einfach die Bestimmung einer biologischen Aktivität von Proben, die durch bekannte oder unbekannte Substanzen verursacht wird. Alle Biosensoren funktionieren nach dem in Abb. 5.1 dargestellten Schema. Eine analytische Probe (Analyt) kommt mit dem Biosensor (spezifischer Rezeptor) in Kontakt, dies führt zu einer Veränderung am Biosensor (Signalwandler), die in ein messbares Signal (Messsignal) umgewandelt wird.

Diese Definition passt für eine Vielzahl von Systemen, die nach sehr unterschiedlichen Prinzipien funktionieren. Ein Biosensor könnte eine einfache anorganische Messsonde sein, an die ein bestimmtes biologisches Molekül oder eine Molekülklasse sehr gut bindet. Durch die Bindung werden die Eigenschaften der Sonde verändert und ein messbares Signal entsteht. Dies könnte z. B. ein veränderter elektrischer Widerstand oder eine Änderung der optischen Eigenschaften sein, aber auch ein anderes Signal, das direkt abgelesen oder leicht in ein elektrisches Signal umgewandelt werden kann, wie z. B. Fluoreszenz oder Chemolumineszenz. Wichtig für die Anwendung ist, dass man mit Hilfe des Biosensors ein verlässliches analytisches Signal erhält, das zumindest eine qualitative oder besser eine quantitative Analyse ermöglicht.

Biosensoren können unter anderem in folgende Kategorien gegliedert werden:
- Physikalische Sensoren, die spezifisch ein biologisches/organisches Molekül nachweisen, unter anderem auch Sensoren die CO_2 und Sauerstoff (O_2) direkt detektieren.

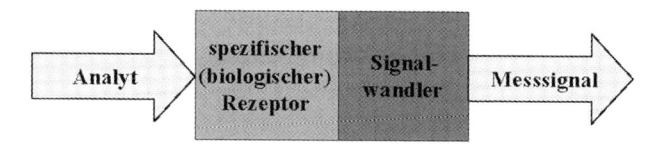

Abb. 5.1 Grundprinzip Biosensor.

- Physikalische Sensoren, die ein biologisches Molekül oder ein anders definiertes Makromolekül brauchen, um spezifisch ein anderes Molekül nachweisen zu können.
- Chemische oder enzymatische Reaktion, die gekoppelt mit einem Auslesesystem (physikalischem Sensor) den Nachweis eines Moleküls ermöglicht.
- Biologisches System, dessen Veränderung zu einem messbaren Signal führt.

Da unser Wissen über die Möglichkeiten biologischer Interaktionen sehr beschränkt ist, gibt es bis jetzt keine Möglichkeit alle möglichen biologischen Wirkungen von Substanzen vorherzusagen. Um dennoch die biologischen Effekt vollständig beurteilen zu können, bleibt nur die Möglichkeit ein vollständiges biologisches System zu nutzen. Dies ist in der Regel ein Organismus, da nur dort alle möglichen Stoffwechselprozesse ablaufen. Dabei gilt jedoch zu beachten, dass sich nicht alle Organismen gleich verhalten. Im Extremfall ist ein Effekte für einen Organismus toxisch und für einen anderen vielleicht sogar lebensnotwendig. Für den Effekt auf Menschen sind daher andere Menschen der „beste Biosensor". Der Übergang von der präklinischen Forschung auf die klinische Forschung ist daher zum Beispiel bei der Entwicklung von Arzneimitteln essentiell. Dabei das Risiko aber möglichst gering zu halten erfordert sehr aussagekräftige Voruntersuchungen, z. B. in Tierversuchen oder noch eine Stufe weiter entfernt an einzelnen Zellen und zellulären Systemen.

5.2.1
Messungen molekularer Wechselwirkungen

Wechselwirkungen zwischen Molekülen in einer Zelle sind die Triebkraft aller biologischen Prozesse. Dabei ist es nicht nur wichtig zu wissen, welche Moleküle miteinander interagieren können, sondern es ist auch wichtig zu verstehen, welcher Art diese Wechselwirkung ist, welchen biochemischen Parametern sie folgt und wie verschiedene Wechselwirkungen in der Zelle zu einem komplexen Prozess beitragen.

Grundlage für die Beschreibung von Wechselwirkungen sind die Bindungseigenschaften zwischen den beteiligten Partnermolekülen. Viele Moleküle können mit mehr als einem anderen Molekül interagieren. Je nach dem ob dies über gleiche Molekül-Domänen erfolgt oder über verschiedene Bereiche der Moleküle, können Interaktionen sich gegenseitig ausschließen oder gleichzeitig auftreten und in Folge gegenseitig beeinflussen. Um zu bewerten, welche der vielen Möglichkeiten für Interaktionen in einem biologischen Prozess eine Rolle spielen, müssen zunächst die Parameter bekannt sein, welche die Bindungen zwischen den Molekülen beeinflussen. Eine wichtige Grundlage dafür ist das thermodynamische Gleichgewicht das jeder Bindung, jeder Interaktion zwischen Molekülen zu Grunde liegt.

Die Bindungsreaktion zwischen zwei Molekülen A und B führt zur Bildung des Molekülkomplexes AB und kann mit Gl. (5.1) beschrieben werden.

$$A + B \underset{k_{-1}}{\overset{k_1}{\rightleftharpoons}} AB \tag{5.1}$$

k_1: Geschwindigkeitskonstante für die Bildung von AB
k_{-1}: Geschwindigkeitskonstante für die Dissoziation von AB

Ohne Veränderung der Bindungspartner und ohne Ausbildung einer kovalenten Bindung laufen beiden Reaktionen, Hin- (Assoziation) und Rückreaktion (Dissoziation), so lange ab, bis es zu einem Gleichgewicht zwischen freien und im Komplex gebundenen Molekülen kommt. Dieses Gleichgewicht ist abhängig von der Affinität der beiden Moleküle. Bei hoher Affinität liegen die Moleküle überwiegend als Komplex vor. Bei niedriger Affinität überwiegend als freie Moleküle. Das Gleichgewicht zwischen freien und im Komplex gebundenen Molekülen eignet sich daher gut für die Beschreibung der Stärke der Interaktion. Das Gleichgewicht kann durch zwei Konstanten beschrieben werden. Der Assoziationskonstante(auch Bindungskonstante) K_a und der Dissoziationskonstante K_d. Die Assoziationskonstante beschreibt die Bildung von AB aus A und B. Die Dissoziationskonstante beschreibt den Zerfall von AB. Beide sind somit ein Maß für die Affinität der interagierenden Moleküle. Diese beiden Konstanten lassen sich als Quotient der Konzentrationen der freien Moleküle und des Molekülkomplexes im Gleichgewicht oder als Quotient der Geschwindigkeitskonstanten für die Assoziation und Dissoziation beschreiben.

Entsprechend der Gl. (5.1) können Assoziationskonstante K_a und Dissoziationskonstanten K_d wie folgt definiert werden:

$$K_a = \frac{[AB]}{[A][B]} = \frac{k_1}{k_{-1}} \tag{5.2}$$

$$K_d = \frac{[A][B]}{[AB]} = \frac{k_{-1}}{k_1} \tag{5.3}$$

Je nach Affinität bzw. Stabilität des Komplexes kommt es zu einer Verschiebung des Gleichgewichts der Reaktion. In einer sehr stabilen Verbindung liegen die Moleküle überwiegend als Komplex vor: $[AB] >> [A]$ oder $[B]$. Aus Gl. (5.2) und (5.3) ergeben sich ein hoher Wert für die Assoziationskonstante und ein kleiner Wert für die Dissoziationskonstante. Üblicherweise wird die Affinität durch die Dissoziationskonstante K_d bewertet, da diese der Geschwindigkeitskonstante K_m der Michaelis-Menten-Kinetik für enzymatische Reaktionen entspricht. Für sehr hochaffine Bindungen liegt das Gleichgewicht fast ausschließlich auf der Seite des Komplexes (AB) und ein Zerfall in A und B kann kaum beobachtet werden. Folglich gilt, je kleiner die Dissoziationskonstante K_d desto stabiler ist die Bindung zwischen zwei interagierenden Molekülen. In Tab. 5.1 sind eine Reihe von Bindungskonstanten wichtiger biomolekularer Interaktionen zusammengestellt.

Bindungskonstanten werden immer für eine bestimmte Temperatur angegeben, da durch Veränderungen der Temperatur die Bindung zwischen Molekülen stark beeinflusst wird. Vereinfacht gilt, je höher die Temperatur umso einfacher ist die Bildung von Komplexen, da die Wahrscheinlichkeit der Interaktion erhöht wird (Geschwindigkeit der Hinreaktion wird erhöht), gleichzeitig aber werden die Komplexe instabiler, da die verstärkte Bewegung in den Molekülen, die Bindungskräfte zwischen den Molekülen reduziert (Geschwindigkeit der Rückreaktion wird erhöht).

Kann ein Molekül verschiedene Bindungen eingehen, ergeben sich eine Reihe weiterer Möglichkeiten, für die Bildung von Komplexen. Die Möglichkeit der Kon-

Tab. 5.1 Beispiele für Bindungskonstanten von Interaktionen zwischen Biomolekülen.

Bindungspartner A	Bindungspartner B	K_d
Biotin	Streptavidin	ca. 10^{-15}
Steroidhormon	Kernrezeptor	ca. 10^{-9}
EGF	EGF-Rezeptor	ca. 10^{-10}–10^{-9}
Antigen	Antikörper (versch. IGG)	variiert sehr (e. g. 10^{-9})
lac-Repressor (Protein) aktiv	lac-Operator (DNA)	ca. 10^{-13}
lac-Repressor (Protein) inaktiv	lac-Operator (DNA)	ca. 10^{-10}
lac-Repressor (Protein) aktiv/inaktiv	unspezifische (DNA)	ca. 10^{-6}
Bindung von zwei DNA-Stränge in einer Doppelhelix		?*

*Dieser Wert hängt sehr von der Länge der DNA ab und ist z. B. für chromosomale DNA bei Raumtemperatur nicht messbar.

kurrenz zwischen verschiedenen Interaktionskomplexen ist in biologischen Systemen sehr wichtig und soll daher näher betrachtet werden:

1. Die Bindung zwischen verschiedenen Bindungspartnern ist schließt sich gegenseitig aus, A kann entweder B oder C binden:

$$A + B + C \Leftrightarrow AB + AC \tag{5.4}$$

Welche der in Gl. (5.4) angegebenen Verbindungen (AB oder AC) werden hier vorliegen, wenn für die beiden Einzelreaktionen folgende Bindungskonstanten bekannt sind?

$$A + B \Leftrightarrow AB \quad Kd \; 10^{-6} \tag{5.5}$$
$$A + C \Leftrightarrow AC \quad Kd \; 10^{-9} \tag{5.6}$$

Ist die Ausgangskonzentration aller Partner gleich, wird überwiegend der Komplex AC gebildet, da das Gleichgewicht der Teilreaktion (Gl. 5.6) stärker auf Seite von AC als das Gleichgewicht der Teilreaktion (Gl. 5.5) auf Seite von AB. Sind jedoch die Konzentrationen von A, B, C stark unterschiedlich, kann sich dies jedoch für die beiden „kompetitiven" Komplexe ändern. Ist die Konzentration von B wesentlich höher als von C wird dennoch überwiegend der Komplex AB gebildet. Um gleichviel der Komplexe AB und AC zu bilden muss B 10^3 mal höher konzentriert sein als C.

2. Die Bindung zwischen verschiedenen Bindungspartnern ist gleichzeitig möglich, A kann sowohl B als auch C binden. Sind alle Interaktionen gleichzeitig oder für sich genommen möglich, ergibt sich folgendes Reaktionsbild:

$$A + B + C \Leftrightarrow AB + AC + ABC \tag{5.7}$$

Läuft die Reaktion jedoch schrittweise ab, d. h. zunächst reagieren nur zwei Partnermoleküle und erst anschließend wird der nächste Partner gebunden, sind folgende Abläufe möglich:

oder $A + B + C \Leftrightarrow AB + C \Leftrightarrow ABC$ (5.8)

oder $A + B + C \Leftrightarrow AC + B \Leftrightarrow ABC$ (5.9)

oder $A + B + C \Leftrightarrow A + BC \Leftrightarrow ABC$ (5.10)

Die Bindungskonstanten für jede einzelne mögliche Interaktion erlauben meist, den Ablauf der Reaktionen richtig zu bestimmen und das Verhalten in einer Zelle vorherzusagen. Letzteres wird durch viele Faktoren erschwert. So können z. B. auch Moleküle mit relativ geringer Affinität interagieren und als Komplex vorliegen, wenn die Konzentration ausreichend hoch ist (siehe oben). Auch die Verteilung in der Zelle schränkt ein, welche Komplexe gebildet werden, da nur Moleküle im gleichen zellulären Kompartiment für eine Bindung zur Verfügung stehen. Unterschiedliche strukturelle Konformationen der Bindungspartner können ebenfalls die Interaktionen beeinflussen und beispielsweise von einer Aktivierung abhängig machen. Trotz dieser für ein lebendes System essentiellen zusätzlichen Aspekte sind Bindungskonstanten vielleicht der wichtigste Parameter für die Einschätzung von Reaktionsabläufen biologischer Prozesse auch im Umfeld einer Zelle und eines biologischen Organismus. Eine besondere Bedeutung haben Bindungskonstanten für die Einschätzung der biologischen Aktivität von Wirkstoffen.

Wie werden Bindungskonstanten ermittelt? Aus Gl. (5.8) bis (5.10) geht hervor, dass ein Weg zur Bestimmung der Bindungskonstanten die Messung der Konzentration aller beteiligten einzelnen Moleküle und möglicher Molekülkomplexe ist. Alle Konzentration verlässlich zu messen, ist meist nicht ohne weiteres möglich. Wird die Konzentration einzelner Komponenten gemessen, muss zwischen freiem und gebundenen Anteil unterschieden werden. Eine besondere Herausforderung stellt dabei der Nachweis, der Komplexe dar. Eine Reihe von Methoden nutzen die Änderungen physikalischer Eigenschaften, die sich aus der Bildung von Komplexen ergeben, um diese nachzuweisen.

Zu den wichtigsten Methoden, biomolekulare Wechselwirkungen nachzuweisen, gehören:
- Biosensoren, welche die Bildung von Komplexen an einer festen Phase und darüber einen Nachweis der Komplexe erlauben;
- spektroskopische Methoden die einen Nachweis von Komplexen in Lösung über eine Änderung der optischen Eigenschaften zwischen Komplex und isolierten Molekülen erlauben;
- verschiedene chromatographische und elektrophoretische Methoden, die für die Bestimmung von Komplexen angepasst werden können.

Im Folgenden werden einige Methoden beschrieben, die für die Messung biomolekularer Interaktionen, insbesondere zur Messung von Bindungskonstanten genutzt werden können. Diese Verfahren können auch für den Nachweis der jeweiligen Moleküle genutzt werden.

5.2.2
Biosensoren für die Untersuchung biomolekularer Wechselwirkungen

Für den Nachweis von Molekülen und zur Messung biomolekularer Wechselwirkungen werden eine Reihe von Systemen genutzt, die in drei Gruppen eingeteilt werden können.
- Sensoren, die auf der Messung eines physikalischen Effekts beruhen und keine weitere Markierung erfordern;
- Sensoren, die eine Markierung erfordern und beispielsweise Veränderungen von Fluoreszenzsignalen erfassen;
- Sensoren, die eine enzymatische Reaktion nutzen, um ein Signal zu generieren.

Je nach Anpassung können verschiedene Biosensoren sowohl als analytisches Werkzeug, um Moleküle qualitativ und quantitativ nachzuweisen, als auch für die Bestimmung der Eigenschaften biomolekularer Interaktionen genutzt werden.

5.2.3
Oberflächen-Plasmon-Resonanz

Oberflächen-Plasmon-Resonanz (Surface-Plasmon-Resonance, SPR) ist ein physikalisch optischer Prozess. Er tritt auf, wenn ein dünner Metallfilm auf einer Oberfläche durch polarisiertes Licht im Grenzwinkel der Totalreflektion getroffen wird. Wird polarisiertes Licht durch ein Prisma gestrahlt, kann das so geschehen, dass es gerade noch an der gegenüberliegenden (nächsten) Fläche reflektiert wird. Obwohl kein Licht austritt, reicht das elektrische Feld der Photonen über die Grenzfläche hinaus.

Diese Oberfläche wird mit einem dünnen Edelmetallfilm – meist Gold – beschichtet. Gold wird ausgewählt, da es sowohl über günstige Eigenschaften für die Oberflächen-Plasmon-Resonanz als auch für die analytische Reaktion verfügt. Gold ist inert gegen viele bioanalytischen Reagenzien und eignet sich mit Hilfe der Thiol-Gold-Chemie sehr gut für die Immobilisierung von Biomolekülen und organischen Verbindungen. Ist die Energie der Photonen passend, kommt es zu einer Interaktionen mit den freien Elektronen in der Metallschicht, die Photonen werden adsorbiert, und in Plasmone umgewandelt. Unter diesen Bedingungen wird das Licht in der Grenzfläche adsorbiert und es kommt zu einem starken Abfall der reflektierten Lichtenergie. Die Energie des Lichts geht dabei auf das Plasmon in Form von Bewegungsenergie über. Resonanz liegt vor, wenn die Energie des eingestrahlten Lichts mit der Energie der Photonenbewegung übereinstimmt. Nur der Vektoranteil der Photonenschwingung, der in der Ebene des Metallfilms liegt, kann in Plasmonenergie überführt werden. Die Plasmone erzeugen ein elektrisches Feld, das sich über beide Bereiche der Oberfläche ausdehnt. Dieses Feld (evaneszentes Feld) nimmt stark mit der Entfernung ab und ist daher nur in direkter Nähe (ca. 300 nm) für Messungen geeignet. Die Art wie sich ein elektromagnetisches Feld durch ein Medium ausbreitet, hängt sehr stark von den elektromagnetischen (optischen) Eigenschaften des Mediums ab. Wandert ein Lichtstrahl durch unterschiedliche optische Medien, wird seine Ausbreitung stark beeinflusst. In ähnlicher Weise kann dies auf das elektromagnetische Feld der Plasmone übertragen werden. Da dieses im wesentlichen nur im engeren Bereich der Oberfläche auftritt, kann es auch nur von den optischen Eigenschaften im Grenzbereich beeinflusst werden. Ändern sich diese, verändert sich auch das Energiemoment des Plasmon, und folglich der Winkel für die Oberflächen-Plasmon-Resonanz, der genau gemessen werden kann. Alternativ könnte bei einer Messung mit einem festem Winkel die Wellenlänge verändert werden, da der Grenzwinkel auch von der Wellenlänge des eingestrahlten polarisierten Lichts abhängt. Beide Verfahren können genutzt werden. In den meisten Geräten wird bei fester Wellenlänge die Änderung des Resonanzwinkels gemessen mit einer Auflösung von ca. 0.001° (Winkeländerung).

Die Oberflächen-Plasmon-Resonanz hängt ab von den Eigenschaften des Metallfilms, der Wellenlänge des einfallenden Lichtstrahls und dem Brechungsindex der Lösung und des Trägermaterials auf beiden Seiten des Metallfilms. Auch die Temperatur bei der Messung ist wichtig, da der Brechungsindex von der Temperatur abhängig ist. Bei der Auswahl des Metalls ist darauf zu achten, dass es über (bewegliche) Elektronen verfügt, die vom Licht angeregt und in Resonanz gebracht werden können. Dies ist neben Gold z. B. auch bei Silber oder Kupfer möglich. Werden die Parameter (Schichtdicke, Temperatur, Metall, Dichte des Trägermediums) nicht verändert, ist die Änderung des Resonanzwinkels nur von der optischen Dichte des Mediums auf der Sensorseite abhängig.

Binden Moleküle an die Metalloberfläche, ändert sich die optische Dichte des Mediums und es kommt zu einer Änderung des Resonanzwinkels. Der Zusammenhang zwischen Änderung des Brechungsindexes und Menge gebundener Moleküle ist für jedes Molekül sehr unterschiedlich. Für quantitative Messungen ist daher eine Kalibrierung erforderlich. Für die Messung von Bindungskonstanten wird mit ansteigenden und absteigenden Konzentrationen eines Bindungspartners gemessen. Aus der Dynamik der Bindung können dann die Konstanten ermittelt werden.

Für die Bindung von Molekülen an den Metallfilm sind verschiedene Verfahren möglich. Am besten eignen sich dafür die chemischen Bindungseigenschaften der Goldschicht. Für die Bindung an Goldschichten kann man die hochspezifische und stabile Adsorption von Thiolgruppen an Gold nutzen. Mit Hilfe von bifunktionellen Molekülen, die neben der Thiolgruppe über eine weitere funktionellen Gruppe verfügen, kann eine Schicht reaktiver Gruppen aufgebaut werden, die gut mit verschiedenen Biomolekülen reagieren. Als zweite funktionelle Gruppe eignen sich wegen ihrer relativ guten Stabilität insbesondere Aldehyd- (–COO), Epoxy- (–COC) oder Aminogruppen (–NH2). Diese können mit einer Reihe von funktionellen Gruppen von Biomolekülen reagieren und so für deren Immobilisierung genutzt werden. Die bifunktionellen Bausteine mit Thiol und einer zweiten reaktiven Gruppe sind darüber hinaus durch die Kettenlänge der chemischen Bausteine charakterisiert, die sich zwischen den reaktiven Gruppen befindet, die als Abstandhalter (oder Spacer) bezeichnet werden. Die Adsorption der Linkermoleküle erfolgt dabei möglichst in Form einer Einzelmolekül-Schicht, die sich aufgrund der chemischen Eigenschaften der Linker-Moleküle ausbilden kann. In den meisten Fällen fügt sich diese Einzelmolekülschicht selbst zusammen (englisch: „self-assembled

Monolayer" SAM). Eine weitere Möglichkeit ist, Schichten von Biopolymeren wie Dextran aufzubringen. Dadurch kann die „Biokompatibilität" der Oberfläche erhöht werden. Dafür spielt neben einer Angleichung der Oberflächeneigenschaften, der Absättigung der Goldoberfläche zur Vermeidung unspezifischer Adsorption (z. B. über die Thiolgruppe von Cystein), auch die räumliche Zugänglichkeit der reaktiven Gruppen eine Rolle. Sowohl die Länge der Linkermoleküle als auch das Aufbringen einer Biopolymerschicht führt dazu, dass vor allem größere Biomoleküle gut immobilisiert werden können. Sowohl bei der Immobilisierung als auch bei den anschließenden Komplexbildungen ist eine Flexibilität der Bindung von Vorteil, um eine sterische Hinderung zu vermeiden. Dies muss auch bei der Beladung mit Fängermolekülen berücksichtigt werden. Nach der erfolgreichen Immobilisierung der Fängermoleküle ist es wichtig, alle noch freien und chemisch reaktiven Gruppen zu blockieren, die durch unspezifische Bindung in späteren analytischen Untersuchungen die Ergebnisse stören könnten.

In vielen Fällen werden die spezifischen Fängermoleküle nicht direkt immobilisiert, sondern über eine primäre Kopplungsreaktion gebunden. Dafür eignet sich insbesondere die Bindung zwischen Biotin und Streptavidin. Biotin ist ein einfaches organisches Molekül, das mit sehr hoher Affinität von Streptavidin oder Avidin gebunden wird. Dieser Schritt bietet sehr wichtige Vorteile. Die so eingeführten zusätzlichen „Linker" vergrößern den Abstand zwischen der Chip-Oberfläche und dem spezifischen Fängermolekül und verringern dadurch Probleme der sterischen Hinderung. Mit Hilfe von hoch reaktiven Biotinylierungsreagenzien (z. B. Biotin-NHS-Ester) können die Fängermoleküle in Lösung sehr effizient mit Biotin-Gruppen versehen werden (biotinyliert), und es können vorgefertigte Streptavidin oder Avidin beschichtete Biosensorchips der Hersteller in den Experimenten genutzt werden.

Nachweis spezifischer Targetmoleküle: Die aus Linkermolekülen, evtl. Biopolymeren, und daran immobilisierten Biomolekülen aufgebaute Schicht kann nun genutzt werden, die Bindung von Molekülen zu messen, welche an die immobilisierten „Fänger"-Biomoleküle binden. Für die Messung wird zunächst nur die Pufferlösung über den Biosensor geleitet, diese dann durch die Probenlösung ersetzt, welche nach Erreichen eines maximalen Bindungssignals wieder durch die Pufferlösung ersetzt wird (Abb. 5.2 und 5.3).

Dabei ist es unwichtig, wie viele verschiedene Moleküle sich in der zu untersuchenden Lösung befinden. Nur Moleküle die tatsächlich binden, führen zu einem klaren Signal, Moleküle, die nicht binden, tragen nur zum Hintergrund-Signal des Lösungsmittels bei.

Bei Bindung erfolgt ein zunächst starker, später kontinuierlicher Anstieg des Signals, bis ein maximaler Wert erreicht wird, der nach dem Pufferwechsel stark abnimmt. Je nach Stärke der Bindung ist die Abnahme unterschiedlich schnell. Bei einer stärkeren Bindung nimmt das Signal langsamer ab als bei einer schwächeren Bindung, entsprechend der Dissoziationskonstante (K_d) der „Off-Rate" der Bindung (Abb. 5.3).

Geräte für die Messung von Oberflächen-Plasmon-Resonanz, bestehen aus folgenden Komponenten: einer Lichtquelle mit Filtern für die Erzeugung monochromatischen, polarisierten Lichts; einem Prisma, an dessen einer planaren Oberflä-

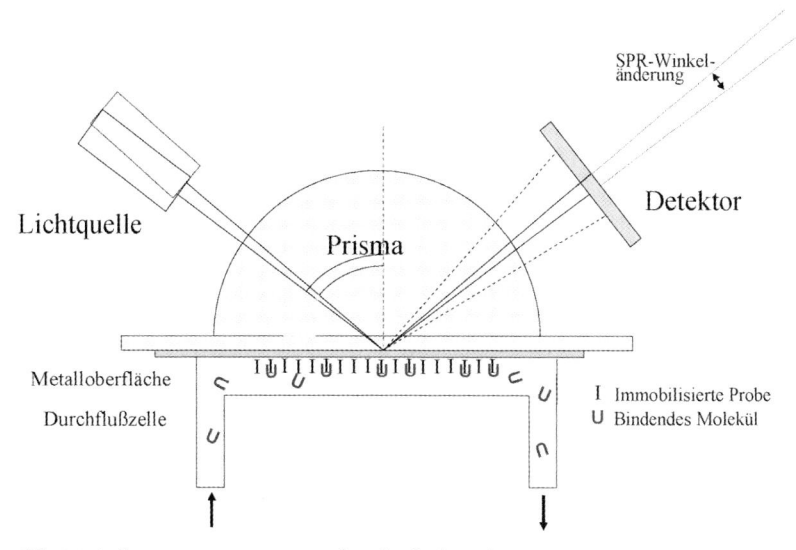

Abb. 5.2 Aufbau eines Messsystems für Oberflächen-Plamson-Resonanz (SPR).

che eine Messzelle angebracht ist; einem Detektor, der die Intensität des reflektierten Lichtes von verschiedenen Einstrahl/Reflektionswinkeln misst (Abb. 5.2). Dabei wird kontinuierlich der Oberflächen-Plasmon-Resonanzwinkel gemessen und aufgezeichnet. Kommt es zu einer Veränderung der Oberflächeneigenschaften durch Bindung oder Wechsel der Puffer, führt dies zu einer Signaländerung, die in der Regel als relative Messwerte ausgegeben werden. Dies ist wichtig, da es durch kontinuierliche geringfügige Abweichungen zu einer Änderung der Absolutenwerte kommt, auch ohne weitere Änderungen in der Messzelle (Baseline shift).

Die Messzelle besteht aus einem metallbeschichteten Glasträger in einer Durchflussküvette. Die Immobilisierung und die Interaktionsmessung erfolgen auf der Metallschicht des Glasträgers. Das Licht ist so in das Messprisma eingekoppelt, dass die Messung nicht auf der Oberfläche des Prismas, sondern auf der Sensoroberfläche in der Messzelle erfolgt. In einer Durchflusszelle ist es leicht möglich, verschiedene Probenlösungen am Sensor vorbeizuführen und deren Einfluss auf die Oberflächen-Plasmon-Resonanz, über Veränderungen des Resonanz-Winkels, zu verfolgen. Wie bei chromatographischen Messungen ist zu beachten, dass auch die Änderung der Pufferlösung zu einem veränderten Signal führt. Im Falle einer spezifischen Bindung ist diese jedoch viel ausgeprägter und durch ein charakteristisches Signalprofil gekennzeichnet. Dies ist eine kontinuierliche Änderung des Winkels, bis zur Ausbildung des Gleichgewichts zwischen freiem und gebundenem Molekül (Interaktionspartner) in der Lösung. Nach Wechsel auf Puffer ohne bindende Moleküle kommt es zu einer schnellen Ablösung, aus der sich auch die Dissoziationskonstante für die Bindung ableiten lässt (Abb. 5.3).

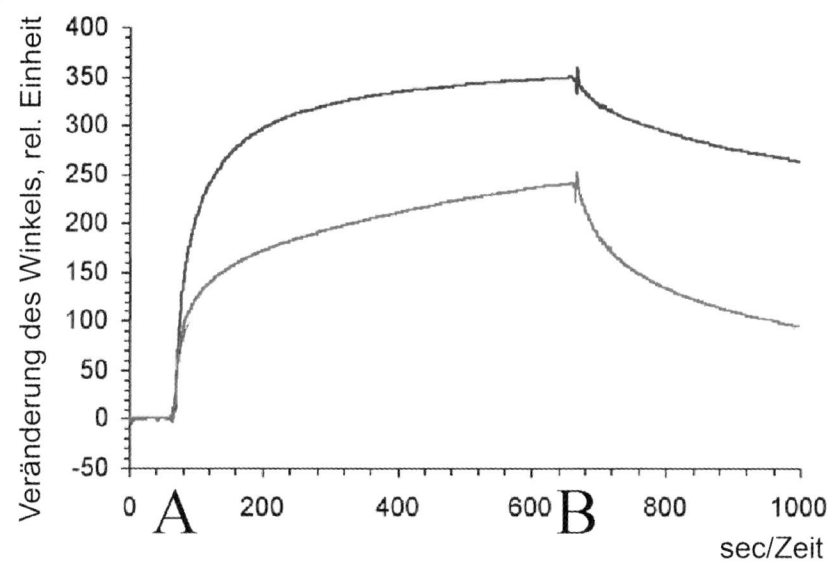

Abb. 5.3 Assoziations- und Dissoziations-Profile für die Bindung verschiedener Liganden an ein immobilisiertes Rezeptormolekül. **A:** Beginn der Adsorption nach Probenzugabe. **B:** Beginn der Dissoziation nach Pufferwechsel.

Für zuverlässige Ergebnisse ist eine verlässliche Immobilisierung wichtig. Dies wird durch eine gute Kontrolle der Immobilisierungsmatrix (bifunktionellem Linker), durch Dextranbeschichtung und durch eine optimierte Immobilisierungsdichte erreicht. Letztere kann u. a. durch die Dichte der reaktiven Gruppen auf der Oberfläche reguliert werden und ist insbesondere wichtig, wenn die Bindung großer Bindungspartner oder die Bildung großer Molekülkomplexe gemessen werden soll.

Interaktionen werden oft durch zusätzliche Faktoren beeinflusst. Dies sind unter anderem pH und Ionengehalt der Lösung, aber auch die Bindung weiterer Interaktionspartner und Kofaktoren. Deren Einfluss auf die Bindung kann in ähnlicher Weise untersucht werden, wie die Interaktion der „primären" Bindungspartner. Sind diese jedoch sehr klein und führen kaum zu einer Massenänderung des Interaktionskomplexes, kann der Einfluss nur indirekt gemessen werden.

Welcher Partner einer biomolekularen Interaktion sollte immobilisiert werden?

Die Änderung des Winkels der Oberflächen-Plasmon-Resonanz ist um so größer, je größer die Änderung der optischen Dichte an der Grenzfläche ist. Dies hängt im wesentlichen von der Größenänderung der Komplexe ab (Änderung der gebundenen Masse). Insbesondere zur Messung von Interaktionen zwischen Molekülen stark unterschiedlicher Größe sollte der kleinere Bindungspartner immobilisiert und die Bindung des größeren Bindungspartners gemessen werden. Dadurch ergibt sich durch die Bindung eine größere Veränderung der optischen Dichte an der Grenzfläche, die zu einer größeren Änderung des Resonanzwinkels führt. Bindet an eine, bereits aus mehreren Molekülen aufgebauten, Schicht nur ein kleines Molekül kann der messbare Effekt im Hintergrund der Änderung durch den Wechsel des Lösungspuffers nicht mehr nachweisbar sein.

Die meisten heute verfügbaren Biosensorsysteme für Oberflächen-Plasmon-Resonanz nutzen eine Flusszelle über die verschiedene Pufferlösungen in den Messraum eingebracht werden können (z. B. Biacore). Diese können mit Hilfe von Probengebern, verschiedenen Pufferreservoiren und Schaltventilen gut automatisiert werden. Für Messungen in einem festen Gleichgewicht mit geringfügigen Änderungen, können auch Systeme mit einer einfachen Messzelle in Form einer Kuvette genutzt werden, die sich manuell mit Laborpipetten befüllen lassen.

Andere physikalische Verfahren zur Bestimmung von Komplexen auf Oberflächen: Für die Bestimmung von biomolekularen Interaktionen auf Oberflächen gibt es auch noch andere physikalische Messverfahren, die es ermöglichen, Veränderung in der Beladung zu messen. Diese Verfahren beruhen ähnlich wie bei SPR auf einer relativen Größenbestimmung der gebildeten Komplexe. Dazu genutzte Verfahren sind u. a. Mikrokantilever. Dies sind durch Mikrosystemtechnik hergestellte „Miniaturwagen", die fein genug sind, auf Masseänderungen durch Komplexbildung zu reagieren.

Die Bildung von Molekül-Komplexen kann auch zu Veränderungen in der Leitfähigkeit für Wärme und Strom im Puffer oder an einer Sensoroberfläche führen, beides Veränderungen die sich mit entsprechenden physikalischen Messsystemen erfassen lassen.

5.2.4
Biosensoren zum Nachweis von markierten Proben

Für eine Reihe von bioanalytischen Verfahren ist eine Markierung der zu untersuchenden Moleküle mit leicht nachzuweisenden Gruppen erforderlich. Dadurch werden Moleküle für eine Reihe von physikalischen Messmethoden zugänglich, die in der Regel für unmarkierte Moleküle nicht geeignet sind. Für die Markierung eignen sich Farbstoffe, insbesondere Fluoreszenzfarbstoffe, verschiedene Mikro- und Nanopartikel, die sich abhängig von ihrer Art mit verschiedenen Verfahren, u. a. optisch oder colorimetrisch, nachweisen lassen. Auch radioaktive Isotope, die durch ihre spezifische Emission nachgewiesen werden können, und Enzyme, die durch Umsetzung eines Substrats ein Signal generieren, sind von großer Bedeutung. Für die Wahl eines Markierungsverfahrens ist wichtig, wie gut dies mit den einzelnen Schritten der Nachweisreaktion vereinbar ist und wie die zu messenden Signale erfasst werden können.

Fluoreszenzmarkierung: Die vielleicht vielseitigste Möglichkeit für die Markierung von Proben bieten Fluoreszenzfarbstoffe. Diese können über verschiedene chemische Reaktionen mit Biomolekülen gekoppelt werden, wodurch diese dann für den Nachweis mit geeigneten optischen Methoden zugänglich werden. Die Grundlagen der Fluoreszenz sind ausführlich im Kapitel 2.4 beschrieben.

Um Fluoreszenzmarkierungen für die Untersuchung biologischen Wechselwirkungen und für Nachweisreaktionen nutzen zu können, ist es wichtig, dass durch die Markierung die Eigenschaften der Interaktion nicht gestört werden. Diese Forderung gilt auch für die Immobilisierung von Probenmolekülen in der SPR und bei anderen Oberflächen basierenden Biosensoren, da durch die Immobilisierung an einer Oberfläche die Zugänglichkeit sehr stark beeinflusst werden kann.

Von besonderer Bedeutung für die Nutzung einer Fluoreszenz-Markierung ist daher eher die Frage, ob es störende Einflüsse bei der Messung der Fluoreszenz gibt. Hier ist insbesondere wichtig, ob anwesende Moleküle durch Eigenfluoreszenz das Messsignal beeinflussen. Viele Biomoleküle sind von sich aus (intrinsisch) optisch aktiv und zeigen unter bestimmten optischen Bedingungen eine mehr oder minder starke Eigenfluoreszenz. Aufgrund der chemischen Struktur der verschiedenen Biomoleküle tritt die Eigenfluoreszenz meistens im UV-Bereich oder im UV-nahen Bereich auf. Die Eigenfluoreszenz biologischer Moleküle ist jedoch in der Regel für die direkte Nutzung in einem optischen Nachweis zu schwach. Einige biologische Moleküle zeigen jedoch hervorragende Fluoreszenzeigenschaften, die direkt für optische Messungen genutzt werden können, ohne dass eine weitere chemische Modifikation mit einem Fluoreszenzfarbstoff erforderlich ist. Zu dieser Gruppe von fluoreszierenden Biomolekülen gehören verschiedene fluoreszierende Proteine, die selbst ein fluoreszierendes Chromophor ausbilden können, wie GFP, aber auch Proteine, die in Verbindung mit einem Chromophor vorliegen, wie z. B. Cytochrome oder Hämoglobine mit dem Porphyrinringsystem.

Von besonderem Interesse für verschiedene molekulare Nachweisverfahren sind spezifische Fluoreszenzen, die erst durch die Interaktionen von Farbstoffmolekülen mit einem Zielmolekül ermöglicht werden. Eine Reihe von Farbstoffmolekülen können so zum Nachweis von Nukleinsäuren genutzt werden, da sich durch die Bindung ihre Fluoreszenzeigenschaften sehr verändern. Je nach Farbstoffmolekül kommt es durch die Interaktion zur Ausbildung der spezifischen Fluoreszenz oder zu einer signifikanten Verstärkung, die gut für Messungen genutzt werden können. Beispiele hiefür sind Ethidium-Bromid, Propidium-Jodid, Dapi oder SybrGreen.

Die Nutzung von Fluoreszenzmarkierungen erlaubt in Verbindung mit einer Vielzahl optischer Auslesesysteme einfache Biosensoren aufzubauen. So können z. B. einzelne Wells von Mikrotiterplatten mit Sensormolekülen beschichtet werden. Die Bindung einer markierten Probe kann dann direkt über einen Anstieg der spezifischen Fluoreszenz nachgewiesen werden, wenn zuvor alle nicht gebundenen Chromophore entfernt wurden.

Nutzung markierter Reagenzien: Eine weitere wichtige Möglichkeit nicht markierte Moleküle spezifisch nachzuweisen, ist, hochspezifisch bindende Reaktionspartner zu nutzen, die als markierte Reagenzien zur Verfügung stehen. Hierfür sind vor allem spezifische Antikörper von Bedeutung. Insbesondere für den Nachweis größerer Moleküle, die selbst als Antigen genutzt werden können, ist es sehr einfach durch Immunisierung von Mäusen, Kaninchen oder anderen Tieren hochspezifischen Antikörper zu erhalten. Unabhängig in welcher Form sie genutzt werden, als Gemisch polyklonaler Antikörper oder ausgewählte monoklonale Antikörper können diese auf verschiedene Weise markiert und zum Nachweis der von ihnen erkannten Moleküle eingesetzt werden. Je nach Anwendung werden unterschiedliche Markierungen genutzt, wie z. B. Fluoreszenzfarbstoffe, radioaktive Isotope, Nanopartikel (z. B. Gold, Quantendots) oder Enzyme. Um ein spezifisches Signal zu erhalten, ist es in der Regel erforderlich, dass die zu untersuchenden Moleküle klar bestimmt und von nicht gebundenen Molekülen, die ebenfalls die Markierung tragen, unterschieden werden können. Dies wird in vielen Fällen erst durch einen Waschschritt erreicht, wodurch ungebundene markierte Moleküle entfernt werden.

Bei einem ELISA (enzym linked immun sorbent assay) werden die nachzuweisenden Moleküle an einer festen Phase immobilisiert. Nach Bindung des durch ein Enzym markierten Antikörpers, wird überschüssiger markierter Antikörper entfernt und anschließend die verbleibende und gebundene Enzymaktivität gemessen. Wird anstelle der unbekannten zu untersuchenden Proteine ein spezifischer Antikörper immobilisiert und dieser für eine spezifische Adsorption der nachzuweisenden Moleküle genutzt kann die Spezifität der Nachweisreaktion verbessert werden, da das Zielmolekül jetzt durch zwei spezifische Antikörper, einen für die Immobilisierung und einem für die Markierung, nachgewiesen wird. Mit diesem als „Sandwich-ELISA" bezeichneten Nachweisverfahren kann eine sehr hohe Spezifität und Empfindlichkeit erreicht werden. „Sandwich-ELISA" werden heute überwiegend in Form von Mikrotiterplatten basierten automatisierten Verfahren genutzt. Nicht immer ist jedoch eine Immobilisierung erforderlich, wenn durch andere Maßnahmen eine Korrelation des Fluoreszenzsignals mit der Bindung eines Antigens zusammengebracht werden kann, siehe dazu die Abschnitte über Fluoreszenz-Korrelations-Spektroskopie und Fluoreszenz-aktivierte-Cytometrie und Zell-Sortierung.

5.2.5
Weitere Methoden für die Messung biomolekularer Interaktionen: Fluoreszenzkorrelationsspektroskopie und Fluoreszenz-Resonanz-Energie-Transfer

Das Prinzip der Fluoreszenzkorrelationsspektroskopie beruht darauf, dass nur in einem sehr kleinen Teilvolumen der Probenlösung die Fluoreszenz gemessen wird. Dabei wird sowohl das anregende Licht als auch der Messbereiche durch eine spezielle Optik (konfokal) sehr stark eingegrenzt (Abb. 5.4). Die Konzentration des

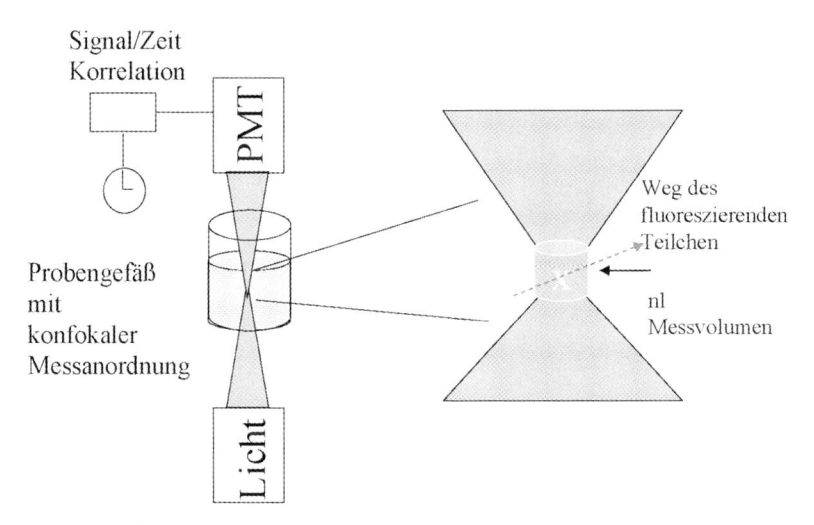

Abb. 5.4 Aufbau der Messanordnung für Fluoreszenzkorrelationsspektroskopie.

markierten Moleküls wird dann so gewählt, dass sich in der Regel nur ein fluoreszierendes Molekül im Messvolumen befindet. Durch eine zeitaufgelöste Messung des Fluoreszenzsignals kann genau erfasst werden, wie lange sich das Molekül im Messbereich befindet. Diese Zeit ist umgekehrt proportional zur Größe des Moleküls und beruht auf der thermischen Bewegung des Moleküls in der Lösung. Sind in der Testlösung zusätzlich Moleküle vorhanden, die mit dem markierten Molekül interagieren, können sich Komplexe bilden. Durch die Zunahme der Größe wird die Molekularbewegung verringert und die Verweildauer im Messvolumen erhöht. Da sich aus der Verweildauer die relative Größe ableiten lässt, kann nicht nur bestimmt werden, ob eine Interaktion auftritt, sondern auch, wie viele Partner sich zu einem Komplex zusammenlagern.

Im Gegensatz zu Messungen mit SPR sind die Moleküle hier frei in Lösung und die Markierung eines Reaktionspartners mit einem Fluoreszenzfarbstoff ist weniger räumlich einschränkend als die Immobilisierung eines Reaktionspartners auf einer Oberfläche. Dies könnte insbesondere bei Interaktionen mit mehr als zwei Interaktionspartnern zu verlässlicheren Ergebnissen führen. Ein großer Vorteil des Systems für die Bestimmung von Bindungskonstanten ist, dass das Verhältnis freier und in Komplexen gebundener markierter Moleküle in einer Messreihe festgestellt werden kann.

Fluoreszenzkorrelationsspektroskopie wird in Forschungslaboren zur Bestimmung von Bindungskonstanten eingesetzt, insbesondere wenn mehrere Bindungspartner beteiligt sind. In der pharmazeutischen Forschung kommt das System beim Screening nach neuen Wirkstoffen zum Einsatz, um sowohl bindende Moleküle als auch Moleküle, die krankheitsspezifische Interaktionen unterbinden können zu finden.

Eine weitere wichtige Methode für die Untersuchung biomolekularer Interaktionen ist der Fluoreszenz-Resonanz-Energie-Transfer. Dieser Methode liegt die direkte Übertragung von Lichtquanten zwischen benachbarten Fluoreszenzfarbstoffen zugrunde. Wichtig ist dabei, dass die Emissionswellenlänge des einen Chromophors der Absorptionswellenlänge des anderen Chromophors entspricht. Wird nun mit der Anregungswellenlänge des ersten Chromophors aktiviert, wird dieser zur Fluoreszenz angeregt und gibt entsprechende Lichtquanten ab. Diese können als Fluoreszenz gemessen werden. Befindet sich nun der zweite Chromophor in direkter Umgebung, kann dieser das emittierte Licht aufnehmen und selbst zur Fluoreszenz angeregt werden. Dies würde zu einer Fluoreszenz im Emissionsbereich des zweiten Chromophors führen, der selbst nicht durch das ursprüngliche Anregungslicht aktiviert werden kann. In vielen Fällen wird nicht die Induktion einer Fluoreszenz gemessen, sondern nur die Abnahme der Fluoreszenz des ersten Farbstoffs. Die Energieübertragung kann nur zwischen sehr nahe bei einander liegenden Chromophoren erfolgen, da diese mit der Entfernung sehr stark abnimmt. Die Effizienz des Energietransfers wird durch die Förster Gleichung beschrieben (siehe Abschnitt 2.4 Gl. 2.30, Abb. 2.26). Für die analytische Anwendung ist sehr wichtig, dass neben der Aktivierung eines zweiten Chromophors zur Emission, auch die Unterdrückung der Emission des ersten Chromophors als Signal genutzt werden kann. Diese Form des Fluoreszenz-Energie-Transfers wird als Quenching bezeichnet, da es zu einer Unterdrückung des Fluoreszenzsignals kommt. In diesem Fall wird die Emission des ersten, angeregten Fluoreszenzfarbstoffs von einem zweiten Chromophor zwar aufgenommen, aber nicht in Form von Fluoreszenz abgegeben, so dass eine Abnahme der Fluoreszenz des angeregten Farbstoffes gemessen werden kann. In den letzten Jahren hat sich die Nutzung des Fluoreszenzenergietransfers für eine Vielzahl von Anwendungen bewährt, bei denen Änderungen im Abstand von zwei Positionen bei biomolekularen Interaktion oder bei Strukturänderungen von Biomolekülen erfasst werden sollen. Auch hierfür kann neben der Fluoreszenzinduktion auch die Fluoreszenzunterdrückung durch Quenching genutzt werden.

Eine besondere Bedeutung kommt dem Fluoreszenzenergietransfer bei der Messung von dynamischen Änderungen in biologischen Prozessen zu. Dies schließt auch die direkte Messung von Wechselwirkungen in lebenden Zellen mit fluoreszierenden Proteinen, wie dem grün-fluoreszierendem Protein (GFP) und anderen fluoreszierenden Proteinen, für den Nachweis von Konformationsänderungen ein.

5.3
Biochips und Mikroarrays: Viele Parameter gleichzeitig bestimmen

Der Begriff Biochip wird sehr unterschiedlich angewandt und oft für alle analytischen Systeme benutzt, bei denen auf einer kleinen Oberfläche, einem Chip, Messungen durchgeführt werden. Die Messprinzipien können dabei ganz unterschiedlich sein. Im Unterschied zur Bezeichnung Biosensor werden als Biochip insbesondere Systeme bezeichnet, die für den gleichzeitigen Nachweis von vielen Molekültypen genutzt werden. Dazu werden auf der Chipoberfläche Sonden aufgebracht, die jeweils spezifisch ein Zielmolekül binden und somit für den Nachweis des jeweiligen Zielmoleküls genutzt werden. Dazu ist es wichtig, dass die Position jeder einzelnen Sonde genau definiert ist. In fast allen gebräuchlichen Chipsystemen, sind die unterschiedlichen Sonden in einem x-y-Raster ähnlich einem Schachbrettmuster aufgebracht, so dass durch das x-y-Koordinaten-System genau definiert ist, welche Sonde sich an einer bestimmten Stelle befindet. Wegen dieser geometrischen Anordnung der Sonden werden die meisten Biochips auch als Mikroarray bezeichnet (mikro: klein; array: Anordnung in einem Raster). Die Begriffe Biochip und Mikroarray werden daher meist synonym gebraucht. Als analytisches Werkzeug sind Biochips und Mikroarrays aber auch Biosensoren, die für jeden Analyt ein spezifisches Messsignal ermöglichen. Biosensor ist meines Erachtens der übergeordnete Begriff und schließt Biochips und Mikroarrays ein. Manchmal werden einzelne Position für einen spezifischen Nachweis auf einem Biochip auch als einzelne Biosensoren betrachtet, insbesondere wenn die Signale nicht optisch ausgelesen werden. Dafür wird teilweise auch der Begriff Biosensorarray benutzt.

Die Nutzung von Biochips ist immer dann von Interesse, wenn eine große Zahl von Molekülen einer Molekülklasse, wie z. B. mRNA oder Proteine, gleichzeitig in einem Experiment analytisch erfasst werden soll. Bei biologischen Fragestellungen ist dies sehr wichtig, insbesondere wenn spezifische molekulare Mechanismen noch nicht bekannt sind. In der medizinischen Diagnostik bieten Mikroarrays eine Möglichkeit, viele analytische Parameter, die alle für die diagnostische Entscheidung wichtig sind, gleichzeitig zu erfassen. Für die Untersuchungen der Genexpression werden DNA-Mikroarrays genutzt, mit denen die Konzentration verschiedener mRNAs gleichzeitig gemessen werden kann. Auf Proteinebene kommen Protein- und Antikörperarrays zum Einsatz, um Proteine durch spezifische Bindung nachzuweisen. DNA-Arrays können auch für den Nachweis und die Sequenzüberprüfung genomischer DNA genutzt werden, und kommen für die Analyse von Mutationen und für die Identifizierung von Organismen zur Anwendung.

5.3.1
DNA-Mikroarrays

In einem DNA-Mikroarray sind verschiedene DNA-Sonden in einem Array-Format ungebracht. Jede dieser DNA-Sonden kann durch Hybridisierung spezifisch komplementäre DNA-Moleküle binden. Durch eine geeignete Markierung ist es möglich, die Positionen auf dem Array zu erfassen, an denen eine spezifische Bindung erfolgt ist. Dabei gilt, dass für die Analyse optimierte Bedingungen nur Probenmoleküle gebunden werden, die spezifisch an eine dieser Sonden passen. Ansonsten können DNA-Mikroarrays sehr unterschiedlich aufgebaut sein. Dadurch wird es möglich, dass sie für eine Reihe von analytischen Fragestellungen verwendet werden, wie Genexpressions- oder Mutationsanalyse. Je nach Frage, werden dazu spezifisch angepasste DNA-Mikroarrays genutzt. Im folgenden werden die verschiedenen Arten beschrieben, wie DNA-Mikroarrays hergestellt werden und wie die Analyse mit DNA-Mikroarrays funktioniert. Als wesentliche Grundlage für die Nukleinsäureanalytik wird darüber hinaus erklärt, wie Nukleinsäuren aufgebaut sind, welche Eigenschaften bei der spezifischen Analyse mit DNA-Mikroarrays genutzt werden und wie diese das Messergebnis beeinflussen können.

Die DNA ist ein Makromolekül (Desoxyribonukleinsäure), das aus vier sehr ähnlichen Bausteinen, den Nukleotiden, aufgebaut ist. Die unterschiedliche Bedeutung einzelner DNA-Abschnitte ergibt sich dabei nur aus der Abfolge dieser vier Bausteine. Da sich die Nukleotide nur in ihrer Nukleobase unterscheiden und ansonsten einheitlich aufgebaut sind, wird diese Sequenz als Basen-Sequenz bezeichnet bzw. als DNA-Sequenz bei DNA-Molekülen oder RNA-Sequenz bei RNA-Molekülen. Die DNA bildet Doppelstränge (Hybride), die aus zwei revers-komplementären DNA-Molekülen bestehen. Diese sind jedoch nur stabil, wenn die Basensequenzen der beiden DNA-Stränge auch gut zueinander passen, so dass sich die kanonischen Basenpaare A-T (Adenosin-Thymidin) und G-C (Guanosin-Cytosin) ausbilden können. Fehlpaarungen verringern die thermodynamische Stabilität, d. h. ein DNA-Hybrid ohne Fehlpaarung erfordert mehr (termische) Energie zum Auflösen – was als Schmelzen bezeichnet wird – als ein Hybrid vergleichbarer Länge mit Fehlpaarungen. Die Stabilität jedes einzelnen DNA-Hybrids kann über einen Schmelzpunkt (T_m) definiert werden, der sich aus der Länge des DNA-Doppelstrangs und der Basenzusammensetzung ergibt. G-C-Basenpaare sind über drei Wasserstoffbrücken verbunden und stabiler als A-T-Basenpaare, die über zwei Wasserstoffbrücken verbunden sind. Jede Fehlpaarung führt zu einem Wegfall der spezifischen Wasserstoffbrücken-Bindungen und verändert die Länge des Bereichs mit Basenpaarungen, die zur Stabilität des DNA-Hybrids beitragen. Dies führt zu einer Erniedrigung des Schmelzpunkts. Diese Eigenschaft ist die wesentliche Grundlage für alle DNA-Mikroarray-Systeme. Um die Stabilität eines DNA-Hybrids auf einem Mikroarray abschätzen zu können, muss die Länge der DNA-Doppelstränge und die Basensequenz bekannt sein. Daraus können dann zur Abschätzung der Stabilität mit Hilfe der folgenden Gleichungen Schmelztemperaturen errechnet werden. Diese gelten aber nur näherungsweise für die Situation auf einer Chip-Oberfläche. Berechnung des T_m:

Für kurze Oligonukleotide (< 15):

$$T_m = 2°\ C * (A+T) + 4°\ C\ (G+C) \tag{5.11}$$

(Wallace-Regel, gilt für an Membran gebundene Oligonukleotide)

Anhand des GC-Gehalts für lange Doppelstränge (nach Howly et al.):

$$T_m = 81{,}5 + 0{,}41\ (\%GC) + 16{,}6 \log c(M^+) - 500/n - 0{,}61\ (\%F) - 1{,}2\ D \tag{5.12}$$

%GC: prozentualer GC Anteil
$c(M^+)$: Konzentration von Kationen (Na$^+$, K$^+$),
n = Anzahl der Nucleotide
%F: prozentualer Anteil an Formamid im Puffer (typischer Zusatz bei Hybridisierungen auf Membranen),
D: prozentualer Anteil Fehlpaarungen

Sequenzspezifischer Nachweis von Nukleinsäuren durch Hybridisierung: Die oben beschriebenen Eigenschaften von DNA, insbesondere das Bestreben mit revers-komplementären Nukleinsäuresträngen einen Doppelstrang auszubilden sind die Grundlage aller Nachweisverfahren für Nukleinsäuren. Wichtig für die Herstellung von DNA-Mikroarrays ist, dass die Bildung der DNA-Hybride, die Hybridisierung, auch erfolgt, wenn ein DNA-Strang kovalent mit einer (Chip-)Oberfläche verknüpft ist und durch die Immobilisierung die Bedingungen für die Stabilität der Hybride nicht wesentlich verändert wird. Dies ist sehr stark von der Zugänglichkeit der immobilisierten DNA abhängig. Die Zugänglichkeit kann sowohl durch die Struktur der Chipoberfläche als auch durch geeignete Linkermoleküle optimiert werden. Wie in Lösung gilt auch für immobilisierte Nukleinsäuren, dass die Hybridisierung mit sehr hoher Sequenzspezifität erfolgt und Fehlpaarungen zu einer Veränderung der Stabilität der Hybride führen, was wiederum die Schmelztemperatur erniedrigt. Einflüsse der Immobilisierung auf die Kinetik der Reaktion gelten unabhängig von der Sequenz in gleicher Weise für alle immobilisierten Moleküle. Dies macht Mikroarrays besonders geeignet für den Nachweis von Nukleinsäuren verschiedener Sequenz. Bevor jedoch untersucht werden kann, welche Nukleinsäuren in welcher Probe enthalten sind, müssen geeignete Arrays zur Verfügung stehen und die Proben durch Markierungsreaktionen für den Nachweis vorbereitet werden.

5.3.2
Herstellung von DNA-Chips

Nahezu jede feste Unterlage kann für die Herstellung von DNA-Chips als Trägermaterial genutzt werden. Heute werden überwiegend Objektträger oder Wafer aus Glas oder Silizium genutzt. Die Wahl des Trägermaterials ist eng mit dem Herstellungsverfahren, der Anwendung und der geplanten Nachweisreaktion verknüpft. Mit Glas als Trägermaterial können für die Detektion sowohl Durchlicht als auch Auflicht genutzt werden. Für Silizium spricht, dass diese in Form von Wafern besser mit Technologien bearbeitet werden kann, die in der Herstellung von Chips für die Computerindustrie genutzt werden. Mit Hilfe von Glaswafern können teilweise auch für Glasoberflächen diese Herstellungstechnologien herangezogen werden. Beide Arten von Trägermaterialien erfordern jedoch eine Derivatisierung der Oberfläche durch eine oder mehrere Schichten mit Molekülen, die an die Nukleinsäuresonden anbinden. Eine Möglichkeit ist der Einsatz von goldbeschichteten Oberflächen, wie sie auch für SPR-Biosensoren eingesetzt werden. Meist werden jedoch andere Verfahren herangezogen, um eine Schicht mit reaktiven chemischen Gruppen zu erzeugen und um daran die verschiedenen Sondenmoleküle zu koppeln.

Gute reaktive chemische Gruppen für die Immobilisierung von Nukleinsäuren sind Amino-Gruppen (–NH2), Aldehyd-Gruppen (–CHO) und Epoxy-Gruppen (–COC).

Durch einfaches Beschichten von Glas-Objektträgern, wie sie in der Mikroskopie verwendet werden, mit poly-L-Lysin kann bereits eine reaktive Oberfläche geschaffen werden, die sich gut für die Immobilisierung von cDNA-Fragmenten eignet. Die für die Anbindung der DNA wichtige reaktive Gruppe ist dabei die Amino-Gruppe der Lysin-Seitenketten. Dieses Verfahren wurde in allen frühen Experimenten für die Herstellung von cDNA-Mikroarrays angewandt. Nach der Beschichtung werden die cDNA-Fragmente durch Spotten abgelegt und durch Hitze oder UV-Behandlung mit der poly-L-Lysin-Schicht verknüpft. Die Verknüpfung erfolgt dabei über einzelne Nukleobasen, die unter diesen Bedingungen mit den Aminogruppen reagieren. Da diese nicht mehr für eine Basenpaarung zur Verfügung stehen, werden bei dieser Methode cDNA-Fragmente genutzt, die mehrere hundert Basenpaare lang sind, so dass einzelne Nukleotide als reaktive Gruppen für die Immobilisierung eingesetzt werden können, ohne die Spezifität der Sonde zu sehr zu beeinträchtigen. Bei diesem Verfahren ist die DNA kovalent mit der Lysin-Schicht verknüpft, diese jedoch nur an die Glasoberfläche adsorbiert. Die Adhäsionskräfte reichen aber für die Stabilität der poly-Lysin-Schicht in den nachfolgenden Arbeitsschritten aus.

Inzwischen werden jedoch überwiegend andere Verfahren für die Beschichtung der Glasoberflächen mit reaktiven Gruppen eingesetzt. Die meisten Verfahren nutzen dazu die Bindung von Silan an Glas. So werden meist bifunktionelle Linker mit einer Silangruppe und einer weiteren reaktiven Gruppe (Amino-, Aldehyd-, Epoxy-) verwandt, um Glasoberflächen mit reaktiven Gruppen zu bestücken.

Um möglichst viele Sondenmoleküle immobilisieren zu können, wird bei der Herstellung von Glasmikroarrays auch versucht, dreidimensionale Polymerschichten auf dem Glassubstrat herzustellen. Diese sollten so beschaffen sein, dass nicht nur an der Oberfläche, sondern auch in der Polymermatrix Sonden immobilisiert werden können. Die Polymermatrix muss dabei so aufgebaut sein, dass auch bei der Analyse eine Bindung an diese Sonden erfolgen kann. Bisher werden dazu Schichten aus Polyacrylamid- und Agarosegelen, aber auch aus Nitrozellulose genutzt. Obwohl solche dreidimensionale Polymerschichten eine besonders effiziente Immobilisierung größerer Sondenmengen erlauben, werden heute überwiegend mit einfachen Glasoberflächen gearbeitet, die mit bifunktionellen chemischen Linkern modifiziert sind. Die Bedingungen bei der Beschichtung mit bifunktionellen Linkern werden dabei oft so gewählt, dass keine Monolayer entstehen, sondern weniger definierte Strukturen mit einer Zahl an reaktiven Gruppen, die höher ist als bei einem Monolayer zu erwarten wäre.

5.3.3
Immobilisierung von Sonden im Arrayformat: Spotten

In einem DNA-Mikroarray (Abb. 5.5) werden verschiedene DNA-Sonden in einem Schachbrettmuster auf der Trägeroberfläche angeordnet. Eine Sonde ist dabei ein DNA-Molekül mit einer definierten Sequenz. Auf einem Feld des Arrays, das einer spezifischen x-y-Position entspricht, werden nur identische DNA-Moleküle angebracht, die folglich nur identische Zielmoleküle binden. Auf den verschiedenen Feldern des Arrays sitzen jedoch jeweils andere Sonden, die auch andere Zielmole-

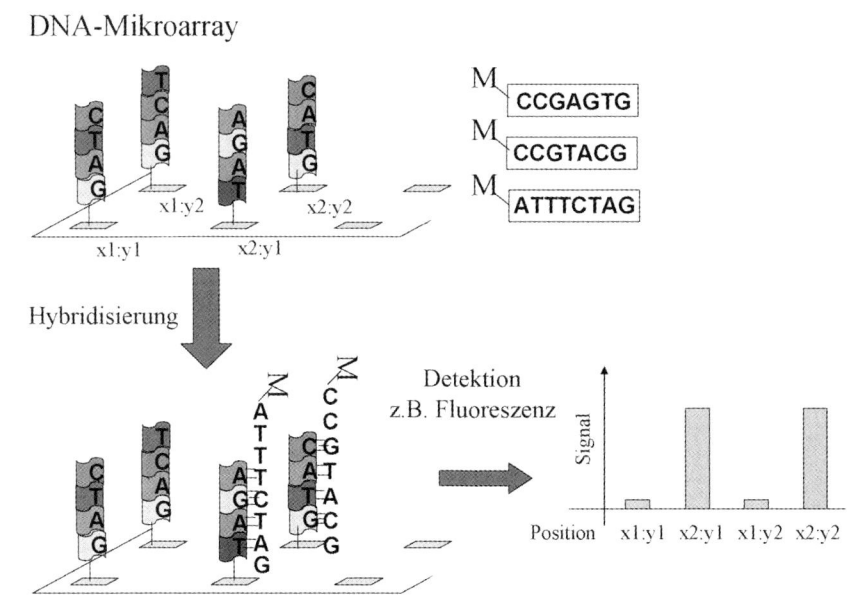

Abb. 5.5 Schematischer Aufbau eines DNA-Mikroarrays und sequenzspezifische Hybridisierung von markierten Proben aus einer Probenlösung. Nur Proben, die komplementär zu einer Sonde passen können durch Hybridisierung nachgewiesen werden.

küle binden. Nach Inkubation mit einem Gemisch korrespondierender Zielmoleküle, werden nur die Moleküle „festgehalten", die spezifisch an die Sonden auf dem jeweiligen Feld des Arrays passen.

Die Zahl der möglichen Sonden hängt dabei von der Fläche des Arrays und von der Größe der Spots ab, auf der jeweils die spezifischen Sonden untergebracht sind.

Eine Möglichkeit für die Herstellung von Mikroarrays ist, fertige Sonden mit Hilfe eines Pipetierautomaten, der präzise verschiedene Positionen ansteuern kann, auf vorbereiteten Glasträgern abzulegen. Diese Art der Herstellung wird als „Spotten" bezeichnet. Neben der hohen Präzision beim Ansteuern der x-y-Positionen ist es auch wichtig, dass nur sehr kleine Volumina, wenige Nanoliter, an einer Stelle abgelegt werden. Dies machen zum einem spezifische Dosiersystemen möglich zum anderen auch einfache Kapillarnadeln, die als „Splitpin" bezeichnet werden. Ein „Splitpin" funktioniert nach dem Prinzip einer Schreibfeder und gibt bei jeder Berührung mit einer Oberfläche nur wenige Nanoliter entsprechend der Größe der Nadel ab.

Das abgelegte Volumen und die Benetzungsfähigkeit bestimmen die Größe der Spots, in denen die Immobilisierung der abgelegten Sonde erfolgt. In der Regel liegt die Größe der einzelnen Spots bei ca. 100 bis 200 µm, die in einem etwa 1,5- bis 2-fachem Abstand angebracht werden. Auf einer Fläche von 1 cm² haben zwischen 625 und 2500 verschiedene Sonden Platz. Um die Auswertung zu erleichtern und um Fehler zu vermeiden, werden einzelne Sonden auf jedem Array meist mehrfach abgelegt. Dadurch verringert sich die Zahl der Sondentypen zwar um den Faktor 2, 3 oder 4, aber selbst bei einer Fläche von 1 cm² können immer noch mehrere Hundert verschiedene Sonden abgelegt und damit entsprechend viele Moleküle nachgewiesen werden. Um z. B. die Expression der ca. 35 000 menschlichen Gene zu erfassen wäre eine Array-Fläche von ca. 30 cm² erforderlich – eine Fläche von gut fünf Objektträgern.

In einem Arbeitsgang werden immer mehrere Arrays gleichzeitig hergestellt. Dies ist aus verschiedenen Gründen wichtig: Jede Sonde muss nur einmal aus einem Reservoir aufgenommen werden und kann dann auf mehreren Arrays mehrfach abgelegt werden. Dadurch sind weniger Arbeitsschritten erforderlich und es ist leichter möglich, vergleichbare Arrays zu generieren, die an einer Position nicht nur die gleiche Sonde enthalten, sondern diese auch in etwa vergleichbaren Konzentrationen.

5.3.4
In-situ-Synthese von DNA-Mikroarrays

DNA-Mikroarrays können nicht nur durch Spotten, sondern auch durch *in-situ*-Synthese von Oligonukleotiden hergestellt werden. Darunter versteht man, dass die Nukleinsäuresonde durch parallele Oligonukleotidsynthese direkt auf der Chipoberfläche synthetisiert wird. Dazu gibt es verschiedene Verfahren, die es ermöglichen an jeder Position des Chips eine andere Oligonukleotidsequenz zu synthetisieren. Am bekanntesten ist das Verfahren der *in-situ*-Synthese vermittelt durch Licht, das von der Firma Affymetrix für die Herstellung von Oligonukleotidarrays für verschiedene Anwendungen genutzt wird. Was bedeutet *in-situ*-Synthese vermittelt durch Licht? Für die Synthese von Oligonukleotiden an einer festen Phase werden reaktive Bausteine Schritt für Schritt aneinander gekoppelt, so dass ein Nukleinsäurepolymer, ein Oligonukleotid, entsteht. Da ein Baustein viele reaktive Gruppen aufweist, sind diese durch Schutzgruppen modifiziert, so dass nur die für die gewünschte Kopplung erforderlichen Gruppen für die Reaktion zur Verfügung stehen. Nach jedem Kopplungsschritt muss für das Anfügen des nächsten Nukleotidbausteins (Amidit) die endständige Schutzgruppe entfernt werden, die dann einer Kettenverlängerung dienen kann. Bei der lichtvermittelten Synthese wird diese endständige Schutzgruppe durch Licht abgespalten. Durch selektives Belichten einzelner Positionen auf dem Chip wird diese nur an den Stellen abgespalten, an denen im nächsten Synthese-Schritt ein neues Nukleotid gekoppelt werden soll. Anschließend wird der ganze Chip mit dem nächsten Amidit beschichtet, das aber nur an den Stellen gebunden wird, an denen die endständige Schutzgruppe durch Belichten entfernt wurde. So können nach und nach Oligonukleotide unterschiedlicher Sequenz nebeneinander auf einer Chipoberfläche hergestellt werden. Für die selektive Belichtung zur Entfernung der Schutzgruppen werden Techniken mit Belichtungsmasken genutzt, die ansonsten in der Halbleiterchipherstellung zum Einsatz kommen. Sie stellen sicher, dass die Masken bei jedem Schritt exakt ausgerichtet werden („Mask-Aligner"). Bei einem Herstellungsprozess werden nicht nur alle Oligonukleotide auf einem Array parallel synthetisiert, sondern auch viele Chips auf einem Substrat in Waferform parallel hergestellt, die nach der Synthese in einzelne Chips zersägt werden.

In Anlehnung an die Produktionstechniken in der Computer- bzw. Mikrosystemtechnologie wurden auch andere Verfahren entwickelt, die eine parallele Synthese von Oligonukleotiden auf Chipoberflächen ermöglichen, wie selektive Entfernung einer schützenden Photoresistbeschichtung oder Abdecken durch mikrostrukturierten Druckmasken (microwetPrinting). Diese Verfahren insbesondere das microwetPrinting erlauben es mit konventionelle chemischen Schutzgruppen bei der *in-situ*-Synthese zu arbeiten. Beide werden zurzeit aber nicht im größeren Umfang eingesetzt.

5.3.5
Vergleich der Herstellungsverfahren Spotten und in-situ-Synthese

Der Vorteil der Spottingtechnologie liegt darin, dass jedes Molekül mit einer reaktiven Gruppe an einer bestimmten Position auf einem Mikroarray immobilisiert werden kann. Dies können sowohl Oligonukleotide unterschiedlicher Länge, aber auch größere Moleküle wie doppelsträngige PCR-Fragmente, Plasmide oder BAC-Klone sein. Der wesentliche Nachteil der Spottingtechnologie ist die relativ große Abweichung bei der Dosierung der geringen Volumina, die zu größeren Konzentrationsunterschieden in den abgelegten Sonden führen. Dies ist insbesondere für die Vergleichbarkeit von Signalen zwischen verschiedenen Arrays ein kritischer Punkt.

Der Vorteil der *in-situ*-Synthese liegt in der sehr guten Reproduzierbarkeit der Synthese der Oligonukleotidsonden, insbesondere aber in der Tatsache, dass sehr schnell Millionen verschiedener Sonden hergestellt werden können. Der große

Nachteil ist, dass nur relativ kurze Oligonukleotide, 25 bis 30 Nukleotiden lang, zuverlässig hergestellt werden können. Das macht es zum Teil schwierig, die erforderliche Präzision für die spezifische Erkennug von Zielsequenzen in komplexen Probenlösungen zu erreichen.

5.3.6
Nachweis komplementärer Nukleinsäuremoleküle durch Hybridisierung

Um Nukleinsäuren nachzuweisen, ist es erforderlich, dass eine Probenlösung unter definierten Bedingungen mit den Sonden auf dem Chip reagieren kann. Dieser Schritt kann technisch unterschiedlich gelöst werden. In den meisten kommerziellen Systemen, wie den Chips der Firma Affymetrix, wird der mit Sonden besetzte Chip in eine Fluidik-Kartusche eingebaut, die in einer dazu passenden Fluidik-Station bearbeitet wird. Die wesentlichen Punkte die dabei erfüllt sein müssen, sind einfache Zugabe der Probenlösung und der Waschlösungen, Temperieren der Kartusche und damit des DNA-Chips auf die für die Hybridisierung und die Waschschritte erforderliche Temperatur. Sind die Schritte Blockierung, Hybridisierung und Waschen abgeschlossen, werden die Hybridisierungssignale ausgewertet.

Für einfacher Mikroarraysysteme, die auf Glasobjektträgern vorliegen, werden meist einfache Kammern eingesetzt, die ebenfalls die oben erwähnten Arbeitsschritte – Blockieren, Hybridisieren und Waschen – ermöglichen. Auch für ganze Objektträger stehen inzwischen Kartuschensysteme zur Verfügung.

Eine besonders einfache Handhabung bietet das Array-Tube-System der Firma Clondiag (Abb. 5.6). Hier sind Chips im Boden von Reaktionsgefäßen untergebracht, die mit gängiger Laborausstattung für 1,5 mL Reaktionsgefäße – wie Heizblöcke, Zentrifugen und Pipetten – genutzt werden können.

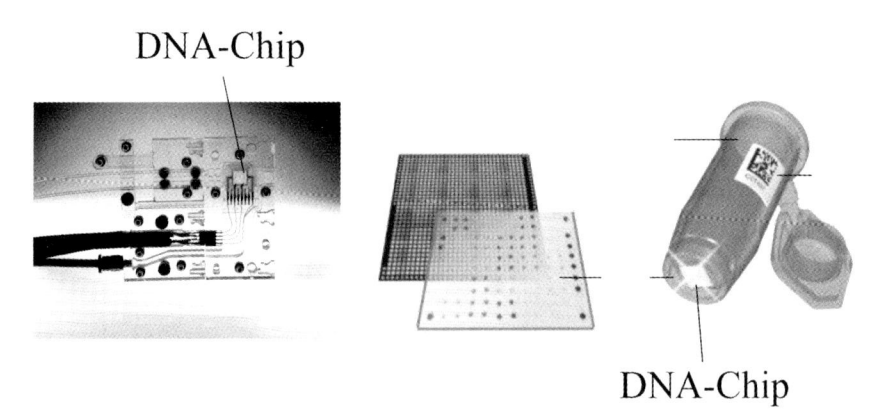

Abb. 5.6 DNA-Chip in einer Fluidik-Kartusche und in einem Array-Tube (mit freundlicher Genehmigung Clondiag Chip Technologies GmbH, Jena).

Nachweis der Hybridisierung: Unabhängig von Herstellungsverfahren kann der Nachweis der Bindung von Analyten an die immobilisierten Sonden mit verschiedenen Detektionsverfahren erfolgen. Am weitesten verbreitet sind fluoreszenz-basierte Methoden. Andere Verfahren sind: Abscheidung von Silber an Nanogoldpartikeln, enzymatische Umsetzung und Abscheidung von Farbstoffen oder Einsatz von Radioisotopen.

Nahezu alle bekannten Fluoreszenzfarbstoffe können für die Detektion von Hybridisierungssignalen auf Mikroarrays verwendet werden. Die Herausforderung hierbei ist bei hoher Auflösung in relativ kurzer Zeit alle Fluoreszenzsignale auf einem Chip zu erfassen.

Dazu werden im wesentlichen zwei Verfahren genutzt: Scannen der Chipoberfläche mit einem Laserstrahl und gleichzeitige Erfassung der Fluoreszenz oder Abbildung der Chipoberfäche auf einem CCD-Chip mit hoher Auflösung.

Alle Scanner für Mikroarrays sind nach ähnlichem Prinzip aufgebaut. Ein Laserstrahl oder Laserstrahlen verschiedener Wellenlänge werden über Spiegel und/oder Lichtleiter so auf den Chip eingestrahlt, dass sie zu jedem Zeitpunkt nur auf einen engbegrenzten Bereich des Chips treffen und dort die Fluoreszenz eines Farbstoffes anregen. Das Fluoreszenzlicht (Emission) wird dann mit Hilfe eines geeigneten Detektors, wie z. B. einem Photomultiplier, gemessen. Durch geeignete Filter wird das Laserlicht mit der für die Anregung des Fluoreszenzfarbstoffs geeigneten Wellenlänge herausgefiltert, so dass bei der Messung nur das Fluoreszenzlicht erfasst wird. Durch das schrittweise Abtasten der Chipoberfläche wird verhindert, dass man Fluoreszenzsignale benachbarter Positionen registriert, insbesondere wenn diese wesentlich stärker sind als die der zu untersuchende Position. Gute Laserscanner tasten den Chip mit einer Genauigkeiten von wenigen Mikrometern (5 bis 10 µm) ab. Bei einer Spotgröße von 50 bis 100 µm Durchmesser sind das mehrere Messpunkte pro immobilisierter Sonde. Laserscanner die mit verschiedenen Anregungswellenlängen und insbesondere mit verschiedenen Filtern für die spezifische Emission unterschiedlicher Farbstoffe ausgerüstet sind, ermöglichen es auf einem Chip mehr als einen Fluoreszenzfarbstoff nachzuweisen. Dies ist insbesondere bei der Verwendung von gespotteten Arrays sehr wichtig, da nicht garantiert werden kann, dass in jedem Spot die gleiche Sondenmenge abgelegt wurde. Das bedeutet: Wird auf dem Array A ein anderes Signal gemessen als auf Array B, kann es sein, dass dies auf einer unterschiedlichen Konzentration des spezifischen Analyts in der Probe beruht, aber auch auf einem Unterschied beim Ablegen der Sondenmoleküle.

Um letzteres auszuschließen, werden zu vergleichende Proben gemeinsam auf nur einem Array hybridisiert. Jede Probe wird dazu zuvor mit einem anderen Fluoreszenzmolekül markiert. Die Farbstoffe werden so gewählt, dass beide unabhängig voneinander bei verschiedenen Wellenlängen detektiert werden (jeweils unterschiedliche Laserwellenlänge für die Anregung und unterschiedliche Filter für die Detektion). Dieses Vorgehen wird als kompetitive Hybridisierung bezeichnet. Die Signale der beiden unabhängigen Fluoreszenzmessungen werden verrechnet und für jede Sonde das relative Verhältnis an Molekülen in den beiden Proben ermittelt.

Detektion mit einer CCD-Kamera (CCD-Chip): Chips mit fluoreszenzmarkierten Proben können nicht nur mit Laserscanner/PMT-Lesegeräten analysiert werden, sondern auch mit CCD-Chip basierten Systemen. Wichtig dabei ist, dass es der Aufbau erlaubt, ein Überstrahlen von Fluoreszenzsignalen auf benachbarte Positionen zu unterdrücken, wie dies z. B. mit Mikroskopaufbauten möglich ist. Obwohl dies machbar ist, werden CCD-Systeme zurzeit nur wenig zum Auslesen von Mikroarrays genutzt. Dies ist jedoch anders, wenn andere, nicht fluoreszenz-basierte Verfahren für die Auswertung von Mikroarray-Chips herangezogen werden.

Im folgenden sollen verschiedene Anwendungen von Biochips und Mikroarrays besprochen werden.

5.3.7
Anwendungen von Biochips und Mikroarrays

In diesem Abschnitt geht es um die Analyse *von Genexpressionsprofilen (Transkriptom)*: Alle Zellen eines Organismus verfügen in ihrer DNA über eine identische Kopie des Genoms, dennoch können eine Vielzahl verschiedener Zelltypen entwickelt werden. Auch im Verlauf des Lebens eines einzelligen Organismus werden nicht alle Gene in gleicher Weise benötigt. Je nach Lebensphase oder Zellzyklus werden sie unterschiedlich aktiviert. Von den ca. 35 000 Genen einer menschlichen Zelle werden meist nur ein paar Tausend bis 10 000 Gene in einem Zellzustand genutzt, die für die Expression der Proteine zuständig sind, die für den grundlegenden Metabolismus gebracht werden. Auch spezielle Proteine für den jeweiligen Zelltyp und Differenzierungszustand werden so eingelesen und „hergestellt". Sowohl für das Verstehen allgemeiner Mechanismen der Zellentwicklung und -spezialisierung, aber insbesondere für das Verständnis von krankheitsspezifischen Veränderungen, z. B. bei Tumoren, die zu einer Veränderung des Differenzierungszustandes führen, ist es von großem Interesse zu wissen, welche Gene wann exprimiert werden. Unterschiede in der Genexpression können dann genutzt werden, um die Ursachen für die Veränderungen aufzuklären und im Falle von Krankheiten, mögliche Behandlungswege aufzuzeigen. Obwohl für Funktionen in der Zelle vor allem Proteinen eine Rolle spielen, wird die Expression der Gene meist über eine Bestimmung der mRNA-Konzentrationen untersucht. Dies hat zwei Gründe: Zum einen können Proteine nur mit Hilfe der korrespondierenden mRNA hergestellt werden, und für große Proteinmengen ist auch eine große Menge an mRNA erforderlich, zum anderen sind Nukleinsäuren einfacher zu bestimmen, da für den spezifischen Nachweis nur die spezifische Basensequenz bekannt sein muss. Es würde auch reichen, über ein Stück der spezifischen Nukleinsäure zu verfügen, ohne die entsprechende Sequenz zu kennen, um korrespondierende Moleküle nachweisen zu können. Grund für diese einfache Möglichkeit liegt in der biochemischen respektive biophysikalischen Natur von Nukleinsäuren wie DNA und RNA.

Der Begriff Genexpressionsprofil bezeichnet die Analyse der Aktivität von Genen in einer Zelle, in einem Organismus oder Gewebe. Im Unterschied zu einer einfachen Genexpressionsanalyse, in der die Expression einzelner Gene untersucht wird, versteht man unter Genexpressionsprofil die gleichzeitige Analyse der Expression von sehr vielen Genen. Da jedes Gen nur über eine messenger-RNA (mRNA) als Zwischenprodukt exprimiert wird, kann die Analyse der jeweiligen mRNA (Transkript) als Maß für die Expression der Gene genutzt werden. Auch wenn nicht ganz klar ist, wie gut dies mit der Menge an funktionellen Proteinen korreliert, kann die Bestimmung der relativen Häufigkeit von mRNAs dazu dienen, die Aktivität einzelner Gene oder zumindest deren Transkriptionsrate zu bestimmen. Ein wesentlicher Vorteil der Analyse der Transkripte ist die leichte analytische Zugänglichkeit von Nukleinsäuren durch sequenzspezifische Hybridisierung. Um möglichst alle Transkripte, das Transkriptom, einer Zelle zu erfassen ist „nur" ein Array von Nukleinsäuresonden erforderlich, mit dem alle möglichen mRNAs erfasst werden.

Dies ist sowohl mit cDNA-Arrays möglich als auch mit Oligonukleotid-Arrays. Der Unterschied liegt hier nur in der Herkunft und Art der Sonden. Zur Herstellung von cDNA-Arrays werden cDNA-Fragmente meist in Form von PCR-Produkten als Sonden genutzt, die durch Spotten auf Arrays aufgetragen werden. Alle cDNA-Fragmente sind Kopien von mRNAs, die zunächst über Reverse-Transkription in DNA kopiert wurden (copy-DNA) und dann über Klonierung in Plasmide oder PCR weiter vervielfältigt wurden. Auf einem cDNA-Array sind folglich nur DNA-Fragmente immobilisiert, die komplementär zu möglichen mRNAs sind.

Bei Oligonukleotid-Arrays werden anhand bekannter Gensequenzen zu möglichen mRNAs komplementäre Oligonukleotide synthetisch hergestellt. Diese können entweder wie oben beschrieben in situ auf einem Array hergestellt werden oder als fertige Oligonukleotide durch Spotten abgelegt werden.

Um nahezu alle Gene einer menschlichen Zelle zu erfassen muss in einem Array-Experiment die Expression von ca. 35 000 Genen untersucht werden. Bei der Verwendung von gespotteten cDNA-Arrays (auch gespottete Oligonukleotidarrays) sind dafür Arrays erforderlich, die so groß wie zwei Objektträger sind. Eine vergleichbare Zahl von Transkripten kann heute auch mit einem einzelnen durch *in-situ*-Synthese hergestellten Genexpressionsarray der Firma Affymetrix untersucht werden, wobei für jedes Gen zwischen 13 und 20 verschiedener Oligonukleotidsonden genutzt werden.

Experimentelle Durchführung: Zunächst wird aus den zu untersuchenden Proben (Zellen, Gewebe, etc.) die RNA isoliert. Nachdem die Qualität der isolierten RNA überprüft wurde, wird dsie mit reverser Transkriptase in cDNA überführt. Je nach Protokoll kann bereits hier die Markierung eingebaut werden. Es ist aber auch möglich, an dieser Stelle einen oder mehrere Amplifikationsschritte einzuschalten, bevor die Markierung erfolgt. Im Affymetrix-System wird an dieser Stelle ein Promotor an die cDNA gekoppelt. Nach anschließender zweiter Strangsynthese steht dann ein DNA-Template für die Synthese von cRNA zur Verfügung. Bei der folgenden in-vitro-Transkription werden einige hundert Kopien an cRNA von jedem Template generiert und biotinylierte Nukleotide eingebaut. Diese cRNA Moleküle werden dann für die Hybridisierung auf dem Array genutzt. Eine Fragmentierung der cRNA verbessert die Hybridisierung auf dem Array. Nach erfolgreicher Hybridisierung ist zunächst kein Auslesen möglich, da nur mit Biotin markiert wurde. Durch eine Avidin-Brücke wird abschließend eine Fluoreszenzmarkierung eingefügt, die dann in einem hochauflösenden Scanner ausgelesen wird. Für Affymetrix-Genexpressionsarrays sind hochauflösende Scanner erforderlich, da die einzelnen Sondenpositionen nur wenige μm Größe aufweisen. Durch die Verwendung von Biotin zur Markierung, kann auf Mikroarrays der Firma Affymetrix immer nur eine Probe hybridisiert werden, so dass keine differentiellen, kompetitiven Hybridisierungen möglich sind. Das scheint auch nicht erforderlich, da die Ergebnisse von Einzelhybridisierungen gut vergleichbar sind.

Durch eine geeignete Software werden die einzelnen Signale zu Signalen für eine mRNA (Gen) verrechnet. Je nach Gen sind in einem Probeset zwischen 10 und 20 Oligonukleotide für die Bestimmung einer mRNA zusammengefasst.

Trotz Standardisierung ist es nicht möglich, immer vergleichbare Signalwerte zu generieren. Um dennoch verschiedene Experimente miteinander vergleichen zu können, ist es wichtig, aus den Rohdaten vergleichbare Messwerte zu ermitteln. Dies geschieht mit Hilfe unterschiedlicher Normalisierungsverfahren. Neben der Verwendung von Referenzgenen, deren Expression als „house keeping genes" als unveränderlich gelten, eignen sich hierfür insbesondere „globale" Verfahren, in denen die Normalisierung im Bezug auf das Gesamtsignal der jeweiligen Hybridisierung erfolgt. Wenn die Signalkurven nicht leicht zur Deckung gebracht werden können, werden sie oft durch eine rangbezogene Normalisierung (auch Quantile-Normalisierung) vergleichbar. Dazu werden alle Signale jeder Hybridisierung entsprechend ihrer Intensität geordnet (Rang). Für jeden Rang wird ein gemeinsamer Mittelwert gebildet, zu dem die einzelnen Werte des Rangs normalisiert werden. Sind die Signalwerte zwischen einzelnen Experimenten jedoch sehr unterschiedlich, ist auch dieses Verfahren nicht geeignet. Bei kommerziellen Systemen, wie der Mikroarraysuite von Affymetrix, sind alle wichtigen Möglichkeiten zur Normalisierung der primären Daten in der Auswertungssoftware enthalten.

Nicht nur die Expression von Genen, sondern auch andere Unterschiede in der Zusammensetzung von Nukleinsäureproben können mit DNA-Chips schnell erfasst werden. So lassen sich z. B. *genomische Unterschiede* (Mutationen), die bei der Entstehung von Krankheiten eine Rolle spielen oder die Metabolisierung von Arzneistoffen beeinflussen, durch sequenzspezifische Hybridisierung auf Arrays feststellen. Diese Art der Analyse erfolgt ausnahmslos über hoch spezifische Oligonukleotide, da nur so einzelne Mutationen sicher nachgewiesen werden können. In einem diploiden Genom gibt es für jedes Gen zwei Allele. Veränderungen der Sequenz – Mutationen – können sowohl auf beiden Allelen (homozygot) oder nur auf einem der beiden Allele vorliegen (heterozygot). Bei der Analyse durch Hybridisierung auf einem Mikroarray muss es möglich sein, klar zwischen homozygoten und heterozygoten Allelen und Mutationen zu unterscheiden. Im Vergleich mit einem Referenzgenom sind dann folgende Unterschiede möglich: keine Mutation (beide Allele gleich) 2:2; Mutation auf einem Allel 1:2; Mutationen auf beiden Allelen 0:2. Nur im letzten Fall gibt es einen starken Signalunterschied zum Referenz-Genom. Ist nur ein Allel mutiert, ist das Signal für die Mutation stark verändert, das Signal für die Referenzsequenz im Vergleich nur um den Faktor 2 niedriger. Bei Punktmutationen kommt hinzu, dass diese nur zu einer geringen Differenz in den Hybridisierungs-Eigenschaften führen. Daher ist es bei der Mutationsanalyse am besten, möglichst alle Sequenzvariationen zu erfassen, um die Mutationen sicher zuordnen zu können. Trotz dieser Einschränkungen ist eine Mutationsanalyse mit Hilfe von Arrayhybridisierungen sehr effizient, da auf einem geeigneten Oligonukleotidarray, alle Sequenzvariationen eines Gens mit einer einzigen Hybridisierung erfasst werden. Entsprechende Arrays stehen für die schnelle Mutationsanalyse oder besser Sequenzanalyse von Cytochrom p450 Genen bereits zur Verfügung. Cytochrome der p450-Familie spielen eine wichtige Rolle bei der Metabolisierung von Arzneistoffen. Die Effizienz der Metabolisierung wird durch verschiedene Mutationen beeinflusst, so dass es zu einer Veränderung der Metabolisierungsrate kommen kann, wodurch schädliche Konzentrationen eines Arzneistoffs erreicht werden können. Durch die Mutationsanalyse von Cytochromen und anderen Metabolisierungsenzymen wird es möglich, die Dosierung der Arznei der Metabolisierungsrate von Patienten anzupassen.

Auch bei der Diagnose von Krankheiten spielen Veränderungen im Genom eine immer wichtigere Rolle, die mit Hilfe von DNA-Arrays leicht erfasst werden können.

Neben einfachen Mutationen, Austausch und Deletion von Basen, spielen auch komplexere genomische Veränderungen eine wichtige Rolle, wenn Krankheiten entstehen. Prinzipiell ist es möglich, alle diese Veränderungen durch Hybridisierung auf DNA-Mikroarrays zu erfassen. Selbst größere chromosomale Veränderungen können z. B. durch Hybridisierung auf geeigneten Mikroarrays z. B. mit BAC-Klonen dingfest gemacht werden.

Eine weitere wichtige Anwendung für DNA-Mikroarrays ist der *schnelle Nachweis von Mikroorganismen*. Auch dies erfolgt über die Erfassung von spezifischen Sequenzen und Sequenzvariationen. Auf dem Array werden dazu Referenzsequenzen abgelegt, über die der Mikroorganismus, z. B. Chlamydien, Staphylokoken oder andere, eindeutig identifiziert werden kann. Zusätzlich werden Sonden angebracht, die für die Diagnose wichtige Eigenschaften der Keime liefern, wie Resistenz gegen ein Antibiotikum oder Empfindlichkeit für ein spezifisches Antibiotikum. So wird es möglich, bei der Analyse nicht nur die krankheitserregende Keime nachzuweisen, sondern im gleichen Arbeitsschritt auch deren Empfindlichkeit gegen Antibiotika zu ermitteln. Dies ist jedoch nur möglich, wenn entsprechende Referenzsequenzen und signifikante Mutationen in Rahmen von Genomprojekten identifiziert wurden. Eine Gruppe der Sonden muss dabei spezifisch für den jeweiligen Organismus sein, eine andere Gruppe spezifisch für die therapierelevanten Eigenschaften des jeweiligen Stammes. Für die diagnostische Anwendung ist wichtig, dass alle kritischen Parameter verlässlich erfasst werden können.

Analog ist es auch möglich, DNA-Mikroarrays für die Identifizierung von Personen anhand repräsentativer Gensequenzen herzustellen.

5.4
Protein- und Peptid-Mikroarrays

Biochips mit Proteinen und Peptiden als Sonden können nach den gleichen Verfahren hergestellt werden wie DNA-Mikroarrays.

Genau genommen können mit den beschriebenen Verfahren verschiedene Arten von Chips produziert werden, die sich durch die Art der immobilisierten Moleküle unterscheiden. Durch Spotten ist es möglich, jede Art von Molekülen oder auch Zellen in einem Mikroarray anzuordnen. Durch *in-situ*-Synthese lassen sich

Chip-Mikroarrays aller Arten von Molekülen herstellen, die durch sequenzielle Synthese aufgebaut werden können. Alle Mikoarrays mit biologischen Molekülen, aber auch intakten Zellen werden als Biochips bezeichnet.

Für Proteine und Peptide ist jedoch keine einfache Beziehung bekannt, durch die hoch spezifischen und selektiven Interaktionen – vergleichbar zur Hybridisierung von komplementären Nukleinsäure-Strängen – hervorgesagt werden können. Auch ist es nicht möglich, durch Amplifikation eines Zielmoleküls Sonden zu generieren, die das Zielmolekül erkennen. Um mit Mikroarrays Proteinen und Peptiden zu erkennen, müssen zunächst geeignete Interaktionspartner zur Verfügung stehen, die ein Zielmolekül mit hoher Spezifität und Selektivität binden. Zum einen ist dies mit Hilfe von natürlichen Interaktionspartnern möglich, zum anderen kann man für fast jedes Zielmolekül einen Antikörper produzieren, der dies mit hoher Spezifität und Selektivität bindet. In beiden Fällen können die Sonden für die Erkennung eines Proteins nicht aus der Sequenz des Zielmolekül abgeleitet werden. Vor allem die biotechnologische Entwicklung auf dem Gebiet der Antikörper-Herstellung hat dazu geführt, dass inzwischen für sehr viele Proteine spezifische Antikörper zur Verfügung stehen, beziehungsweise relativ einfach herzustellen sind. Dies ist jedoch immer noch viel aufwendiger als die Herstellung von Nukleinsäuresonden durch Oligonukleotidsynthese, selbst wenn diese mit einer Amplifikationsreaktion (PCR) kombiniert wird.

5.4.1
Vom Protein zur Antikörpersonde

Um einen spezifischen Antikörper zu erhalten, ist zunächst eine größere Menge des Zielmoleküls erforderlich, das zur Immunisierung eines Tiers, z. B. einer Maus oder eines Kaninchens, herangezogen werden kann. Steht dies nicht zur Verfügung, kann man alternativ durch Peptid-Synthese ein Fragment des Proteins erstellen, das an ein Trägerprotein gekoppelt für die Immunisierung genutzt wird. Nach mehreren Wochen und wiederholten Immunisierungsreaktionen werden im günstigsten Fall Antikörper aus dem Blutserum isoliert, die mit hoher Spezifität das Zielmolekül erkennen. Nachdem die aus dem Blutserum isolierte Mischung von Antikörpern eingehend charakterisiert wurde, lassen sich Arrays daraus herstellen. Da so gewonnene Antikörper von verschiedenen antikörperproduzierenden Zellen stammen, werden sie als polyklonale Antikörper bezeichnet. Oft wird jedoch eine klonale Selektion der antikörperproduzierenden Zellen an die Immunisierung angeschlossen, um einzelne sehr gut definierte, monoklonale Antikörper zu erhalten. Die Zellen können nach Zellfusion als Hybridomazellen kultiviert werden, so dass große Mengen einheitlicher Antikörper produziert werden.

Für die Herstellung von Antikörperarrays zur Erkennung einer großen Zahl von Proteinen, müssen diese Arbeitsschritte für jedes Protein erfolgen. Um einheitliche Reaktionsbedingungen auf dem Antikörperarray zu erhalten, ist es darüber hinaus wichtig, dass die Antikörper vergleichbare Affinitäten zu den Zielproteinen aufweisen.

Die *Immobilisierung der Antikörper* auf der Chip-Oberfläche erfolgt analog zur Immobilisierung von Nukleinsäuren über reaktive Gruppen auf der Glasoberfläche, z. B. mit Aldehydgruppen, die mit Aminogruppen in den Proteinen reagieren. Bei dieser relativ unspezifischen Art der Immobilisierung muss danach überprüft werden, ob die Affinität für das Zielmolekül noch vorhanden ist. Die Immobilisierung von Peptiden erfolgt meist über Linkermoleküle, um auch nach der Bindung an die Oberfläche die Zugänglichkeit für interagierende Moleküle zu sichern. Durch Einfügen eines endständigen Cysteins kann jedes Peptid über die –SH(Thiol-)Gruppe des Cysteins auf einer Goldschicht gekoppelt werden. Auch andere oben beschriebene Verfahren für die Immobilisierung auf Biosensoren können für die Herstellung von Protein und Antikörperarrays genutzt werden.

Prinzipiell eignen sich alle bereits beschriebenen Verfahren für den Nachweis der Bindung von Proteinen auf einem Antikörper- oder Peptid-Mikroarray, insbesondere Markierung durch Fluoreszenzfarbstoffe, Präzipitation von Farbstoffen nach enzymatischer Umsetzung, Präzipitation von Silber an Nanogoldpartikeln. Im einfachen Fall werden alle Proteine aus einem Proteingemisch in einem Schritt gemeinsam markiert, so dass alle Bindungen an den Array einheitliche erfasst werden können. Auch markierungsfreie Detektionsmethoden, wie unter Biosensoren beschrieben können für Proteinarrays genutzt werden. Eine besondere Bedeutung spielt die Nutzung von markierten Reagenzien, insbesondere markierten sekundären Antikörpern, durch die eine zusätzliche Spezifität erhalten werden kann. Ein Protein wird dann nicht nur durch seine Bindung an den immobilisierten Antikörper, ein spezifisches Peptid oder immobilisiertes Protein auf dem Array identifiziert sondern erst nachgewiesen wenn es in einem zweiten Schritt auch von einem spezifischen Antikörper gebunden wird, der eine weitere spezifische Bindungsstelle (Epitop) auf dem Zielprotein erkennt. Unspezifische Bindung an immobilisierte Antikörper würde nur dann zu einem Signal führen, wenn das gebundene Protein auch mit einem Detektionsantikörper interagiert (siehe auch Abschnitt 5.2.4).

5.4.2
Anwendungen von Protein- und Peptidarrays

Proteine und Peptidarrays sind vor allem dann von Interesse, wenn ein Nachweis von Nukleinsäuren nicht ausreichend ist oder nicht durchgeführt werden kann. Dies ist zum Beispiel der Fall, wenn Proteine für ihre Funktion in der Zelle nach der Translation durch Phosphorylierung, Glykosylierung oder Freisetzen aus einer inaktiven Vorstufe verändert werden. Dies ist durch geeignete Antikörper möglich, die nur spezifisch modifizierte Proteine erkennen.

Eine andere wichtige Anwendung von Protcinarrays ist der Nachweis von Antigenen und Antikörpern, z. B. um eine Infektion oder Allergie nachzuweisen. Je nach Aufgabe können dafür Protein, Peptid oder nach Funktionalität Antigen oder Antikörperarrays genutzt werden.

Für die biologisch-biochemische Forschung sind verschiedene Arten von Protein- und Peptidarrays von großer Bedeutung, um die Wechselwirkung von Proteinen aufzuklären. So werden Peptidarrays eingesetzt, um spezifische Interaktionsdomänen von Proteinen zu identifizieren. Mit Proteinarrays lässt sich wiederum feststellen, welche Interaktionen mit verschiedenen Proteindomänen möglich sind. Beide Arten von Peptid- und Protein-Arrays eignen sich für die Charakterisierung von Interaktionen einzelner Proteine oder auch von Proteingemischen.

5.5
Nachweis von Veränderungen in Zellen

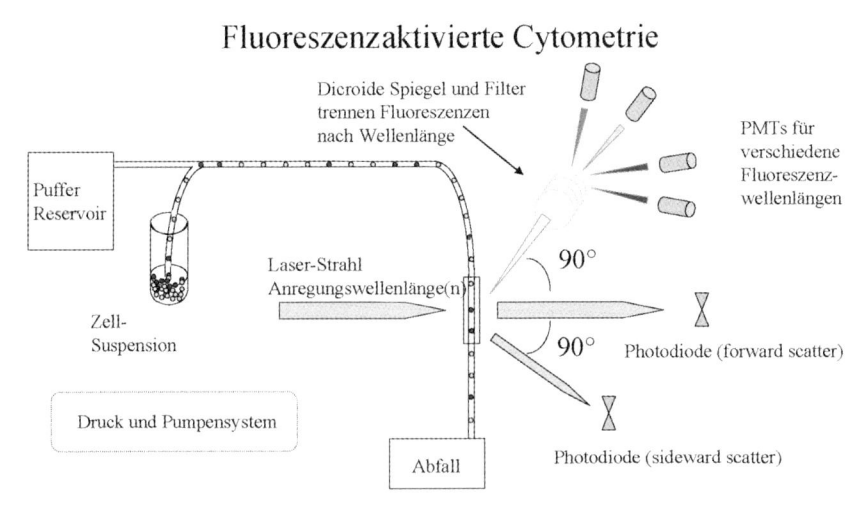

Fluoreszenzaktivierte Cytometrie und fluoreszenzaktivierte Zell-Sortierung: Diese beide Begriffe – kurz FACS (fluorescence activated cell scan, fluorescence activated cell sorting) – beschreiben ein umfassendes Methodenspektrum, das sich für viele analytische und präparative Anwendungen in der Forschung und in der medizinischen Diagnostik eignet. Grundlage dieser Technologie ist die Messung der Fluoreszenz einzelner Partikel, meist Zellen, im Vorbeifließen vor einem Fluoreszenzdetektor. Je nachdem, ob ausschließlich die Messung der Fluoreszenz als Signal genutzt wird oder ob Zellen (Partikel) mit einer bestimmten Eigenschaft gesammelt werden, wird zwischen Cytometrie und Zell-Sortierung unterschieden. Um ein Gerät für eine Zell-Sortierung nutzen zu können, ist ein umfangreicherer Aufbau als für die Fluoreszenz-Cytometrie erforderlich.

5.5.1
Fluoreszenzaktivierte Cytometrie

In Abb. 5.7 ist der Aufbau eines Fluoreszenz-Cytometers dargestellt. Aus einem Proben-Reservoir wird die Zellsuspension durch Druck in das Flusssystem des Cytometers überführt und am Detektor vorbeigeleitet. Der Fluss der Zellen ist derart einzustellen, dass sich immer nur eine einzelne Zelle im Messbereich befindet. Die Messung findet dabei entweder in einer Messzelle oder in einzelnen Tropfen statt. Die Möglichkeit, die Messung in Tropfen durchzuführen, ist eine wichtige Vorraus-

Abb. 5.7 Fluoreszenzaktivierte Cytometrie.

setzung für die anschließende Zellsortierung. In der analytische Anwendung insbesondere in der klinischen Diagnostik wird die Messzelle bevorzugt, da sich so leichter geschlossene Systeme bauen lassen, wie sie für den Umgang mit Patientenproben erforderlich sind.

Je nach Aufbau des Gerätes lassen sich eine Reihe von Parametern bestimmen: verschiedene Fluoreszenz-Wellenlängen, Ablenkung des anregenden Lichtstrahls zur Seite (sideward scatter) und durch die Probe hindurch (forward scatter). Dazu wird ein Lichtstrahl mit einer definierten Wellenlänge (Laser) in den Messbereich eingestrahlt und aus dem Messbereich austretendes Licht mit Photodioden oder Photonenzählrohren (photo multiplier tube, PMT) gemessen. Je nach vorgesetztem Filter oder mit Hilfe von selektiv reflektierenden Spiegeln kann von jeder Messzelle jeweils nur eine Wellenlänge bestimmt werden. Ein heute üblicher Aufbau nutzt z. B. zwei Laser mit stark unterschiedlichen Wellenlängen als Lichtquelle, die Lichtstrahlen werden dann durch die gemeinsame Messzelle geführt. Nach dem Durchtritt durch die Messzelle wird die Intensität des Lichtstrahls mit einer Photodiode gemessen. Trifft der Lichtstrahl dabei auf eine Probe, wird ein Teil des Lichts adsorbiert und die Intensität vermindert. Dieser Messwert wird als forward scatter bezeichnet. Mit einer weiteren Photodiode (oder PMT) wird im Winkel von 90° gemessen, wie viel vom eingestrahlten Licht abgelenkt wird (sideward scatter). Diese beiden Werte liefern Informationen über die Größe, Oberflächenbeschaffenheit und unterschiedliche Reflektion/Adsorption durch intrazelluläre Bestandteile (wie z. B. Zellgranula). Für die Messung von Fluoreszenz(en) wird ebenfalls in einem Winkel von 90° zum einfallenden Licht bei den zu erwartenden Wellenlängen bestimmt. Dazu wird der Lichtstrahl über dichroide Spiegel in verschiedene Wellenlängenbereiche zerlegt und diese mit verschiedenen PMTs detektiert. Bei Anregungen mit zwei Wellenlängen ist eine Auftrennung in vier Wellenlängebereiche für die Messung von Fluoreszenz üblich. In letzter Zeit wurden auch Geräte entwickelt, die mehr als vier Fluoreszenzen pro Zelle messen können. Damit in diesem Fall die Messungen nicht gestört werden, erfolgen sie nicht mehr gleichzeitig in einer Messzelle, sondern zeitlich versetzt in kurz aufeinander folgenden Messbereichen. Flussgeschwindigkeit und zeitlicher Abstand der Messungen werden in diesem Fall so abgestimmt, dass die Signale für eine Zelle gemeinsam ausgewertet werden können. Für viele Anwendungen reicht es aus, wenige Fluoreszenzsignale zu detektieren.

Was kann nun untersucht und gemessen werden? Obwohl verschiedene Zellen unter bestimmten Bedingungen selbst fluoreszieren, ist keine Autofluoreszenz signifikant genug, um sie für einen Nachweis zu nutzen. Um Fluoreszenzsignale zu messen, müssen daher Reagenzien hinzugefügt werden, die eine bestimmte Zelleigenschaft in ein messbares Signal umwandeln. Dies ist möglich mit Substanzen, die durch Interaktion mit Biomolekülen fluoreszieren oder durch Reaktion mit Molekülen in der Zelle in fluoreszierende Moleküle umgewandelt werden, wie z. B. DNA-bindende Chromophore, durch Redoxreaktionen aktivierbare Chromophore oder membranbindende Chromophore. In den letzten Jahren rückt jedoch mehr und mehr die Nutzung von Fluoreszenz markierten Antikörper gegenüber zelluläre Moleküle in den Vordergrund, die insbesondere in der Hämatologie und medizinischen Diagnostik genutzt werden.

Mit Hilfe von DNA-interkalierenden Substanzen, deren Fluoreszenzsignal nach Bindung an die DNA proportional zur Konzentration der DNA ist, kann sehr einfach der *Gehalt an DNA in jeder Zelle gemessen werden*. In der klinischen Diagnostik werden teilweise noch Blutzellen mit einem veränderten DNA-Gehalt, die bei Leukämien zu finden sind, derart nachgewiesen. In den letzten Jahren ist jedoch eine sehr wichtige Anwendung für die zellbiologische Forschung in den Vordergrund gerückt. Der Ablauf des Zellzyklus lässt sich in verschiedene Phasen einteilen: Ruhephase (G1, G0), DNA-Synthese-Phase (S), Vorbereitung auf die Zellteilung (G2) und Teilungsphase (M). In der Ruhephase (G1, G0) und zu Beginn der DNA-Synthese-Phase (S) enthält die Zelle einen einfachen DNA-Gehalt. Nach Abschluss der DNA-Synthese bis zur erfolgreichen Zellteilung (Cytokinese) hat jede Zelle den doppelten DNA-Gehalt. Eine einfache Messung der DNA-Konzentration erlaubt es daher, die Verteilung der Zellzyklusphasen in einer Zellpopulation zu untersuchen. In langsam wachsenden oder ruhenden Zellen befinden sich die Zellen überwiegend in der G1(G0)-Phase. Hier werden überwiegend Zellen mit einem einfachen DNA-Gehalt gefunden (G1/G0-Wert ist hoch). In schnell wachsenden Zellen durchlaufen sehr viele Zellen die Zellteilung und ein größerer Anteil der Zellen befindet sich in der Synthese und Teilungsphase. Der Anteil von Zellen mit zweifachem DNA-Gehalt ist dadurch wesentlich größer und das Verhältnis der Signale verschiebt sich zum G2/M-Wert für Zellen mit verdoppeltem DNA-Gehalt. Nach Synchronisation der Zellen im Zellzyklus durchlaufen alle Zellen den Zyklus in gleicher Weise. In diesem Fall lässt sich die Bestimmung des DNA-Gehalts für eine Bestimmung der einzelnen Zellzyklusphasen nutzen.

Neben der Bestimmung des Zellzyklus und durch Krankheit bedingte Änderungen des DNA-Gehalts, kann die Bestimmung der Interkalation in die DNA auch genutzt werden, um festzustellen, wie permeabel Zellen für bestimmte Substanzen sind. Propidiumiodid (PI) wird von Zellen nur aufgenommen, wenn die Membran geschädigt oder während der Fixierung der Zellen permeabilisiert wurde. Bei nicht fixierten Zellen kann man dank PI abgestorbene Zellen mit durchlässiger Zellmembran von gesunden Zellen unterscheiden.

Änderungen in der biologischen Aktivität von Zellen führen oft zu einer Veränderung im Gehalt an intrazellulären Metaboliten oder werden durch ein bestimmtes Signal ausgelöst. So erhöht sich unter zellulären Stresssituationen der Gehalt an reaktivem Sauerstoff, das Moleküle, die DNA und die gesamte Zelle schädigt. Vorstufen von Fluoreszenzfarbstoffen können durch Oxidation in die fluoreszierende Form überführt werden und eignen sich so zum Nachweis für die Bildung von reaktiven Sauerstoff in der Zelle. Mit Hilfe einer analytischen FACS-Untersuchung wird so die Bildung dieser „Sauerstoffradikale" und die Verteilung von „reactive oxygen species" (ROS) in der Zellpopulation nachgewiesen. In ähnlicher Weise sind auch weitere Anwendungen für die Bestimmung intrazellulärer Moleküle möglich.

Eine sehr wichtige Applikation, insbesondere in der medizinischen Diagnostik, ist der Nachweis von ausgewählten Markern an der Zelloberfläche. Jede Zelle exprimiert eine Vielzahl von Proteinen, die in die Plasmamembran eingebaut werden und dort als Rezeptoren, Kanäle, Transporter oder als Moleküle der Zell-Zell-Erkennung, der spezifischen Bindung an andere Zellen und für die Bindung an die extrazelluläre Matrix dienen. Viele dieser Proteine werden auch als zelluläre Antigen-Determinanten (CD) bezeichnet, die von hochspezifischen Antikörpern erkannt werden. Viele Zellklassen lassen sich sehr gut über eine bestimmte Kombination dieser Antigen-Determinanten bestimmen. Dies ist insbesondere in der Hämatologie von Interesse, um eine genauere Einteilung der Leukozyten in verschiedene Zellpopulationen vorzunehmen.

Dazu werden spezifische Antikörper mit einem Fluoreszenzfarbstoff markiert und mit den Zellen für eine Bindung inkubiert. Überschüssige Antikörper werden durch Waschen entfernt und die Zellsuspension mit den spezifisch markierten Zellen wird auf einem FACS analysiert. Wie oben beschrieben können dabei verschiedene Oberflächenantigene (CDs) durch verschiedene Fluoreszenzfarbstoffe gleichzeitig nachgewiesen werden.

Die Möglichkeit durch markierte Antikörper verschiedene Oberflächenmarker (CD) auf einer Zelle gleichzeitig zu erfassen, wird vor allem in der Hämatologischen Diagnostik und zur Charakterisierung von Zellen des Immunsystems genutzt. Auch wenn in vielen Fällen die Bestimmung von Zelltypen über einen Oberflächenmarker ausreicht, ist erst durch die Kombination verschiedener Marker möglich, die Zellen in einer Messung verlässlicher zuzuordnen. Ist z. B. jede CD34-positive Zelle im Blut eine hämatopoetische Stammzelle? Oder ist sie vielleicht auch anderen Ursprungs? Reifere Zellen im Blut werden durch CD45 charakterisiert. Um sie noch genauer zu beschreiben, müssen weitere Antigene untersucht werden. CD45+, CD3+, CD8+ ist charakteristisch für T-Zellen (CD3+), die spezifisch für MHC-I sind. Ist auch noch der Nachweis für CD25 positiv, sind diese T-Zellen ebenfalls aktiviert. Werden Fluoreszenzfarbstoffen geeignet kombiniert, ist auf relative einfachem Weg die gleichzeitige Bestimmung mehrere Oberflächenantigene möglich. Neben der besseren Zuordnung zu einer Zellgruppe, bietet dies auch die Möglichkeit maligne Veränderungen von Zellen leichter zu erkennen. Ob das auch außerhalb der Hämatologie von diagnostischer Bedeutung sein wird, ist noch offen.

Neben der Charakterisierung von Zellen durch bekannte Oberflächenantigene, werden auch zelluläre Veränderungen, die mit einer Präsentation von untypischen Oberflächen-Markern verbunden sind, nachgewiesen. So werden z. B. Zellen, die einen induzierten Zelltod erleiden (Apoptose), dadurch nachgewiesen, dass Phosphatidylserin-Gruppen auf die Oberfläche der Zelle übergehen. In einer intakten Zelle finden sich diese Moleküle nur auf der Innenseite der Plasmamembran. Phosphatidylserin wird spezifisch von Annexin-V gebunden. Durch Zugabe von fluoreszenmarkierten Annexin-V zu einer Zellsuspension werden nun apoptotische Zellen charakterisiert, da Annexin-V nicht von Zellen aufgenommen wird und daher nur an Phosphatidylserin auf der Zelloberfläche binden kann.

Fluoreszenzaktivierte Cytometrie kann aber nicht nur für die Bestimmung von Oberflächen Markern und Antigenen genutzt werden. Durch eine gezielte Fixierung der Zellen, die diese für Makromoleküle wie Antikörper permeabel macht, können auch Antigene in einer Zelle nachgewiesen werden.

5.5.2
Bedeutung der fluoreszenzaktivierten Cytometrie

Fluoreszenzaktivierte Cytometrie ist insbesondere in der hämatologischen Diagnostik von Bedeutung. Sie ermöglicht eine Präzision, die mit vielen anderen Methoden nicht erreicht werden kann. Oftmals lässt sich nicht klar feststellen, ob die Fluoreszenzintensität sich in einem Experiment ändert, weil sich die Fluoreszenzintensität von einzelnen Zellen oder weil sich die Anzahl fluoreszierender Zellen verändert hat. In der Durchflusscytometrie werden einzelne Zellen detektiert, und es lässt sich klar unterscheiden, ob sich die Anzahl der fluoreszierenden Zellen oder die Intensität des Signals verändert.

Ein Beispiel: In einer Probe mit weißen Blutkörperchen finden sich sowohl CD4- als auch CD34-positive Zellen. Wie groß ist der Anteil dieser Zellen in der Probe? Gibt es Zellen, die beide Oberflächenmarker besitzen? Zur Zellsuspension werden Antikörper zugegeben, die spezifisch CD4 und spezifisch CD34 erkennen. Der CD4-Antikörper wird mit einem grün fluoreszierendem Farbstoff markiert, der CD34-Antikörper mit einem rot fluoreszierenden. Für beide Farbstoffe existiert ein Messkanal, in dem das Fluoreszenzsignal spezifisch registriert wird. Passieren die markierten Zellen die Messzelle, werden Änderungen der Lichtintensität in allen Kanälen gemessen. Zu einem signifikanten Anstieg kommt es bei der Ablenkung des einfallenden Lichtstrahls, die im „sideward scatter" festgestellt wird, dem ein Abfall des Signals im „forward scatter" gegenüber steht. Bei Fluoreszenz kommt es zu einem Signalanstieg im jeweils passenden Messkanal.

Die Fluoreszenzemmission eines Farbstoffs ist in der Regel nicht sehr scharf auf eine Wellenlänge beschränkt, sondern verteilt sich über ein größeren Wellenlängenbereich. Dies führt dazu, dass insbesondere bei starker Fluoreszenz, auch ein Signalanstieg in benachbarten Messkanälen beobachtet werden kann und dadurch positive Signale detektiert werden. Diese sind bei der Auswertung zu berücksichtigen, stellt man die Messelektronik vorher gut ein, können sie z. T. gut unterdrückt werden (Kompression).

Auswertung: Allein durch den Durchfluss von Zellen, auch ohne Fluoreszenz, kommt es in jedem Kanal zu geringfügigen Veränderungen im Messsignal. Dies kann genutzt werden, um alle Zellen in jedem Kanal zu erfassen. Dadurch reicht es in vielen Fällen für die Auswertung, wenn die Signale von Fluoreszenzkanälen gegeneinander aufgetragen werden. Zellen ohne spezifische Fluoreszenz zeigen schwache Signale und liegen im unteren Quadranten (bzgl. beider Achsen) des Scatterplots. Zellen mit nur einer Fluoreszenz finden sich im höheren Intensitätsbereich „ihrer" Wellenlänge. Werden beide Fluoreszenzen gemessen, werden die Zellen in der Diagonale verschoben und mit starkem Signal abgebildet.

In zunehmendem Masse ist es bei Experimenten und in der Diagnose wichtig, *mehrere Parameter gleichzeitig zu bestimmen*, da oft nur ein Kombination von Merkmalen eine relevante Aussage ermöglicht. Zellen sollten positiv für 2-CD-Markerproteine sein und gleichzeitig noch proliferieren oder zumindest nicht absterben. Durch den Einsatz von mehreren Fluoreszenzfarbstoffen kann das Wellenlängenspektrum eines Fluoreszenz-Cytometers gut ausgenutzt werden.

Mit einem leicht veränderten Aufbau lassen sich Inkompatibilitäten zwischen den Fluoreszenzeigenschaften vermeiden. Anstatt in einem Bereich zu messen, lassen sich Fluoreszenzen kurz hintereinander detektieren – trotzdem wird jeweils die gleiche Zelle gemessen. Die Daten können ohne viel Aufwand miteinander verknüpft und für eine einheitliche Analyse genutzt werden.

5.5.3
Fluoreszenzaktivierte Zellsortierung

Die Zuordnung einzelner Zellen zu bestimmten Messwerten im weiteren Fluss nach dem Durchtritt durch den Messbereich ist auch die Voraussetzung für die fluoreszenz-aktivierte Zellsortierung. Zellsortiergeräte unterscheiden sich von Fluoreszenz-Cytometern im wesentlichen nur durch ein System zur Ablenkung der Proben, die es erlaubt, positive Proben zu sammeln. Dazu existieren mehrere Lösungen: Mechanische Fangvorrichtungen und Ventile im Flusskanal sind eher träge und nur geeignet, wenn relativ wenigen Zellen aus einer kleinen Probenmenge gesammelt werden sollen. Für viele Anwendungen ist es aber wichtig, in kurzer Zeit möglichst viele Zellen aus einer großen Probe anzureichern, da die Zellen nur so für weitere Untersuchungen oder für therapeutische Zwecke zur Verfügung stehen. Um die Lebensfähigkeit der Zellen möglichst nicht einzuschränken, ist ein schneller Durchlauf wichtig. Findet sich das Kriterium, nach dem sortiert werden soll, zusätzlich noch recht selten in der Gesamtpopulation der Ausgangszellen, z. B. Stammzellen im Blut, müssen sehr viele Zellen gemessen werden, um genug von den gesuchten Zellen anzureichern. Das wird in Hochgeschwindigkeitssortierung geeigneten Geräten (high speed sorter) meist wie folgt gelöst: Anstatt in einer Messzelle, durch die kontinuierlich Puffer gepumpt wird, werden die Fluoreszenzeigenschaften der Zelle in einzelnen Tropfen gemessen, die mit einer Düse vor dem Messbereich erzeugt werden. Die Werte für jeden Tropfen werden ausgewertet und falls die Zelle im Tropfen sortiert werden soll, dazu genutzt, um diesen Tropfen auf seinem weiteren Weg abzulenken. Das kann mit zwei Elektroden erreicht werden, über die ein elektrisches Feld erzeugt wird, in dem sich jeder Tropfen einzeln ablenken lässt. Das Feld wird nun mittels Elektronik so gesteuert, dass nur Proben mit der gewünschten Eigenschaft gesammelt werden. Die Zellen mit ungewünschten Eigenschaften landen im Abfallgefäß. In Abb. 5.8 sieht man einen Aufbau, der eine Ablenkung in beide Richtungen erlaubt und so nach zwei verschiedenen Kriterien sortieren kann.

Die vielleicht wichtigste Anwendung für die Zellsortierung ist die Anreicherung lebender Zellen aus Patientenproben, um diese für experimentelle Analyse und – falls möglich – auch für therapeutische Anwendungen zu nutzen. Zwei Parameter spielen hier eine wichtige Rolle: Die Zeit für die Sortierung sollte kurz sein, um die Belastung der Proben gering zu halten; die Zellen mit den gewünschten Eigenschaften sind oft relativ selten und machen die Analyse einer großen Zahl von Zellen erforderlich. Um das zu gewährleisten wird mit hohen Flussgeschwindigkeiten gearbeitet, 20 000 bis 100 000 Zellen werden so pro Minute analysiert.

Fluoreszenzaktivierte Sortierung

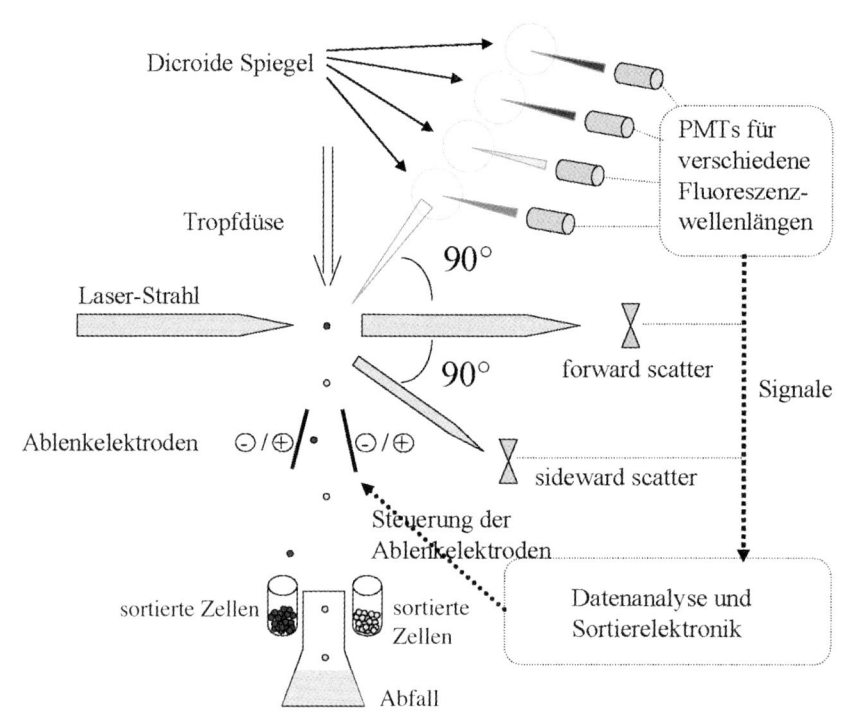

Abb. 5.8 Fluoreszenzaktivierte Zellsortierung.

Literatur

Kapitel 2: Strahlung

Atkins, P., „Quanten", Wiley-VCH, Weinheim, **2005**.

Friebolin, H., „Basic One- and Two-Dimensional NMR Spectroscopy", Wiley-VCH, Weinheim, **2005**.

Skoog, D. A., Leary, J. J., „Instrumentelle Analytik", Springer, Heidelberg, New York, **1996**.

Rücker, G., Neugebauer, M., Willems, G. G., „Instrumentelle pharmazeutische Analytik", Wissenschaftliche Verlagsgesellschaft, Stuttgart, **2001**.

Kapitel 3: Trennung

Skoog, D. A., Leary, J. J., „Instrumentelle Analytik"; Springer, Heidelberg, New York, **1996**.

Rücker, G., Neugebauer, M., Willems, G. G., „Instrumentelle pharmazeutische Analytik", Wissenschaftliche Verlagsgesellschaft, Stuttgart, **2001**.

Kapitel 4: Massenspektrometrie

Skoog, D. A., Leary, J. J., „Instrumentelle Analytik", Springer, Heidelberg, New York, **1996**.

Rücker, G., Neugebauer, M., Willems, G. G., „Instrumentelle pharmazeutische Analytik", Wissenschaftliche Verlagsgesellschaft, Stuttgart, **2001**.

Kapitel 5: Biosensoren – Biochips – Biologische Systeme

Brown, M., Wittwer, C., *Flow cytometry: principles and clinical applications in hematology.* Clin. Chem., **2000**, 46:1221–9 (Review).

Haake, H. M., Schutz, A., Gauglitz G., *Label-free detection of biomolecular interaction by optical sensors.* Fresenius J. Anal. Chem., **2000**, 366:576–85 (Review).

Karlsson, R., *SPR for molecular interaction analysis: a review of emerging application areas.* J. Mol. Recognit. **2004**, 17:151–61 (Review).

Marquart, A., SPR pages, http://home.hccnet.nl/ja.marquart/, Stand: 12.9.**2005** 16:30.

Schena, M., Shalon, D., Davis, R. W., Brown, P. O., *Quantitative monitoring of gene expression patterns with a complementary DNA microarray.* Science, **1995**, 270 (5235):467–70.

Chee, M., Yang, R., Hubbell, E., Berno, A., Huang, X. C., Stern, D., Winkler, J., Lockhart, D. J., Morris, M. S., Fodor, S. P., *Accessing genetic information with high-density DNA arrays.* Science, **1996**, 274 (5287):610–4.

Sachverzeichnis

a

Abflammen 69
Abbésches Refraktometer 23
Abschirmung 12, 101
Absorption 35f, 40
Absorptionsspektroskopie 38, 41
Absorptionsspektrum 63
Adsorptionschromatographie 118
α-Strahlung 12
Affinitätschromatographie 151
Ampholyte 163
Amplitude 20
Analysator 29, 173
Anfitten 5
anharmonischer Oszillator 71
Anionenaustauscherharze 147
anomale Dispersion 34
Anregungsspektrum 63, 65
antibindendes Orbital 46
Assoziation 189
Assoziationskonstante 189
asymmetrische Streckschwingung 75
Atommasseneinheit 177
Auflösung 129
Aufspaltungsmuster 111
Ausschlussvolumen 149
austauschbare Protonen 107f
Auswahlregeln 80
auxochrom 49
auxochrome Gruppen 52
Axiome 4, 7

b

Bandenspektren 52
Bandenverbreiterung 128
bathochrom 49
bathochromer Shift 49
Beschleunigungsspannung 174
β-Strahlung 13
Beugungsphänomenen 33

Biegeschwingung 75
Bindung, chemische 43
Bindungskonstante 189, 191
Bindungsordnung 46, 61
Biochip 201
biomolekulare Wechselwirkung 191f
Biosensoren 187
Biotin 194
Bodenhöhe 126
Bodenzahl 126
Boltzmann-Gleichung 86
Boltzmann-Verteilung 70, 86f, 95
Bradford-Methode 55
Brechnungsindex 21
Brechzahl 21
Bruttoretentionszeit 121

c

CD-Spektroskopie 32
chemisch äquivalent 105
Chemolumineszenz 60, 62
Chromatogramm 121
Chromatographie 117
– Auflösung 120
Chromophor 47
^{13}C-NMR-Spektroskopie 98
Continous-Wave-Methoden 96
Coomassieblau 166
COSY-Technik 113
Cotton-Effekt 32
Cytometrie 216

d

Dampfdruck 132
DC *siehe* Dünnschichtchromatographie
Deformationsschwingungen 83f
delokalisierte π-Elektronen 48
δ-Skala 105
denaturierende Elektrophorese 162

Derivatisierung 132
destruktive Interferenz 20
Detektore 134
Diagnose 213
Diodenarray-Detektor 143
Dipol 36, 88
Dipolmoment 18, 38, 88
Dissoziation 81, 189
Dissoziationskonstante 189
DNA-Arrays 202
DNA-Chips 204
DNA-Mikroarrays 202
Doppelbindungsäquivalente 108
Drehwert 30
Dublett 106
Dünnschichtchromatographie (DC) 153, 156
– zweidimensionale 156

e
Eddy-Diffusion 128
effektives Feld 104
Eichgerade 55
Eichung 55
Eigenfluoreszenz 198
Einfangsquerschnitt 39
Einlasssystem 171
Einstrahl 54
elastische Stöße 88
elektrische Kraft 158
elektrisches Feld 16, 159, 174
elektrischer Dipol 18
elektromagnetische Welle 15, 17
Elektronendichte 96
Elektroneneinfangdetektor 135
Elektronenstoßionisation 171
Elektrophorese 158, 161
– zweidimensionale 164
elektrophoretische Mobilität 159
Elektrosprayionisation 173
ELISA 199
elliptisch polarisierten Lichtes 27
Eluat 140
eluotrope Reihe 145
Elutionskraft 144
Emission 35f, 59
Emissionsspektrum 65
Entkopplung 113
Entschirmung 101
Entwicklung 154
Erhaltungssatz 73
evaneszentes Feld 192
Extinktionskoeffizient 32, 49, 57, 67

f
FACS 216
Farbstoffreagentien 58
Fast Atom Bombardement 173
Feder 78
Feinstruktur 90, 104
Feld-Desorption 172
Feld-Ionisation 172
Feldstärke 96
field sweep 96
Filter, monochromatisches Licht 67
Flammenionisationsdetektor 135
flash evaporation 133
Fließgeschwindigkeit 123, 127, 133
Fließmittel 120
Flüssigchromatographie 117, 140
Fluoreszenz 59, 62
Fluoreszenz-Resonanz-Energie-Transfer (FRET) 68f, 200
– Effizienz 69
Fluoreszenzanisotropie 33, 68
Fluoreszenzdetektor 143
Fluoreszenzfarbstoff 64, 197
Fluoreszenzintensität 67
Fluoreszenzkorrelationsspektroskopie 199
Fluoreszenzmarkierung 197
Fluorophor 59
Folgeelektrolyte 163
Fourier-Transformation 97, 136
Fragmentierungsreaktionen 171, 179, 181
Free Induction Decay 97
Freiheitsgrade 72, 75
frequency sweep 96
Frequenz 17
FRET siehe Fluoreszenz-Resonanz-Energie-Transfer)
Fronting 126

g
γ-Strahlung 12
Gaschromatograph 133
Gaschromatographie 117, 131
Gaußkurve 121, 124, 154
GC/MS 135, 176
Gel 160
Gelfiltration 150
Gelpermeations-Chromatographie 150
geminale Kopplungen 107
Genexpressionsprofil 210
genomische Unterschiede (Mutationen) 212
Gesetz 4

Gitter 33
Gleichgewicht, Reaktion 189
Gradientenelution 131
Gradientengel 160
Gradientenmischer 141
Grenzorbitale 49
Grenzwinkels der Totalreflektion 23
Größenausschlusschromatographie 149
Gültigkeitsbereich 4

h

Halbschattenpolarimeter 29
Halbwertsdicke 12, 40
Halbwertszeit 11f
HETP 126
^{1}H-NMR-Spektroskopie 95
hohes Feld 102
HOMO 49
Hooksches Gesetz 78
house keeping genes 212
HPLC 142
HPLC-MS 176
hyperchrom 49
hypochrom 49
Hypothese 4
hypsochrom 49

i

IEF 164
IMAC *siehe* immobilized-metal affinity chromatography
immobilized-metal affinity chromatography (IMAC) 152
in-situ-Synthese 206f
induzierte Absorption 95
induziertes Dipolmoment 88
induzierte Emission 95
Injektionsvolumen 133
Injektor 133
Inkrementsystem 110
inneres Chromatogramm 121, 154
inneres Volumen 149
Integral 108
Interferenz 21, 26, 35, 38, 45, 79
internal conversion 62
intersystem crossing 62
inverser Filtereffekt 149
Inversion 98
Ionenaustauschchromatographie 147
Ionisation, chemische 172
Ionisationsmethoden 171
Ionisierung 170
IR-aktiv 77
IR-Spektrum 82f

isochron 105
isoelektrische Fokussierung 163
isoelektrische Punkt 163
Isotachophorese 162
Isotopenmuster 178
Isotopenmustern 180
Isotopenpeaks 177

j

Jablonski 62

k

Kapazitätsfaktor 121, 155
Kapillarsäulen 133
Karplus-Kurve 108
Kationenaustauscher 147
Kern-Overhauser-Effekts 113
Kern-Zeemann-Effekt 92
Kernresonanzspektroskopie 89
Kernspin 92
Kernspin-Quantenzahl 92
Kinetik erster Ordnung 10, 68
kinetische Energie 174
Knotenfläche 46
Kofaktor 187, 196
konstruktive Interferenz 20
konzentrationsabhängige Detektoren 134
Kopplung 76, 103f, 107
Kopplungskonstante 104
Kovats-Indexes 137f
Küvette 65, 82

l

Lambert-Beersches Gesetz 38, 54
Langmuirsche Adsorptionsisotherme 118
Larmor-Frequenz 93
Lebensdauer 11, 68
Leitelektrolyten 163
Lewis-Theorie 43
Lichtgeschwindigkeit 18
linkszirkular 27
Lösungsmittelgradienten 148
longitudinale Diffusion 129
Lorentzkraft 174
LUMO 49

m

Magnetfeld 92
magnetisch äquivalent 105
magnetogyrisches Verhältnis 92
Magnetsektor-Analysatoren 174
makroskopische Magnetisierung 100
MALDI 173

MALDI-TOF 176
Massenanalysator 173
Massenspektrometer 171
Massenspektrometrie 169
Massenspektrum 169, 176
massenstromabhängig 134
Massentransferterm 129
Mesomerie 44
Messwert 2
Mikroarray 202
MO-Theorie 45
mobile Phase 117
Modell 3, 128
molarer Drehwert 31
molarer Extinktionskoeffizient 40
Molarrotation 31
Molekülion 169, 173f, 177
Molekülkation 172
Molekülorbital-Theorie 43
Molekülradikalkation 172
Molekülschwingung 70f
molekularer Wechselwirkung 186
molekulare Wechselwirkung 188
Moment, magnetisches 92
Multiplizität 61

n
n-π* Übergang 51
native Elektrophorese 161
natürliche Häufigkeit 178
Nernstscher Verteilungskoeffizient 118
Nettoretentionszeit 121
Nicolsches Prisma 26
niedriges Feld 102
NMR 89
NMR-Spektroskopie 90
NOE (*siehe* Nuclear Overhauser Effect)
NOESY-Technik 113
normale Dispersion 24
Normalphase 144
Nuclear Overhauser Effect (NOE) 11
Nuklid 9
Nullpunktsenergie 80

o
Oberflächen-Plasmon-Resonanz 192f, 197
Ohmsches Gesetz 158
Oktettregel 44
Optimierung 130
optisches Prisma 24
optische Rotationsdispersion 31
Orbital 45

orthogonal 72
Oszillationsfrequenz 79
Oszillator
 – anharmonischer 77
 – harmonischer 71, 77
oszillierender Dipol 36, 42, 75

p
PAGE 160, 164
Pascalsches Dreieck 106
passive Elution 166
Peak 121
 – Basisbreite 124, 129
 – Breite auf halber Höhe 125
 – Form 124
 – Höhe 125
 – Maximum 124
Peptidarray 213, 215
permanente Bindung 186
pH-Gradient 164
Phase 20
Phosphoreszenz 62
Plancksches Wirkungsquantum 18, 79
Plasmon 192
Polarimeter 27
Polarimetrie 21, 24
Polarisationsebene 25, 36
Polarisationsfilter 25
Polarisator 29
Polarisierbarkeit 87
Potentialtopf 79
potentielle Energie 78
ppm 101
Präzession 97
Präzessionsbewegung 92
Probenaufgabesystem 141
Probenschleife 142
Proteinarray 213, 215
Puffermischung 159

q
Quadratwurzelgesetz 49
Quadrupol-Analysatoren 136, 174
Quadrupol-Massenfilter 176
Quanten 36, 80
Quantenausbeute 63
Quantenzahl, magnetische 92
Quartett 106
Quenching 200
Quermagnetisierung 97

r
Radioaktivität 9f
Radiowellen 90

Raman-Effekt 77, 88
Raman-Spektroskopie 87
Rayleigh-Strahlung 88
rechtszirkular 27
reduzierte Masse 79, 84
Referenzgenen 212
Referenzküvette 54
Referenzstrahl 54
Refraktionsindex 21
Refraktometrie 21
Reibungskraft 158
relative Häufigkeit 169
relative Retention 136, 155
Relaxationszeit 98, 100, 113
Resonanz 38
Resonanzbedingung 96
Resonanzfrequenz 94f
restriktive Medien 159f
Retentionszeit 124
reversed phase 146
R_f-Wert 155
Ringstrom 102f
Röntgendiffraktion 34
Rotation 73

s
Sättigung 96
Säulenlänge 126
Sandwich-ELISA 199
Sauerstoffradikale 218
Scanner (Mikroarray) 209
Schmelzpunkt 202
Schwebung 20
Schwingungsebene 24
Schwingungskoordinaten 73
Schwingungsmoden 76
Schwingungsquantenzahl 79
Schwingungsspektroskopie 70f
SEC 149
Selektivität 123, 130, 136
Selektivitätsfaktor 155
Septum 133
Silberfärbung 166
Singulett 61
Size Exclusion Chromatographie 149
Sonden 201
Spektrophotometer 54
Spektroskopie 35
Spektrum erster Ordnung 106
spezifischer Drehwert 30
spezifische Elliptizität 32
Spin 60
Spin-Gitter Relaxation 98
Spinpaarungsenergie 60
Spinverbot 61

split injection 133
Splitpin 206
Spots 154
Spotten 205ff
SPR *siehe* Surface-Plasmon-Resonance
Stabmagnet 90
Standardabweichung 124
stationäre Phase 117, 120
Stokes-Shift 63, 88
strahlungslose Relaxation 62
Streckschwingung 83f
Streptavidin 194
submarine Elektrophorese 165
Surface-Plasmon-Resonance (SPR) 192
Symmetriegrößen 125
symmetrischen Streckschwingung 75, 87
Szintillationszähler 14

t
Tailing 126
Tandem-Massenspektroskopie 180
Teilchen im Kasten 45
Termschema 62
theoretische Böden 126
Theorie 4
thermionischer Detektor 135
Time-Of-Flight (TOF) 176
TOF *siehe* Time-Of-Flight
Totzeit 121
Trägergas 132
transiente Bindung 186
Translation 72
Transmission 40, 83
Trenngel 163
Triplett 61, 106

u
Übergang 47
Übergangsdipolmoment 38
Umkehrphasen 146
UV-Detektor 143
UV-Licht 42
UV-VIS-Spektroskopie 41

v
Valence-Bond-Theorie 44
Van-Deemter-Gleichung 126f
vektorielle Addition 26
Verdampfungsrohr 133
Verschiebung, chemische 100
Verteilungschromatographie 118, 131, 146

Verteilungskoeffizient 118, 121
vertikale Elektrophorese 165
vicinal 107
virtueller Zustand 88

w

Wärmeleitfähigkeitsdetektor 134
Wanderungsgeschwindigkeit 160
Welle-Teilchen-Dualismus 34f
Wellenfunktion 35, 48
Wellenlänge 17
Wellenzahl 18

z

Zeitkonstante 10
Zellsortierung 221
zelluläre Antigen-Determinanten (CD) 219
Zellzyklus 218
Zentripetalkraft 174
zirkular polarisierte Strahlen 97
zirkular polarisiertes Licht 27
Zonenelektrophorese 159
zweidimensionale Elektrophorese 164
Zweistrahlphotometer 54, 82